WEARABLE SENSORS
Materials Regulation, Device Design,
Fabrication Technology and Applications

可穿戴传感器
材料调控、器件设计、加工技术与应用

于赫 著

化学工业出版社
·北京·

内 容 简 介

本书系统讲解了可穿戴传感器基础理论、关键技术与应用实践。全书以"材料-结构-工艺-应用"为主线，深入剖析可穿戴传感器的核心技术：从碳纳米材料、金属氧化物等敏感材料的设计优化，到压阻式、电容式等传感单元的结构创新，再到微纳加工、激光光刻等先进制造工艺，最终落脚于人体体征监测系统级应用设计。

本书内容新颖，涵盖行业最新研究成果与技术进展；理论实践并重，既系统阐述基础原理，又通过复合传感材料测试、微波式传感结构设计等典型案例进行实证分析；最后，本书还通过人体体征监测系统设计案例，有机整合材料、结构、工艺及测试方法，帮助读者构建系统化的技术认知。

本书适合柔性电子、智能传感等领域的研究人员以及相关企业的工程技术人员参考。

图书在版编目（CIP）数据

可穿戴传感器：材料调控、器件设计、加工技术与应用 / 于赫著. -- 北京：化学工业出版社，2025.7.
ISBN 978-7-122-48010-1

Ⅰ．TP212.6；TN87

中国国家版本馆CIP数据核字第2025Z74W82号

责任编辑：于成成　李军亮　　　　　文字编辑：吴开亮
责任校对：宋　夏　　　　　　　　　装帧设计：王晓宇

出版发行：化学工业出版社（北京市东城区青年湖南街13号　邮政编码100011）
印　　装：三河市君旺印务有限公司
787mm×1092mm　1/16　印张15　字数343千字　2025年9月北京第1版第1次印刷

购书咨询：010-64518888　　　　　　售后服务：010-64518899
网　　址：http://www.cip.com.cn
凡购买本书，如有缺损质量问题，本社销售中心负责调换。

定　　价：99.00元　　　　　　　　　　　　　　　　版权所有　违者必究

前言 Preface

在数字化时代浪潮中,可穿戴传感器作为前沿科技的重要组成部分,正在深刻改变人类生活方式。这一技术不仅为日常生活带来便捷与创新,更在医疗健康监测、运动状态分析、人机智能交互等领域展现出巨大的应用潜力。

近年来,可穿戴传感器技术呈现爆发式发展态势,其显著特征体现在以下三个方面:

① 多学科深度融合:与生物医学、材料科学、电子工程等领域的交叉创新,催生了众多突破性理论和方法。

② 技术创新活跃:在功能材料、器件结构、制造工艺等方面持续取得重要突破。

③ 应用场景持续拓展:从最初的健康监测扩展到智能服装、虚拟现实等新兴领域。

我国在该领域的发展尤为瞩目,已建立起从基础研究到产业化的完整创新链条,形成了具有国际竞争力的研发体系。在此背景下,本书基于作者团队多年的教学科研和工程实践积累,系统梳理了可穿戴传感器的最新技术进展和工程应用案例,旨在为相关领域的研究人员和工程技术人员提供系统的理论指导和实用的技术参考。

本书主要特点如下。

① 本书涵盖了可穿戴传感器中的新型柔性材料、传感机制与加工工艺优化,以及数据处理与算法分析等方面内容,重点介绍了不同类型的可穿戴传感器的前沿研究成果和实例分析,有助于读者掌握相关领域的最新发展动态。

② 强调理论知识与实际应用的紧密关联,充分呈现可穿戴传感器高性能、多功

能、舒适化、个性化的发展趋势，突出展示该技术领域的最新突破和创新成果。

③ 将作者团队长期积累的科研与工程实践成果巧妙地融入到本书内容中，涵盖了可穿戴传感器领域前沿典型案例，注重介绍新型可穿戴传感器在医疗健康、运动健身、智能生活等领域的创新应用，提升读者对相关技术应用的理解与把握。

本书主要内容如下：

第 1 章主要介绍可穿戴传感器的基础知识，首先简要介绍可穿戴传感器的基本概念和不同种类的传感器，并分析可穿戴传感器的常见性能指标和传感检测机理。通过分析目前可穿戴传感器领域的国内外研究现状，简要概述其在民用和军事领域的实际应用，并探讨可穿戴传感器的发展趋势。

第 2 章从可穿戴传感器的敏感材料的设计出发，分析碳纳米材料、金属氧化物材料、高分子聚合物材料以及磁性金属有机物框架纳米材料的设计过程和传感性能分析，给出复合传感材料设计的实际案例和测试结果分析。

第 3 章介绍不同传感单元的设计与结构优化过程，并以压阻式压力传感器为例，展示其在不同压力条件下的出色表现，如超高灵敏度、高线性度、稳定的响应稳定性；通过调节 MIM 电容式传感单元的孔径大小和间距来实现高灵敏度检测；最后给出单层、多层和平面叉指型微波式传感结构设计案例。

第 4 章以可穿戴传感器的加工工艺和关键技术为内容展开，以电容式和微波式传感器加工技术为案例，介绍了微纳加工工艺技术和性能优化流程。简要概述不同柔性电子加工技术，包括打印转移、物理涂层、激光光刻、化学沉积、磁控溅射等加工工艺的前沿研究成果。

第 5 章以第 2～4 章的研究内容为基础，介绍面向人体体征监测的可穿戴传感器系统级应用设计方法。重点讲解射频传感测试平台的搭建和测试流程，并针对呼吸检测、汗液检测、坐姿检测、超疏水抗冻水下运动检测和基于机器学习辅助的手部动作识别检测等案例，给出了具体性能测试和应用分析。

本书由北京邮电大学信息与通信工程学院于赫副研究员编写，内容参考了许多专家、学者对最新前沿领域的科学研究论文和著作的总结，以及融合了本课题组近几年取得的阶段性成果。特别感谢哈尔滨工业大学王琮教授、北京邮电大学的彭木根教授给予的帮助指导，同时课题组的研究生刘钰冰、周冠亚、肖长云焜、宋霖等为本书的编写进行了调研，并整理了相关图文素材，在此一并表示感谢。

鉴于笔者水平有限，书中难免存在一些疏漏之处，敬请广大读者提出宝贵意见。

于赫

目录
Contents

第 1 章	1.1 可穿戴传感器基本概念与种类	002
可穿戴传感器基础	1.1.1　可穿戴传感器概述	002
001～061	1.1.2　常见可穿戴传感器的分类	003
	1.2 可穿戴传感器常见性能指标	037
	1.2.1　灵敏度	037
	1.2.2　测量范围与量程	038
	1.2.3　响应时间	038
	1.2.4　迟滞特性	039
	1.2.5　分辨率与精度	039
	1.2.6　长期稳定性	040
	1.2.7　抗干扰能力	040
	1.2.8　能耗效率	041
	1.3 可穿戴传感器检测机理分析	041
	1.3.1　电容式传感机理研究	041
	1.3.2　压阻式传感机理研究	042
	1.3.3　微波式传感机理研究	044
	1.3.4　压电式传感机理研究	048
	1.3.5　摩擦电式传感机理研究	051
	1.4 可穿戴传感器应用场景与未来发展	052
	1.4.1　民用领域可穿戴传感器应用	052
	1.4.2　军事领域可穿戴传感器应用	053
	1.4.3　可穿戴传感器的未来发展	054
	参考文献	055

第 2 章

可穿戴传感器敏感
材料选取与设计

062 ~ 097

2.1 碳纳米材料及其衍生复合材料 063
  2.1.1 碳纳米复合多功能材料的制备
    方法 063
  2.1.2 碳纳米复合多功能材料的性能
    表征 065
2.2 金属氧化物及其衍生物纳米材料 068
  2.2.1 金属氧化物及其衍生物纳米材料的
    制备方法 069
  2.2.2 金属氧化物及其衍生物纳米材料的
    性能表征 072
2.3 高分子聚合物纳米材料 074
  2.3.1 高分子聚合物薄膜材料的制备和
    优化 075
  2.3.2 高分子聚合物薄膜纳米材料的测试
    结果 078
2.4 磁性金属有机物框架纳米材料 083
  2.4.1 基于金属有机框架的磁性复合材料
    的制备 083
  2.4.2 基于金属有机框架的磁性复合材料
    的特性分析 085
2.5 复合传感材料案例分析与测试 089
参考文献 095

第 3 章

可穿戴传感器结构
设计与优化

098 ~ 137

3.1 电阻式传感检测单元结构设计与
  分析 099
  3.1.1 电阻式可穿戴传感器设计技巧和
    原则 099
  3.1.2 压阻式压力传感器性能测试 100
3.2 电容式传感检测单元结构设计与
  分析 103

		3.2.1 MIM 电容式传感单元结构设计	103
		3.2.2 MIM 电容式传感器性能测试	104
	3.3	微波谐振式传感检测单元结构设计与分析	105
		3.3.1 传感检测最优敏感频点标定	106
		3.3.2 单层微波检测单元设计与优化	107
		3.3.3 多层射频谐振器结构设计与优化	114
		3.3.4 多层微型双工结构设计与优化	118
		3.3.5 平面并联叉指电容式微波结构设计与优化	121
参考文献			135

第 4 章 可穿戴传感单元加工工艺与技术 138～170

4.1	微纳加工技术	139
	4.1.1 微纳光刻工艺	139
	4.1.2 电容式传感器加工技术及工艺优化案例分析	140
	4.1.3 微波式传感器加工技术及工艺优化案例分析	143
	4.1.4 优化 IPD 加工技术加工微波传感器案例	150
4.2	柔性电子加工技术	152
	4.2.1 打印转移工艺	152
	4.2.2 物理涂层工艺	158
	4.2.3 激光光刻工艺	160
	4.2.4 化学沉积工艺	163
	4.2.5 磁控溅射工艺	165
参考文献		167

第 5 章
可穿戴传感器实际应用案例分析

171 ~ 232

5.1 传感测试实验分析与测试过程 172
  5.1.1 射频传感检测实验仿真分析 172
  5.1.2 射频传感测试平台搭建与测试流程 174
5.2 呼吸检测传感应用 180
  5.2.1 电容式呼吸检测应用测试 180
  5.2.2 微波式呼吸检测应用测试 183
5.3 汗液检测传感应用 185
  5.3.1 电容式汗液检测应用 185
  5.3.2 微波式汗液检测应用 187
5.4 坐姿检测传感应用 188
  5.4.1 久坐人群的健康监测应用 188
  5.4.2 智能坐垫坐姿传感阵列算法分析 190
  5.4.3 人体不同位置关节实时检测 193
5.5 超疏水抗冻水下运动检测传感应用 195
  5.5.1 水下可穿戴凝胶传感器制备与表征 195
  5.5.2 超疏水凝胶应变传感器性能测试 208
5.6 手部动作识别传感应用 219
  5.6.1 复合石墨烯应变传感器制备与表征 219
  5.6.2 机器学习辅助的手部运动识别应用 220

参考文献 231

第 1 章
可穿戴传感器基础

1.1 可穿戴传感器基本概念与种类

1.1.1 可穿戴传感器概述

我国国家标准 GB/T 7665—2005《传感器通用术语》对传感器的定义是：能够感受规定的被测量并按照一定的规律转换成可用信号的器件或装置，其通常由敏感元件和转换元件组成。也就是说，传感器能够感知某一被测物理量、化学量或生物量，按一定关系转换为可测量输出信号。与传统传感设备不同，可穿戴传感器作为一种新兴的微型穿戴式电子设备，这种追求小巧轻薄、低功耗、便携性、高度集成性和可穿戴性的设计，通常被嵌入或集成到衣物、饰品或直接附着在人体上，使其可以长时间、连续地佩戴在身上而且不影响用户日常活动，以获得持续的生理和环境数据，达到健康状态监测、生活辅助等目的。

可穿戴传感器的显著特点在于其极小的体积和重量，一般只有几厘米大小，重量在几克至几百克范围内，可以轻松地佩戴在用户的身体不同部位，比如头部、手腕、胸口等，不会给用户带来明显的不适感。同时，可穿戴传感器通过采用低功耗的传感部件、信号处理芯片、显示屏以及通信模块等，可大幅延长其续航时间。这使得它们可以持续工作一整天甚至更长时间，而不需要频繁充电，减少了不便。另一个重要特征是可穿戴传感器高度注重人机交互的友好性，它们通常可集成后端终端显示界面，采用语音交互或简单的物理按键来实现与用户的交流。

从技术实现上来看，可穿戴传感器一般集成了传感器模块、微处理器模块、无线通信模块和电源模块，可以实现对环境参数、生理信号、活动状况等的检测。微处理器模块则对这些数据进行收集、处理和分析，实时监测身体状态和周围环境，无线通信模块使用蓝牙、WiFi 等方式将数据发送到智能手机或后台服务器，而电源模块则采用微型电池为整个系统供电。随着技术的进步，未来这些模块都将朝更小、更低功耗的方向优化发展。

近年来，随着人机界面、可穿戴电子设备、电子皮肤、人体健康监测等领域的蓬勃发展，可穿戴传感器的应用范围不断扩大，如图 1-1 所示。可穿戴传感器能够提供人体内部以及人体与外界环境接触过程中特定需求的重要信息，如收集人体生理和运动数据，并通过无线通信将信息传输到远程中心。借助配备一系列简化传感器的可穿戴设备，例如用于姿势和身体运动的应变传感器，用于疾病监测的生物传感器，以及用于语音和面部表情检测的多功能传感器，可以将必要的身体参数精确和实时地反馈到中央系统，从而实现健康监测等应用。此外，由石墨烯、碳纳米管等高性能智能材料制备的柔性传感器，可以提高传感器的灵敏度、响应速度和抗干扰能力。通过集成多种传感器和信号处理单元而实现传感器的协同工作，可以有效提高传感系统的综合性能。

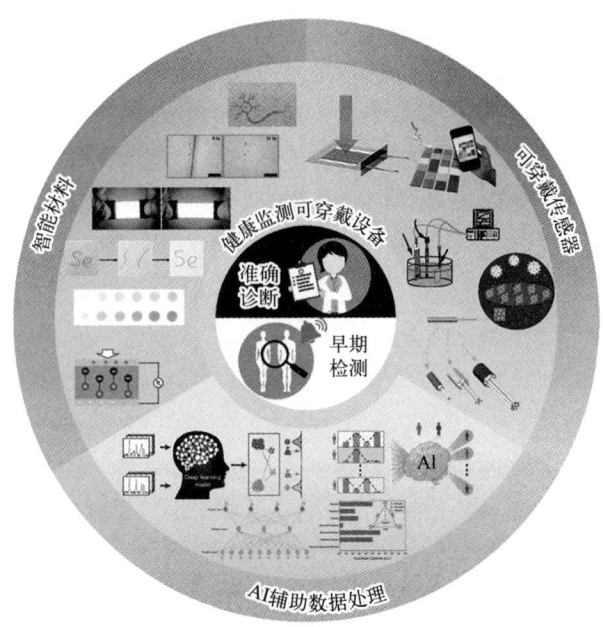

图 1-1 柔性可穿戴传感器的常见应用领域[1]

总体来看，可穿戴传感器以其独特的高度可穿戴性和多功能性，在人机交互、柔性电子、远程医疗、健康监测、智能运动等领域得到广泛应用。随着人工智能、大数据、无线通信技术等的引入，可穿戴传感器将发挥更大价值，为用户提供更加智能、个性化的健康管理和生活辅助。

1.1.2 常见可穿戴传感器的分类

（1）电容式可穿戴传感器

电容用来描述两个导体之间储存电荷的能力，通常表示为 C（Capacitor），单位是法拉（Farad，F）。当两个导体之间有电压差时，它们之间会产生电场，在这种情况下，如果一个导体带有正电荷，而另一个带有负电荷，那么它们之间会产生一个电容，而电容的大小取决于导体之间的距离和介电常数。

电容式传感器的工作原理基于电容的变化来测量非电物理量（如位移、压力、湿度等）的变化。一般来说，电容式传感器通常由两个导电板（电极）和介质材料组成，其中一个作为动极板，另一个作为定极板。这些电极可以由金属板、导电性涂层等材料制成，电极之间的空间被填充或者包裹着一种介质材料，通常是空气或者其他绝缘材料。当被测量的物理量发生变化时，两个极板之间的距离、面积或介质介电常数会发生变化，从而导致电容器的电容量发生变化。通过测量这种变化，可以把压力、位移、加速度、湿度等多种物理量转换为电信号进行测量，从而获取身体或环境的参数信息。

电容式传感器一般分为三种：变极距型、变面积型和变介质型。变极距型电容式传感器通过改变两个电极之间的距离来改变电容量，当一个电极移动时，两个电极之间的距离发生变化,从而改变电容量;变面积型电容式传感器的电容量的变化是由两个电极之间覆盖的面积变化引起的,一个电极的移动可能会增加或减少与另一个电极覆盖的面积;变介质型电容式传感器通过改变电极之间介质的介电常数来改变电容量。当介质的湿度或压力变化时,其介电常数也会变化,从而影响电容量。电容式柔性传感器结构比较简单,若两个电极之间填充了具有介电常数为 ε 的电解质,则两个电极板间的电容量可利用下式计算:

$$C = \frac{2\pi\varepsilon L}{\ln D} \tag{1-1}$$

式中 ε——中间介质的介电常数;
$\quad D$——两个电极板之间的距离;
$\quad L$——材料的长度。

除了中间的电解质外,两侧的电极材料的选择也至关重要,而受到外界刺激的时候,D 降低,电容减少,而传感器受到拉伸时,L 增加,电容增加。检测到电容变化后可以通过响应变化达成传感的目的。

电容式传感器结构简单,可实现微型化,成本低,对于微小的物理量变化具有很高的灵敏度,能够实现精确测量,同时响应速度快,能够实时检测并反馈外部物理量的变化。虽然电容式传感器具有能耗低、分辨率高、动态响应快等优点,但其对于环境中的电磁干扰较为敏感,可能会影响测量精度。

① 新型介电层材料　对电解质层材料的创新是常见的改变电容式传感器性能的方式。韩国 Chhetry 等制作了一种新型的固体聚合物电解质,通过室温离子液体,1-乙基-3-甲基咪唑二(三氟甲基磺酰)亚胺与聚(偏氟乙烯-共六氟丙烯)结合作为高电容介电层,用于界面电容压力传感应用[2]。固体聚合物电解质表现出非常高的界面电容,这是由于在电场响应中充当双电层的移动离子,在固体电解质上产生的随机分布的微结构有助于材料在压力下弹性变形。此外,利用以聚二甲基硅氧烷(PDMS)增强的高导电性银纳米线多孔渗透网络作为电极,提高了界面电容(图 1-2),其超高压灵敏度为 131.5kPa^{-1},低动态响应时间为 43ms,检测下限为 1.12Pa,并且具有超过 7000 次循环的高稳定性。

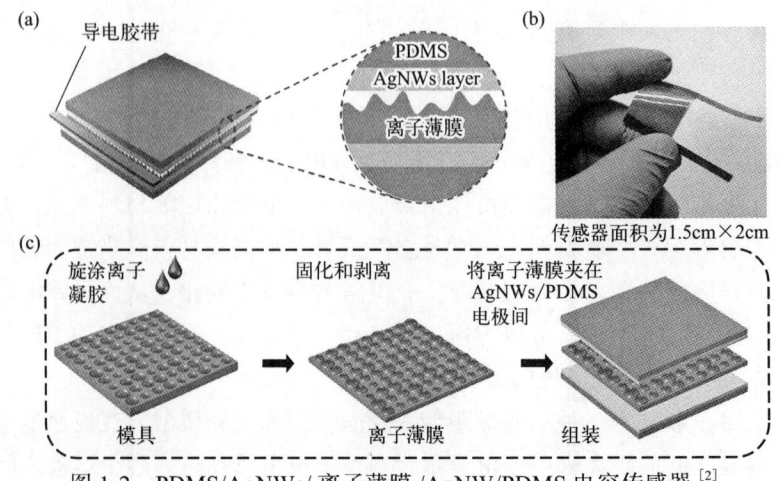

图 1-2　PDMS/AgNWs/离子薄膜/AgNW/PDMS 电容传感器[2]

安徽大学的 Wei 等创新性地将铋与石墨烯相结合，在气凝胶的框架中插入了导电石墨烯－铋片铋，铋烯和石墨烯的协同作用实现了分层多孔气凝胶框架中离子/电子双输运通道的设计和构建（见图1-3），有利于电解质的渗透并确保电子在层之间的传递，有效地增加了质量电容。涂覆在还原石墨烯上的导电铋纳米片可以作为构建额外电子传输通道的主干，从而产生额外的电化学活性位点，增加层间电导率，从而确保层间电子传输。在两边再加上 PVA-H_2SO_4 凝胶，外层覆盖上钛箔，这种传感器具有良好的储能性质，在多次充放电循环后也有着较好的能量循环稳定性[3]。

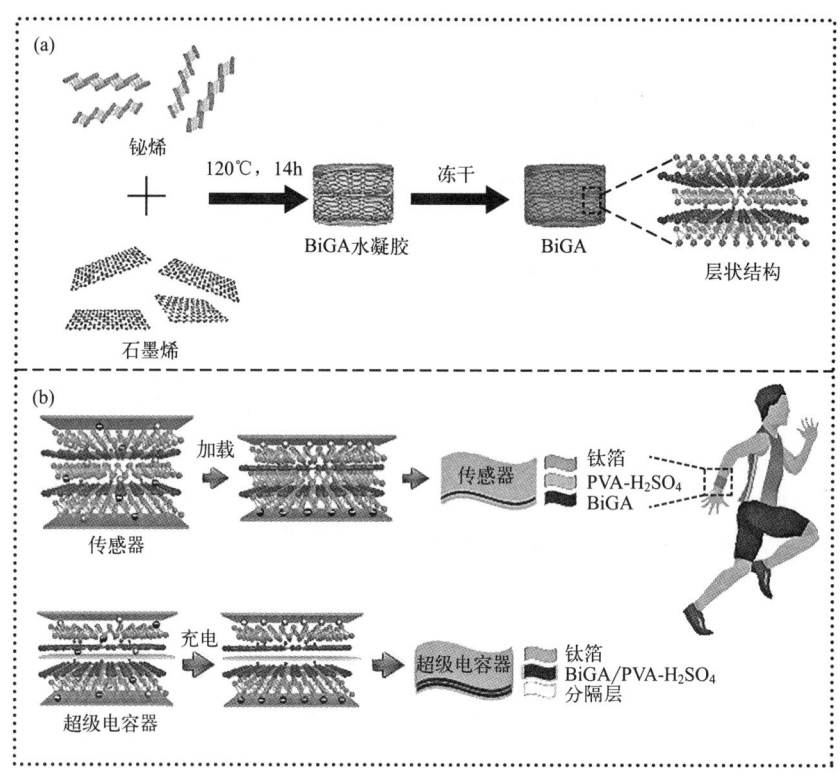

图 1-3　铋烯和石墨烯制作的可储能电容传感器[3]

② 新型介电层结构　除了改变电解质层的材料以外，还可以通过改变电解质结构层来提高电容性可穿戴传感器的性能。

a. 微图纹介电层结构　来自澳大利亚的研究团队将空气室引入 PDMS 衬底，在制作 PDMS 结构中留下空气部分，在高介电常数的 PDMS 中包含低介电常数的空气通道（见图1-4），提高了器件的灵敏度（0.82kPa^{-1}，高达20%应变），能够检测静态和动态机械刺激（17nm/s），低检测限（LOD）为1Pa，可以成功监测人体运动（如手臂弯曲）、触觉和生理信号（如心脏和呼吸频率）[4]。

郑州大学的 Zhang 等则采用常见的热风枪，在 TPU 薄膜上制备具有微图案阵列的介电层，之后用 ITO/PET 电极组装，形成了具有三明治结构的传感器（图1-5），这种简易的制作方式相比硅模板成型的阵列有着更低的制作成本[5]。

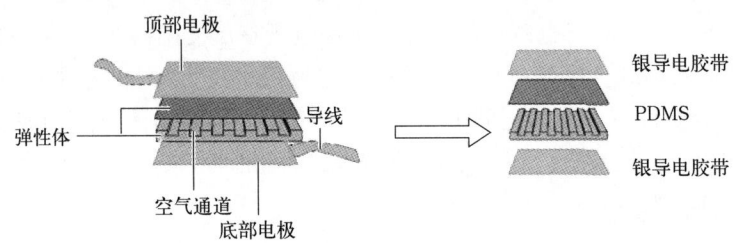

图 1-4 具有 PDMS 空气结构的电容式传感器用于人体皮肤状况检测[4]

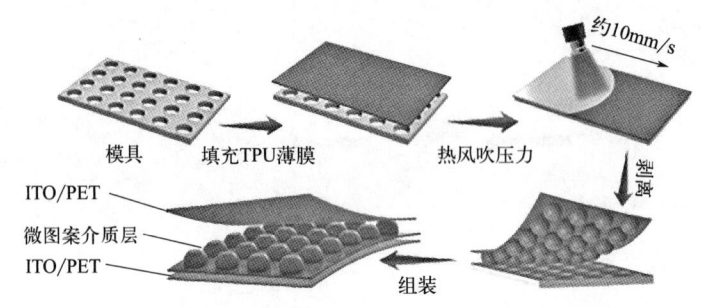

图 1-5 热风枪制作的三明治结构传感器阵列[5]

在相同的施加压力下，微图纹传感器相比平面传感器更加容易获得更大的形变，形变越大，电容变化也越大。因此，在宏观材料面积大小一样的情况下，微观上的结构变化可以获得更好的属性。

b. 锥形介电层结构　南方科技大学的 Zhang 等使用键合微结构界面制作了新型的电容式传感器，这种传感器的响应时间和弛豫时间都低至 0.04ms，低黏度和黏合界面也有助于传感器的低迟滞和高机械稳定性，在加载-卸载周期至 100kPa 时，迟滞量相当低，几乎不存在电容-压力迟滞回线[6]。

来自印度的课题组采用基于 PDMS 的衬底和微锥体介质层制备了一款高柔性电容式压力传感器（见图 1-6），该传感器/基体叠层由五个界面组成，通过使用 MPTMS 分子黏合剂和部分固化的 PDMS 层层压实现了强的界面黏合，研制了一种高灵敏度（46.6MPa^{-1}，≤1kPa）、低回滞（4.05%），可用于大压力（250kPa）和宽压力传感范围（高达 550kPa）的检测[7]。

c. 仿生介电层结构　自然界的许多结构对传感器的制作有着重要参考意义，安徽大学的 Hong 等受到猎豹腿的结构启发，用 3D 打印技术制备了具有仿生图案的 PLA 模具并制备了一款猎豹腿微观结构的电容型传感器（见图 1-7），将 PDMS 自旋涂覆到仿生图案的凹槽中，拆模后将阵列组装成仿生猎豹腿阵列。在使用 PLA 模具制备基底后，将其封装在导电银胶的顶部，以创建仿生微观结构，该柔性电容式传感器有着良好的耐用性（24000次循环）[8]。

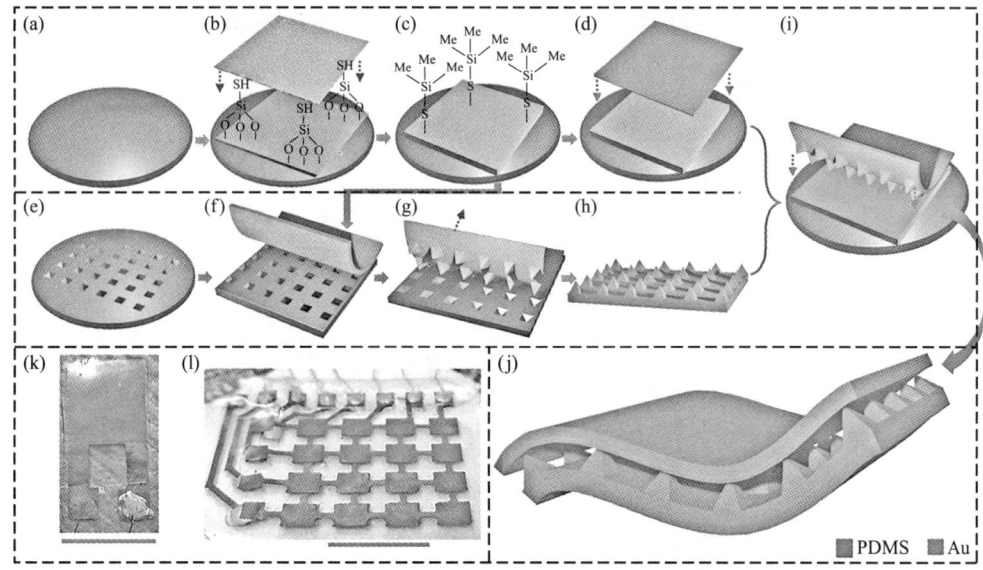

图 1-6 基于全聚二甲基硅氧烷的高柔性稳定工程界面电容式压力传感器[7]

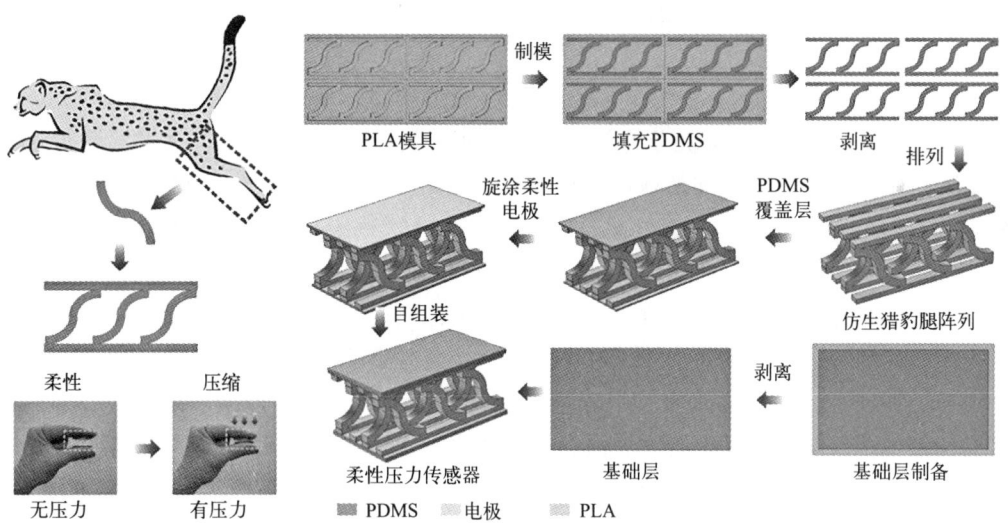

图 1-7 猎豹腿仿生传感器介电层结构[8]

类似地，Zhao 等也受青蛙腿结构启发，利用三维仿生青蛙腿结构阵列作为介质层，减少了上下两个电极之间的距离，提高了传感器的介电能力[9]。

③ 电极材料的创新 对于电容式传感器来说，在受到拉伸时，电极材料也需要保证良好的导电性。传统的金属电极只能承受压力，不能承受拉伸，研究新型的电极对提升电容的性能至关重要。非金属电极是现在的热门研究方向，与传统的导电金属不同，非金属电极普遍性能具有多样性，可以制造出更多功能化的可穿戴传感器。

a. 碳材料 碳材料作为当下的热门研究方向，无论是碳纤维还是石墨烯，都被用来开发各种新型的传感器。大连理工大学 Ma 等基于无添加剂水性 MXene 墨水开发了可穿戴碳纤维基不对称超级电容器（WASSC）[10]，并进一步结合无添加剂水性MXene/聚苯胺（PANI）墨水，开发了具有宽电压窗和高电容的WASSC，用于实际能量供应，其制作的传感器可以准确地监测人类的动作、发音、吞咽或手腕脉搏，并且无须使用刚性电池，见图1-8。

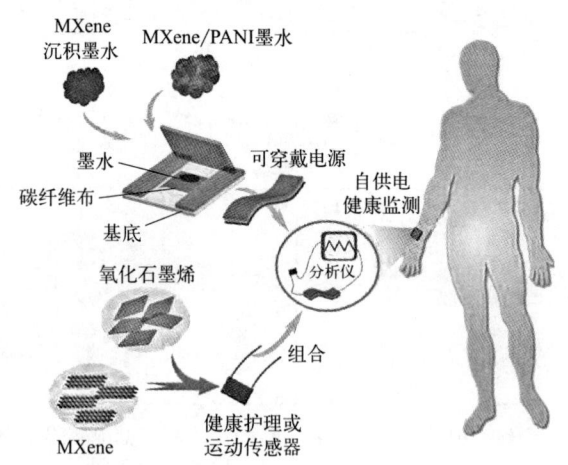

图1-8 可穿戴碳纤维基不对称超级电容器传感器制作[10]

同一所学校另一个研究组的Hu等提出了一种基于碳纳米管和弹性胶带的预拉伸可穿戴应变传感器，用于膝关节等人体关节的普通服装运动跟踪[11]。通过将碳纳米管喷涂到Tegaderm薄膜上，制作出导电、可拉伸的薄膜电极，将两条可拉伸薄膜电极组装在预拉伸的VHB胶带的两侧，作为电容器的弹性介电层。韩国光云大学的Park等设计了一种聚乙烯吡咯烷酮（PVP）薄膜作为活性传感介质、碳纳米管（CNT）随机网络作为电极的电容式可穿戴湿度传感器。基于PVP的湿度传感器在40%～90%的湿度范围内，具有(3.0±0.15)nF/(%RH·cm^2)的高传感响应和(6.4±0.1)pF/%RH的灵敏度，并且迟滞窗口小，响应/恢复快（约30ms），可靠性高。通过研制一种配备可穿戴湿度传感器的臂带式无线通信监测系统，论证了移动呼吸监测装置的可行性。通过监测呼吸强度和频率的变化，可以分析实时生物物理信息，这些信息通过无线传输到用户的移动界面，帮助用户了解自己的呼吸变化[12]。

青岛大学的Guo等以电纺BiI$_3$/PVP复合纳米纤维膜（NM）为原料，通过一步退火工艺将BiI$_3$升华，制备了纳米裂化聚乙烯吡咯烷酮（PVP）分层纳米纤维膜（HNM）的介电层（见图1-9）。采用雕刻工艺在聚酰亚胺衬底上制备了多孔激光诱导石墨烯（LIG）的上、下电极。随后，将中间PVP HNM介电层与上下LIG电极组装成柔性电容式压力传感器，提高了运动姿态识别的灵敏度和检测范围，而后借助卷积神经网络（CNN）算法，开发了一个由多个传感器组成的投篮姿势识别系统，能够准确识别和引导篮球运动员的投篮姿势（准确率为93.89%）[13]。

南开大学的Lv等提出了一种柔性电容式压力传感器，该传感器采用简单的自旋涂覆工艺制备了自发起皱的MWCNT/PDMS介电层，这种传感器由于褶皱微结构和高介电常数的协同作用，具有1.448kPa^{-1}的超高灵敏度和良好的线性度（R^2=0.9982）。由于自发褶皱微结构产生的应力集中，该传感器具有低检测极限、快速响应和释放、高耐用性和鲁棒性[14]。韩国国立公州大学的 Fernandez 等，利用钛酸钡氧化物（BaTiO$_3$）- 聚二甲基硅氧烷（PDMS）进行弯曲传感的电容式传感器，该传感器的电容变化率为 42.85%，响应和恢复时间快（1s），迟滞最小（<2%），同时研究团队将其功能通过集成机器学习增强，在识别手语手势方面达到了 97.11% 的准确率[15]。

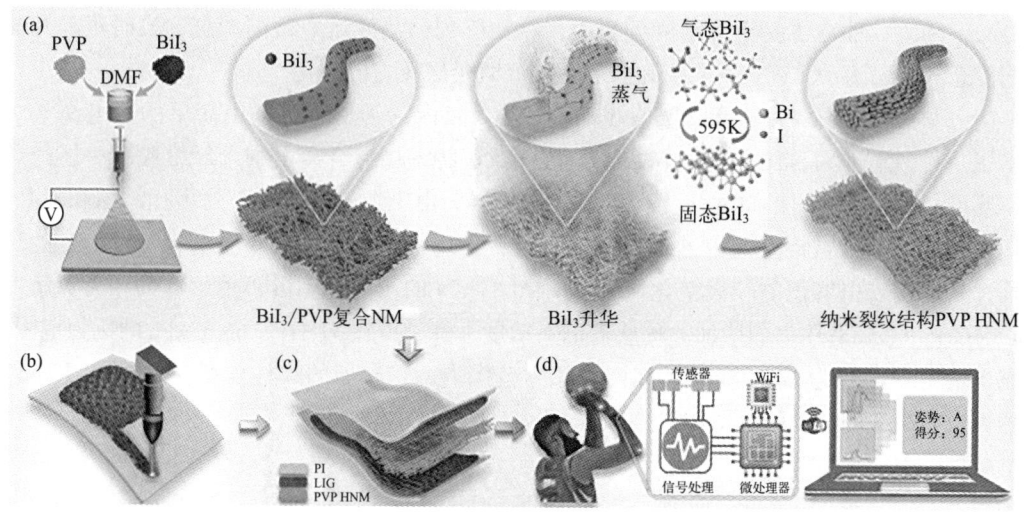

图 1-9　BiI$_3$/PVP 复合纳米纤维膜电容式传感器制作流程[13]

b. 聚合物材料　中国科学技术大学的 Zhang 等将高介电常数 MXene 纳米复合介质与 3D 网络电极结合在一起，用重氮盐进行修饰，提高电容式传感器的传感性能。用聚多巴胺修饰三聚氰胺泡沫骨架，并通过简单的浸渍方法负载银纳米线构建了稳定的三维网络电极。由于介质层的高介电常数和电极的分层变形，制备的电容式 FPS 在低压范围（0～8.6kPa）具有 10.2kPa^{-1} 的高灵敏度，在宽压力范围（8.6～100kPa）仍保持相对较高的 3.65kPa^{-1} 的近线性响应。此外，电容式 FPS 可以承受超过 20000 倍的压力负载而没有明显的信号阻尼[16]。西安工业大学的 Zhou 等选择用常见的 PVA/PANI 材料，采用模板法制备水凝胶电极表面的浮雕（图 1-10）。通过引入起伏来提高测量系数，并通过控制水凝胶电极的组成和起伏尺寸来调节测量系数，优化后的电容压力传感器最高应变灵敏度因数 GF 为 7.70kPa^{-1}，传感范围为 0～7.4kPa。此外，通过引入水/甘油二元溶剂，解决了水凝胶传感器的冷冻和干燥问题[17]。

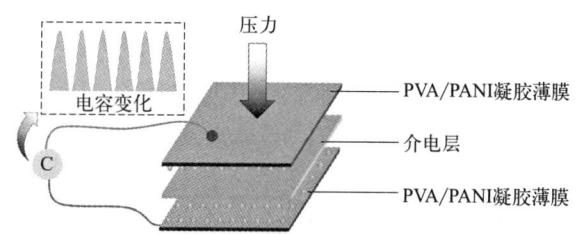

图 1-10　基于浮雕 PVA/PANI 凝胶电极的电容式压力传感器[17]

深圳大学的 Wang 提出了一种通过植入物理纠缠的聚合物链和共价交联网络来制备具有高度顺应性、弹性和卓越耐久性的 PMMA 导电凝胶的策略。通过调整聚合物链长度、物理缠结水平和交联网络密度等参数，优化了协同效应，从而提高了力学性能，扩大了应用范围。设计的电容式压力传感器在高压力应力下具有优异的长期稳定性，柔性电极通过光引发自由基聚合形成阵列，促进了高精度、大面积压力传感器阵列的创建，能够准确检测足底压力的空间分布。随后，建立了基于离子凝胶压力传感器阵列的足底压力监测系统，实时跟踪和监测不同静态和动态运动（直立、向前和向后运动）时足底压力的变化[18]。

南方科技大学的 Chen 等以聚偏氟乙烯 - 共六氟丙烯为材料，采用简单的静电纺丝工艺制备了一种具有非对称结构的电容式压力传感器。将一层混合离子纳米纤维膜和一层纯纳米纤维膜堆叠在一起（图 1-11）作为传感器的介电层。由于纯纳米纤维膜的多孔结构和不黏性，在压力作用下可以被混合离子纳米纤维膜穿透，实现普通电容到电双层电容（EDL）的可逆转换，从而实现电容值的较大变化。在 0～31.11kPa 的压力范围内，传感器的压力灵敏度可达 55.66kPa^{-1}。随着压力的增加，传感器的灵敏度下降，但在 31.11～66.67kPa 的压力范围内，传感器的灵敏度仍为 24.72kPa^{-1}，在两个压力范围内，传感器的线性度均在 98% 以上，该传感器可以用来检测桡动脉脉搏和指尖脉搏[19]。

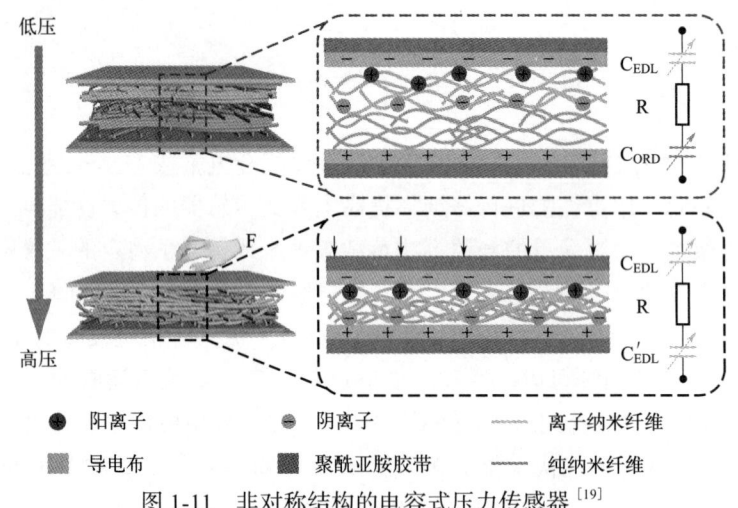

图 1-11 非对称结构的电容式压力传感器[19]

④ 双电层电容传感器　双电层电容介于电池和电容之间，有着充电时间短、使用寿命长、温度特性好的特点，但是输出电压一般不高，这正好和可穿戴柔性传感器相适应，不少研究机构将其作为自供电可穿戴设备的关键柔性传感器。吉林大学的 Lin 等开发了一种全纳米纤维离子的传感器，在电极/电解质的接触界面中形成双电层，将纳米纤维离子凝胶传感层夹在两个带有石墨烯电极的热塑性聚氨酯纳米纤维膜之间制成（图 1-12）[20]。

该传感器在经过 4000 次的弯曲循环后，仍然有着良好的性能，并且这种多孔纳米纤维网络使得传感器有着良好的透气性和散热性，有利于人体运动过程中的散热[20]。

尽管柔性电容式压力传感器已经得到了广泛的发展，但在大压力预载下，要同时获得良好的线性、高灵敏度和超高的压力分辨率仍然是一个难题。河北工业大学的 Yang 等提出了一种用于集成超薄离子层的微结构的可编程制作方法[21]。梯度金字塔微结构（GPM）电极和纳米级超薄离子液体的结合允许在离子凝胶/电极界面形成电双层电容（图1-13），这有助于在3000kPa的宽线性传感范围内实现2.49kPa^{-1}的高灵敏度。通过调制锥体轮廓和离子液体浓度，进一步提高了电容式压力传感性能，在1700kPa的超宽线性传感范围内获得了33.7kPa^{-1}的超高灵敏度。结合耦合的机电仿真，传感器制造中这些参数的通用调制提供了一个可行的设计工具包，可以潜在地打破灵敏度和线性传感范围之间平衡的限制。此外，GPM表面的精细特征为传感器提供了最小的初始接触面积，可在无预载的情况下检测0.36Pa的超低压力，以及在压力预载为2MPa时检测145Pa微小压力变化，从而获得0.00725%的超高分辨率。

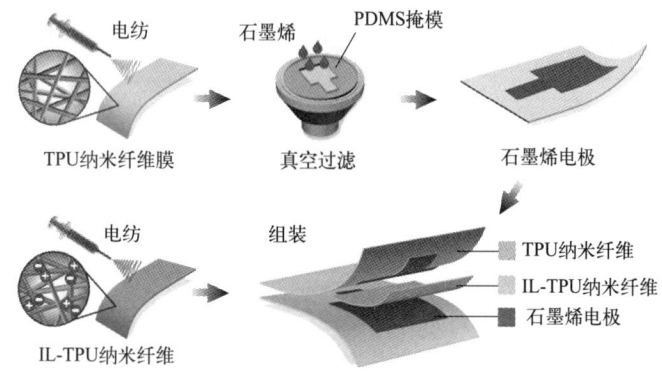

图1-12　全纳米纤维离子电容式压力传感器的制作过程[20]

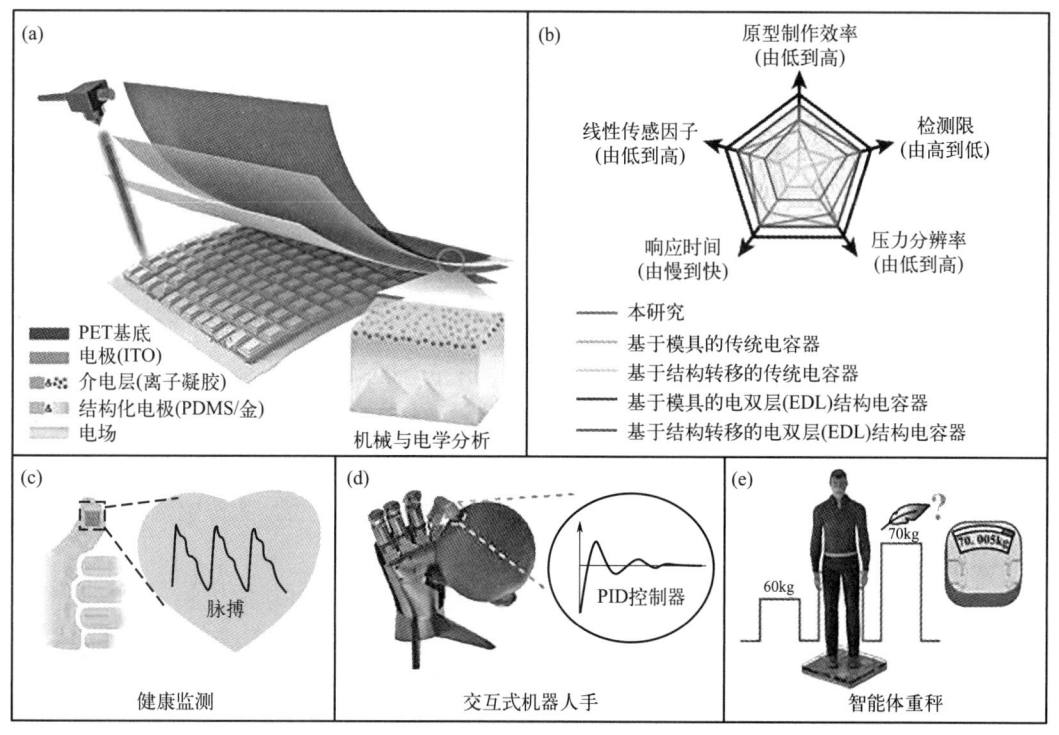

图1-13　高压分辨率梯度金字塔微结构传感器[21]

西安电子科技大学的 Li 从检测足部活动出发设计了一种由双介电层和多层微结构组成的柔性、电容性高性能压力传感器。TPU/AgNP 静电纺丝网络和微柱阵列共同赋予传感器更大的变形能力和更强的抗压能力，提高了传感器的工作范围和回弹弹性性能。此外，采用 CNTs、MXene 和 PDMS 混合物制备了柔性复合电极（图 1-14），获得了优异的导电性，避免了导电材料从柔性衬底脱落造成的不稳定性。两种电极不同的微观结构（微金字塔和微脊）进一步提供了高灵敏度、快速响应时间和宽工作范围，通过集成八个电容式压力传感器制作了一个智能鞋垫，用于步态监测和跌倒警告等可穿戴医疗健康应用[22]。

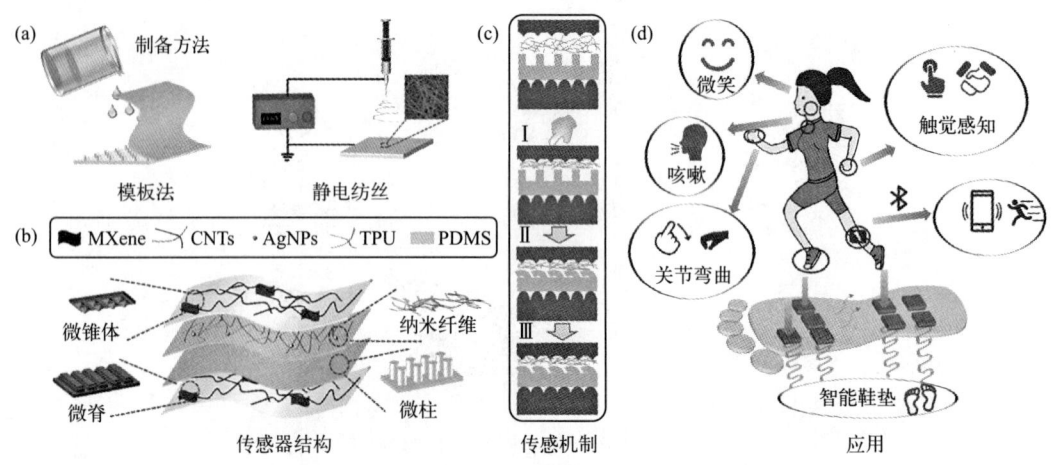

图 1-14　自供电医疗双介电层和多层微结构柔性可穿戴传感器结构图[22]

传统的堆叠结构（包括在相邻电极层之间的中间介质层）通常具有相当大的器件厚度和尺寸，从而对适用的尺度施加了限制。西南交通大学的 Chen 等研制了一种无集成弹性介质层的平面结构压力传感器，通过外界接触刺激诱导相邻电极之间出现电荷交换通道，实现了超高灵敏度，可以执行静态压力映射、检测手指接触、实时记录呼吸及区分接触位置[23]。

（2）电阻式可穿戴传感器

电阻式可穿戴传感器是一种利用传感材料的电阻值变化来检测被测物理量或参数的可穿戴式传感器，其核心就是电阻的变化，工作原理是在传感器的传感元件中，当此电阻材料受到外界压力、位移或者温度变化时，其电阻值会发生相应的变化。可以通过测量电阻值的变化，推算出相关物理量的参数，实现对压力、位移、生物参数等的检测。核心传感元件为电阻材料，可以设计成压阻、应变片等结构实现检测。输出信号一般为电压形式，有较好的线性度，体积小，易于集成，成本低，功耗低，可以制作成一维或二维的传感器阵列，实现对分布式物理量的检测，用于长时间监测。

但是传统的电阻型传感器的阻值随温度变化较大，需要温度补偿或控制。电阻导体如受外力失真，会永久改变电阻值，影响性能。电阻测量范围局限在一个量程内，且某些情况电阻变化形成的电信号幅值较小，需要放大处理。与压电和电容传感器相比，电阻式传感器精度较低。综合考虑，电阻式传感器更适用于对稳定性要求高、变化范围较小的测量场合。

压阻式柔性传感器的转换原理是通过施加外部刺激，从而直接或间接改变传感器内部导电填料的分布密度和接触状态，最后在宏观上使传感器的电阻发生有规律的变化。因此，它们不需要复杂的传感器结构，并且与电容式和压电式压力传感器相比，其广泛的压力测试范围和简单的制造工艺使其得到了广泛的研究。本小节主要从传感机理、材料选择和结构设计方面对压阻式可穿戴传感器的最新进展进行综述。

① 压阻式柔性传感器的传感机理　一般来说，压阻式传感器具有有源层和两个电极接触点，而有源层通常由感电层或者半导体层组成。有源层的作用是对外界的刺激做出回应，所以其可以被认为是可变电阻。相反地，两个电极接触点分别充当传感器的正极和负极，所以其电阻通常是恒定的。因此，压阻式传感器的表达式如下：

$$R = R_e + R_a \tag{1-2}$$

式中　R_e——恒定电阻；
　　　R_a——可变电阻。

R_a 的影响因素主要有两个，即块状弹性体复合材料的几何变形（长度 L 和面积 A）和活性材料的电阻率 ρ，二者关系如下：

$$R_a = \frac{\rho L}{A} \tag{1-3}$$

一般来说，压阻式压力传感器的电阻变化是由外界刺激引发的宏观几何参数变化而引起的，而基于压阻效应的柔性压阻式压力传感器的电阻变化主要取决于电阻材料的几何变化和电阻率的变化。此时，柔性压力传感器的电阻变化如下：

$$dR = \frac{\rho}{A}dL - \frac{\rho L}{A^2}dA + \frac{L}{A}d\rho = R\left(\frac{dL}{L} - \frac{dA}{A} + \frac{d\rho}{\rho}\right) \tag{1-4}$$

$$\frac{dR}{R} = \frac{dL}{L} - \frac{dA}{A} + \frac{d\rho}{\rho} \tag{1-5}$$

若电阻的轴向形变为 $\varepsilon = \frac{\Delta L}{L}$，导体半径为 r，根据材料学公式可得：

$$\frac{dr}{r} = -\mu \frac{dL}{L} = -\mu\varepsilon \tag{1-6}$$

式中　μ——电阻材料的泊松比。

根据公式 $A = \pi r^2$ 则有：

$$\frac{dA}{A} = 2\frac{dr}{r} = -2\mu\varepsilon \tag{1-7}$$

最后可以得出柔性电阻公式为：

$$\frac{dR}{R} = (1 + 2\mu) + \frac{d\rho}{\rho} \tag{1-8}$$

式（1-8）中，第一项表示几何效应，第二项表示电阻率效应。由于压阻型传感器机理简单，在过去的十几年里，压阻式柔性传感器被广泛研究。发展至今，根据上述公式，压阻式可穿戴传感器大致有 5 种传感机理。

a. 接触电阻效应　通过改变电极层和有源层的接触点位的数量来不断增加导电路径是最常见的改变电阻变化方法之一，这种方法简单易实现。南京大学的 Gao 等在 2019 年制备了一种全纸基压阻（APBP）压力传感器[24]。该压力传感器的感电层是涂有传感材料的银纳米线（AgNWs）的薄纸，同时作为基底的纳米纤维素纸上印刷有纳米银作为交叉电极。当施加外部压力时，薄纸的微小压缩变形会导致更多的导电微纤维与交叉电极接触，从而产生更多的导电路径，在固定电压下可以增加电流（图 1-15），随着压力的增大，接触面积进一步增大。在高压区域，传感器的导电路径逐渐饱和，此时传感器电阻为最小值；当外部压力卸载时，纳米纤维素纸封装层和 AgNWs/薄纸都可以恢复其原始形状，该传感器的电阻能够恢复成初始值。

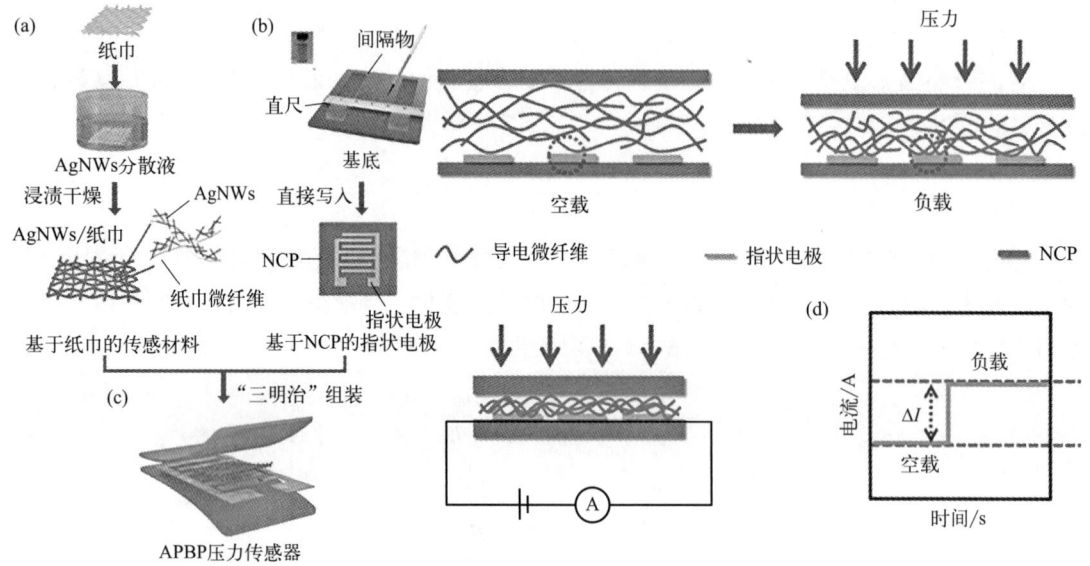

图 1-15　APBP 压力传感器的制备及基于接触电阻效应的传感机理[24]

APBP 压力传感器在 0.03～30.2kPa 的范围内具有 1.5kPa^{-1} 的高灵敏度，并在弯曲状态下也能够保持出色的性能。此外，压力传感器具有成本低、工艺简便和制备速度快的优点，并且可以通过焚烧处理，这易于一次性使用的压力传感器和绿色纸基柔性电子设备的发展。

除了改变有源层和电极之间的接触点的数量，通过改变有源层内部的结构从而增加导电路径也是常用的方法之一，因为纳米片层间距离的变化也会改变传感器电阻的变化。2021 年，东华大学的 Zhao 等受此启发，合成了银 - 碳纳米管 - 还原氧化石墨烯（Ag-CNTs-rGO）的三元复合材料。CNTs-rGO 基质不仅可以加速整个导电海绵中的电子传输，在 CNTs 和 rGO 均匀涂层上的 Ag 纳米粒子更进一步降低了碳材料之间的接触电阻，最终 Ag-CNTs-rGO 复合材料显示出极高的导电性。为了使该复合材料可以应用于柔性压阻传感器，CNTs-rGO 基质和多孔聚二甲基硅氧烷（PDMS）结合，良好的柔性稳定性使 Ag-CNTs-rGO/PDMS 海绵能够应用于柔性传感器的组装并充当有源层。当施加外部压力时，海绵被挤压，内部可以形成更多导电路径，最终导致电阻显著下降，如图 1-16 所示[25]。

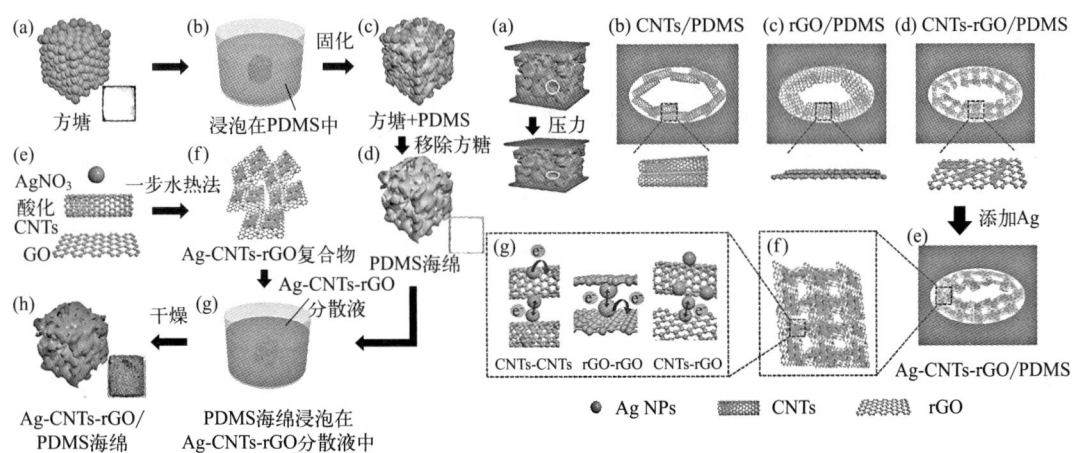

图 1-16　Ag-CNTs-rGO/PDMS 传感器制备及接触电阻效应的传感机理[25]

可以得出，基于界面接触电阻变化机理的柔性压阻式压力传感器包括电极与有源层材料之间形成的界面接触电阻和有源层材料内部形成的接触电阻。通过设计有源层的微观结构，改变材料接触面的粗糙度，可以调节界面接触电阻，以满足柔性压阻式压力传感器不同灵敏度的需要。接触点数量和尺寸的变化直接决定了电阻值的变化。因此，通过调整接触微凸点的大小和数量，优化接触点的分布，可以使接触总面积尽可能大，从而提高基于接触电阻效应的压阻式柔性传感器的灵敏度是现在研究的主要方向之一。

b. 渗透理论　渗透理论可以简单地解释为复合材料的导电性完全取决于导电填料的含量，即填料的电阻率决定了复合材料的电阻率。当复合材料内部的导电填料含量较低时，导电填料相互分离，此时复合材料处于绝缘状态；当填料含量达到一定的阈值（渗透阈值）时，可以形成导电通路，复合材料的电阻率与导电填料的含量成反比。北京航空航天大学的 Shan 等给出了基于渗透理论的导电材料电阻率与浓度的关系曲线[26]。当导电填料的含量处于渗透区，即导电网络形成与饱和之间时，复合材料压缩引起的变形会影响导电填料之间的距离，从而改变复合材料中的导电网络和电阻率，这是基于渗透理论的传感机理。基于该理论，韩国科学技术院的 Jung 等于 2023 年提出了一种基于复合膜的压力传感器，该复合膜通过可膨胀微球在弯曲 3D 碳纳米管（CNTs）结构中进行局部变化。微圆顶结构异质接触和弯曲三维碳纳米管结构内渗滤网络变化的协同效应显著增强了灵敏度。该传感器在小机械刺激下表现出优异的灵敏度（571.64kPa^{-1}）、快速响应时间（85ms）、良好的重复性和长期稳定性[27]。

c. 断裂与裂纹扩展效应　断裂与裂纹扩展效应也常用于压阻式柔性压力传感器的制备，在由纳米材料导电材料制成的感电层中，电子可以通过渗透网络中重叠的纳米材料进行导电。感电层的拉伸会使一些连接的纳米材料失去重叠区域和导电连接，从而增加电阻。从微观结构的角度来看，由于纳米材料与柔性聚合物之间的弱结合和刚度不匹配，纳米材料在张力作用下发生滑移，导致重叠纳米材料断裂。导电材料的断裂机理是指在聚合物基体内部或表面存在大量导电材料的重叠。当传感器受到外界刺激时，由于导电材料之间的界面结合力较弱，并且导电材料与柔性聚合物之间存在较大的刚性失配，相邻的导电材料会发生滑移，从而导致重叠区域的断裂和减少，最终导致电阻增大。裂纹扩展机制是指当传感器受到外界刺激时，涂覆在柔性聚合物基底上的脆性导电层产生裂纹并在应力集中区扩展。裂纹的产生和扩展导致阻力的显著增加。在卸载过程中，由于柔性基底的自愈性，导电层的裂纹可以重新连接，导致电阻降低。裂纹的形状、长度、宽度、密度、面积和深度是影响传感性能的关键因素。裂纹扩展机制已越来越多地用于开发具有超高灵敏度的压阻式柔性传感器。华中科技大学的Cheng等人利用一维芳纶纳米纤维的层间氢键效应，构建了具有高机械强度的MXene片材。该片材用于自修复柔性压力传感器的制备，其具有高灵敏度（208kPa^{-1}），快速响应时间（10ms）和恢复时间（33ms），优异的循环稳定性（45000次循环）和突出的自修复性能。基于MXene/ANF的压力传感器由于具有自愈外壳和坚固的MXene敏感层的共同作用，实现了对复杂外部损伤的良好抵抗[28]。该原理不仅用于柔性压力传感器的制备，而且也经常被应用在拉伸传感器的制造上。2023年，韩国科学技术研究院的Yoon等制造了一种全范围体上应变（FROS）传感器，通过在氧化石墨烯（GO）嵌入的聚酰亚胺（PI）复合薄膜上进行激光雕刻来合成还原氧化石墨烯（rGO）嵌入的激光诱导石墨烯（LIG），因为LIG可以通过原位共转化从复杂薄膜中的GO-PI异质结构进行光热重建，然后转移到弹性体基材上。基于裂纹扩展效应（图1-17），该传感器涵盖了从小到大的应变（0～120%），实现超宽的可检测范围，同时在大部分的形变阶段具有不同的高灵敏度（9.9～242）[29]。

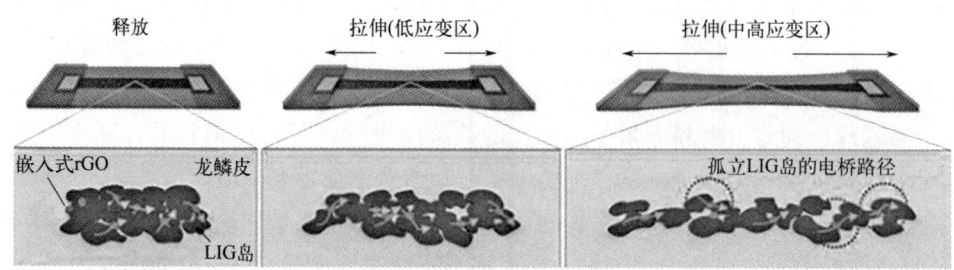

图1-17 基于裂纹效应的传感机理[29]

除了上述常见的三种传感机理，还有其他的传感机理（隧道效应、半导体效应等），虽然它们的原理相对难以理解或者应用，但它们都是非常有前途的传感机制，具有巨大的研究价值。结合各种传感机构的优点，可以制备高性能柔性压力传感器器件。目前，针对压阻式可穿戴压力传感器面临着低灵敏度、稳定性低以及温度稳定性差等方面的挑战提供了许多解决方案，包括优化活性材料和改进器件结构。

② 压阻式柔性传感器的材料选择　在过去的十年里，为了实现压力传感器的优异性能，各类材料层出不穷。一些研究者已经证明，包括炭黑、碳纳米管、石墨烯、金属纳米颗粒结合的聚合物以及 MXene 等材料具有显著的压阻性能。

a. 基于炭黑辅助的压阻传感器　炭黑（Carbon Black）虽然本身如同粉末一样难以成块，但是可以与其他的材料相结合，作为辅助材料来增强制备活化材料的导电性。2020 年，青岛大学的 Cao 等通过热熔法制备了具有 3D 结构的丝瓜海绵作为传感器的框架，并且在海绵上喷涂经炭黑纳米粒子改性的还原氧化石墨烯（rGO）以增强传感器的导电性（图 1-18），因为炭黑纳米颗粒的添加可以降低 rGO 片之间的接触电阻，有效地提高电导率和灵敏度（1.89kPa^{-1}），并缩短传感器的响应/恢复时间（0.42s 和 0.29s）。在丝瓜海绵和 rGO-CB 的协同作用下，获得了低成本、环保的超轻压阻传感器，并具有高灵敏度和良好的稳定性[30]。

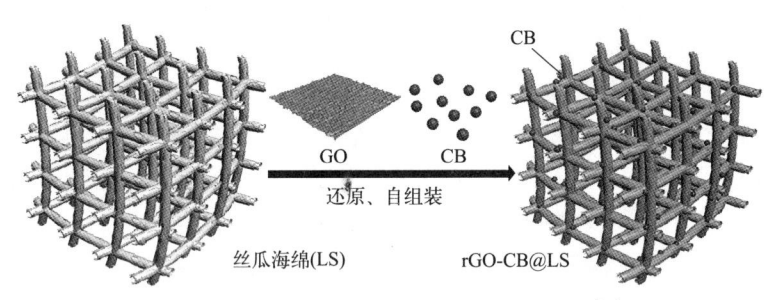

图 1-18　rGO-CB@LS 的制备过程示意图[30]

炭黑不仅可以和碳材料结合，也常常被用来和金属纳米材料结合以增强压阻传感器的灵敏度和导电性。重庆大学的 Wang 等在 2021 年提出了一种具有三元纳米复合 Fe_2O_3/C@SnO_2 的新型压力传感器，当中的乙炔炭黑极大提高了 Fe_2O_3 的电导率。因此该传感器具有很高的灵敏度（680kPa^{-1}）、快速响应（10ms）、宽范围（0~150kPa）和良好的重现性（在 110kPa 压力下超过 3500 个循环）[31]。

不仅如此，炭黑与碳纳米管结合，还具有黏合作用。重庆文理学院的 Liu 等通过简单的水热法将多壁碳纳米管（MWCNTs）和炭黑引入三聚氰胺海绵（MS）的骨架中，制造了一种没有任何黏合剂聚合物的压阻式传感器。由于交联效应、微孔结构、MWCNTs@CB 的强吸附性，MWCNTs@CB 传感器表现出优异的性能，比如在 12.5~20kPa 的工作范围内灵敏度为 48.26kPa^{-1}，响应时间为 15ms，检测下限为 20Pa，性能稳定（>250000 次加载循环）[32]。

炭黑由于其微小颗粒的特性，不仅能够作为辅助活性材料，也是制备气凝胶的好材料，有许多基于炭黑的气凝胶已经被报道。英属哥伦比亚大学的 Zhang 等在 2023 年成功开发了一种新型导电超弹性纤维素基气凝胶。该气凝胶结合了纤维素亚微米纤维和炭黑（SMF/CB）纳米粒子的网络，通过双冰模板组装和静电组装方法的组合实现（图 1-19）。组装的纤维素亚微米纤维赋予气凝胶显著的超弹性，使其即使在经历 10000 次压缩/恢复循环后仍能保持其原始高度的 94.6%[33]。

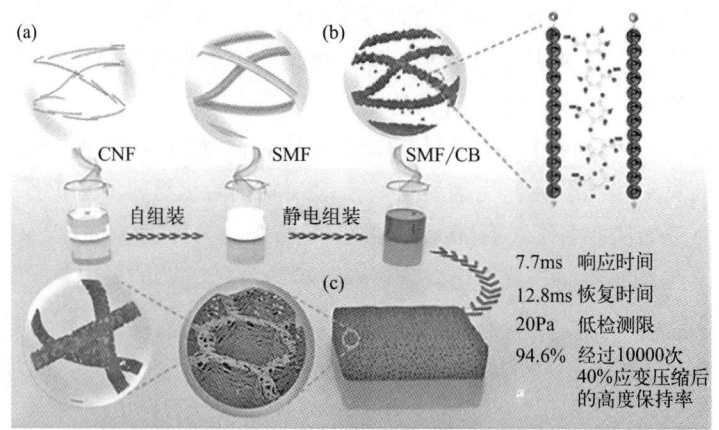

图 1-19　超弹性纤维素气凝胶的制备流程[33]

b. 基于碳纳米管的压阻传感器　一维碳纳米管具有高各向异性和优异的导电性，是目前应用最广泛的导电填料之一。碳纳米管的另一个优点是它们可以通过溶液处理技术（接触和滚印、机械剪切技术、Langmuire Blodgett 方法等）直接沉积到柔性或可拉伸的基底上，通过这些方法，许多基于碳纳米管的拉伸传感器被报道出来[34-36]，这对可穿戴传感器的应用具有重要的促进作用。尽管基于碳纳米管拉伸传感器很多，碳纳米管也多被用于柔性压阻传感器的制造。2024 年，北京化工大学的 Li 等采用高内相乳液（HIPE）模板制备了多孔碳纳米管/聚二甲基硅氧烷（CNTs/PDMS）的复合材料。其中，具有数十微米孔隙的 PDMS 泡沫具有高柔韧性和弹性，而 CNTs 选择性地分布在泡沫内孔表面，以此构建了 3D 导电网络。当 CNT 的体积分数为 1% 时，导电泡沫体在 60% 压缩应变下的应力为 107.1kPa，电导率达到 9.77×10^{-5} S/m。最后，将柔性导电泡沫应用于压阻传感器。该传感器表现出高应变系数（GF=24.15）和较宽的工作范围（0～60%）[37]。

和炭黑相似的是，碳纳米管也可以作为增强导电性的活性材料，并且所制备的传感器往往具有较高的导电性和灵敏度。四川大学的 Zhai 等报道了一种通过简便的溶液混合和冷冻干燥技术制备的 CNTs/石墨烯/WC 复合气凝胶。水性聚氨酯（WPU）和纤维素纳米晶（CNC）被构建为 3D 结构骨架，碳纳米管和石墨烯的协同作用有利于提高传感性能（图 1-20）。获得的压力传感器具有高度多孔的网络结构、显著的力学性能（76.16kPa）、高灵敏度（0.25kPa^{-1}）、超低检测限（0.112kPa）和高稳定性（>800 次循环）。不仅如此，获得的气凝胶还表现出了优异隔热性能，可长时间承受 160℃ 而不损坏结构[38]。

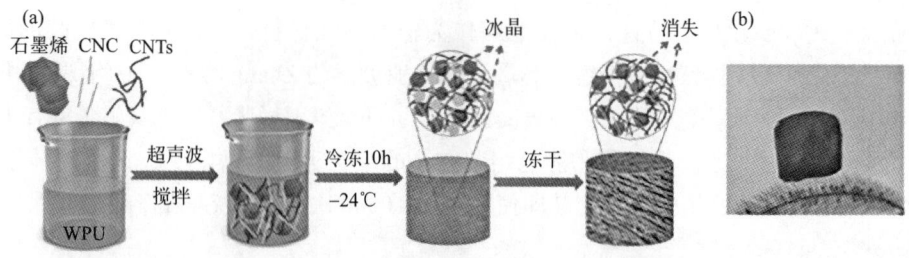

图 1-20　CNTs/石墨烯/WC 传感器的制备流程[38]

低压和低应变检测一直是压阻式传感器的一大难点，而通过表面微溶解和黏附技术，导电碳纳米管改性丝无纺布（CNTs/SNWF）复合材料被河南科技大学的 He 等成功制备。基于 CNTs/SNWF 的应变压力传感器可以检测低至 0.05% 的应变和 10Pa 的超低压，具有超高的可识别性。此外，基于该传感器建立的电子皮肤，可以识别不同的触觉刺激。同时，制备的导电 CNTs/SNWF 在光学和热传感方面也表现出极大的适用性，能够赋予下一代可穿戴电子产品更多的功能[39]。

c. 石墨烯基压阻传感器　得益于 sp^2 键合的碳原子排列呈蜂窝状结构，石墨烯具有高表面、优异的迁移率、高导电性、良好的导热性和强机械强度，大部分情况下远优于其他碳基材料，是构建压力传感器的另一种理想的活性材料。然而，二维石墨烯很少被用于柔性传感器的制造，通常是三维石墨烯被用于压阻式柔性传感器的制备。三维石墨烯的合成方法包括模板法、自组装法、静电纺丝法和 3D 打印法。上述方法生产的石墨烯虽然都具有高导电性，但是形态等均不一样，因此每种生产方法均有相关的研究。2020 年，香港城市大学的 Liu 等通过简便的自组装和风干（SAAD）方法成功地制造了具有逐层结构的石墨烯膜，获得了膜中均匀且致密的层结构。由于石墨烯的优异的力学和电性能，由多层膜构成的压力传感器在 0~50kPa 的范围内具有很高的灵敏度（52.36kPa^{-1}）和高稳定性[40]。

3D 打印法制备石墨烯是近年来比较受欢迎的方法，因其制备流程简洁、成本较低，并且能够形成各种各样的图案，能够广泛应用于各种特定的需求。其中，基于 LIG 的传感器往往具有高灵敏度，当 CO_2 激光照射在聚酰亚胺薄膜表面时，薄膜中的 C—N 和 C—O 化学键会被破坏，石墨烯将会在化学的作用下产生，如图 1-21 所示。通常，基于该方法产生的石墨烯被称为激光诱导石墨烯。

由于激光诱导石墨烯的制备流程相比其他 3D 打印方法制备的石墨烯流程更加简单，许多基于激光诱导石墨烯的柔性压阻传感器被研究和报道[41-44]。2020 年，阿卜杜拉国王科技大学的 Kaidarova 等制备基于 LIG 的压力传感器的性能可以通过几何参数轻松调整。它们的灵敏度在

图 1-21　激光诱导石墨烯的产生过程

$1.23×10^{-3}$kPa 的范围内，检测极限为 10Pa，动态范围至少为 20MPa。该传感器还具有至少 15000 次循环的出色长期稳定性[45]。

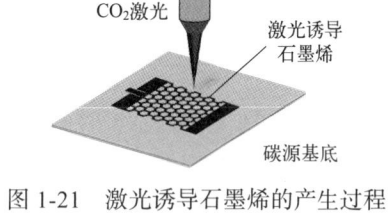

除此以外，激光诱导石墨烯的性能还可以通过向聚酰亚胺薄膜中掺杂其他原子进行改变。浙江大学的 You 等制备了包括金纳米颗粒（AuNPs），银纳米颗粒（AgNPs）和铂纳米颗粒（PtNPs）的聚酰亚胺薄膜，进行激光照射后，这些纳米颗粒就可以均匀地分布在多孔 3D 石墨烯的表面上，如图 1-22 所示[46]。类似地，重庆大学 Wang 等在 2022 年报道了一种基于激光诱导石墨烯和 Fe_2O_3 的压力传感器，灵敏度为 603kPa^{-1}，适用于 0~10kPa 的压力范围。压力传感器具有高达 200kPa 的工作范围和良好的循环稳定性（超过 3000 次加载-卸载循环），同时兼具健康监测和报警功能。因此，该多功能传感装置具有高灵敏度、综合监测、报警功能，这为以后的可穿戴电子传感器集成提供了一种有效的方法[47]。

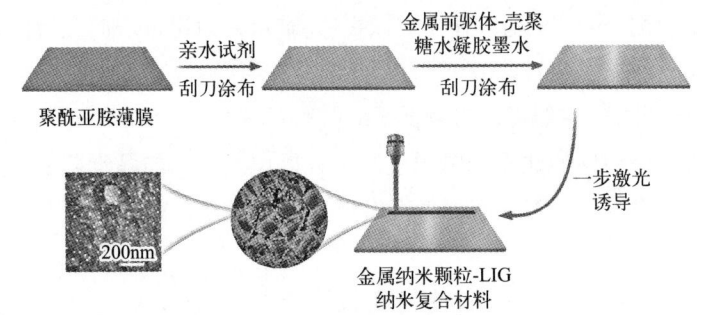

图1-22 激光诱导法制备金属纳米颗粒-LIG杂化纳米复合材料的过程[46]

然而，PI薄膜具有低拉伸性和低柔韧性，同时薄膜上的激光诱导石墨烯干电极难以贴合皮肤，因此基于PI-LIG的柔性压力传感器难以进行广泛的应用。一个常用的解决办法是将激光诱导石墨烯转移到其他柔性材料上。华南理工大学的Wang等受到蝎子尾巴结构的启发，将激光诱导石墨烯从聚酰亚胺薄膜转移到Ecoflex，然后使用流延剥离和预拉伸和释放方法涂上银浆，如图1-23所示。通过转移法，制备出来的LIG-Ecoflex仿生传感器以超快响应时间（约76ms）、高灵敏度（GF=223.6）、良好的工作范围（70%～100%应变）和良好的可靠性（>800个周期）的蝎子式应变传感器，优于许多基于LIG的材料和其他仿生传感器[48]。

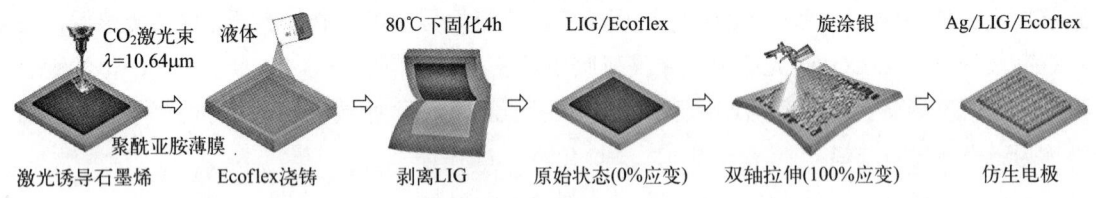

图1-23 LIG-Ecoflex仿生传感器的制作流程[48]

同样地，北京理工大学的Wang等提出了由聚二甲基硅氧烷（PDMS）和聚酰亚胺颗粒组成的基板作为制造LIG的平台。由于PI/PDMS复合基板固有的柔软和可拉伸特性，基于LIG的传感器可以适应复杂的3D配置或承受超过15%的机械张力[49]。

尽管将激光诱导石墨烯转移到PDMS和Ecoflex等柔性材料上能够大大增强柔性传感器的导电性和灵敏度，在转移过程破坏激光诱导石墨烯的结构和电子传导特性会被一定程度地破坏，进而产生电导率的损失。首尔大学的Zhang等发现激光诱导石墨烯和苯乙烯-乙烯-丁烯-苯乙烯（SEBS）热塑性弹性体基板之间存在强大的物理和化学键合效应，并提出了一种简单而强大的低电导率损失转移技术。成功将LIG嵌入到SEBS中，获得的柔性传感器具有高拉伸性（300%）和可靠性（30%拉伸，15000次循环）和低电极-皮肤阻抗（14.39kΩ，10Hz），检测到的生物电势信号具有35.78 dB的高信噪比[50]。

以往制备同时具有良好力学性能和优异感测性能的石墨烯气凝胶传感器是一个巨大的挑战，而北京化工大学的Cao等制造了一种新型的纳米纤维增强石墨烯气凝胶（aPANF/GA），这种3D互连的微孔aPANF/GA气凝胶结合了43.50kPa的出色压应力和28.62kPa^{-1}的高压阻灵敏度以及宽范围（0～14kPa）的线性灵敏度[51]。

氧化还原石墨烯（rGO）也经常用于传感器的制造，中南大学的 Xu 等在 2022 年报道了一种多层和阶段响应的 rGO/MXene 基压阻式压力传感器，该传感器具有以砂纸为模板构建的分层微棘。由于采用多层次、多层结构，所获得的传感器实现了相位响应，具有检测范围宽（可达 70kPa）、响应速度快（响应/恢复时间为 40ms/80ms）、工作稳定性（1000 疲劳循环）等特点。图 1-24 显示了该传感器成功应用于检测各种人体运动，包括脉搏、脸颊隆起、点头、手指弯曲、语音识别、手写和其他压力信号[52]。

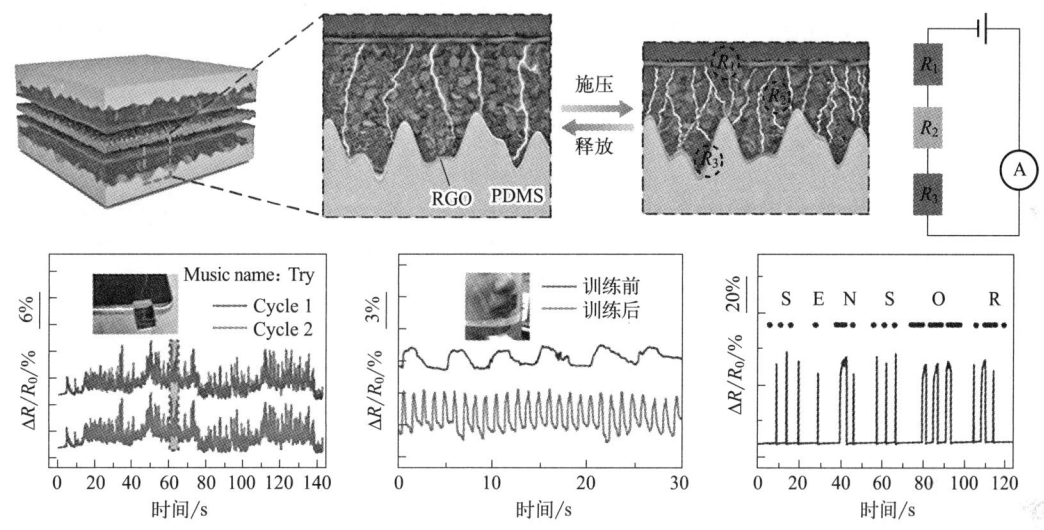

图 1-24　rGO/MXene 传感器的结构和应用[52]

d. 基于金属纳米颗粒的压阻传感器　碳基材料虽然在压力传感器中具有广阔的应用前景，但是其结构在制造过程中被破坏（液体剥离或氧化还原过程）。此外，由于可能使用更多的有害溶剂（浓 H_2SO_4、N_2H_4、NMP 等），这些碳纳米材料价格昂贵且对环境不友好，这将极大地阻碍其应用。因此金属纳米颗粒得到了关注和发展。AgNWs 是其中一种受欢迎的感电材料，因其高导电性和容易制备，许多有关它的传感器已被报道。华南理工大学的 Fu 等报道了一种银纳米线-双纤维素导电纸的合理策略，对其形态、化学和晶体结构、热稳定性、力学性能和电性能进行了仔细研究。结果表明，其拉伸性能好（抗拉强度≤8.10MPa）、电导率高（≤$1.74×10^4$ S/m），具有长期稳定性和良好的黏合稳定性（弯曲循环超过 500 次）[53]。更重要的是，AgNWs 具有类似 LIG 的性质，能够形成不同的图案。韩国电子技术研究院的 Ju 等利用紫外光固化黏合剂粘贴到涂有 AgNWs 的临时基板后，通过紫外线的选择性照射和胶带的剥离，将浸渍有固化黏合剂的 AgNWs 从临时基板上移除，留下精细定义的 AgNWs 图案，可用于触摸检测施加到电极表面的压力大小，即使在拉伸状态下也能保持高灵敏度。此方法可高度重复，不仅可以实现线宽低至 30μm 的精细图案化，还可以实现复杂的图案化[54]。

e. 基于 MXene 材料的可穿戴压阻传感器　近几年来，MXene 的高导电性、大表面积和亲水性被认为是非常有前途的传感器材料，可以超越现有传感器技术的界限。相比以往的碳基材料如石墨烯等，其弥补了无法在水下使用的缺点。不仅如此，与其他材料相比，MXene 表面具有丰富的可调节官能团、优异的水溶性和可塑性，可与其他材料灵活混合形成多功能材料，构建各种微观结构。

二维材料 MXene 由过渡金属碳化物、氮化物和碳氧化物组成，其化学式可以表示为 $M_{n+1}X_nT_x$（$n=1\sim3$），其中 M 为早期过渡元素，X 为碳或氮，T_x 为表面基团，如—OH、—O、—Cl 和—F。$Ti_3C_2T_x$ 是 MXene 家族中的明星材料，因其具有类似石墨烯的高导电性、优异的力学性能和可调节的层间距。这些特性对于构建高性能柔性压力传感器具有重要的优势。鉴于 $Ti_3C_2T_x$ 的优异性能和广泛的应用前景，研究人员一直致力于基于 $Ti_3C_2T_x$ 的柔性压力传感器的研究。早在 2017 年，华中科技大学的 Ma 等就制备了最早的纯 MXene 基的压阻式柔性传感器，产生的器件具有高灵敏度（GF=180.1），快速响应（<30ms）和非凡的可逆压缩性，同时可以检测人体细微的弯曲-释放活动和其他微弱压力，这为未来的健康医疗康复领域提供了坚实的基础[55]。

尽管纯 Mxene 具有高导电性和高强度结构，可以直接用于压阻传感器的制备，然而 MXene 与其他材料混合制备的复合材料可以具有更高的性能。2022 年，北京化工大学的 Qin 等通过液氮辅助的单向冷冻策略制造了一种轻质醋酸纤维素纳米纤维/海藻酸钠协同增强的 MXene 复合气凝胶。该导电气凝胶具有优异的力学性能和高抗压强度（16kPa）。此外，基于该气凝胶组装的压阻式传感器在高达 21.78kPa 的宽压力范围内具有高达 114.55kPa^{-1} 的超高灵敏度，它可以承受超过 24000 次压缩循环[56]。无与伦比的传感性能赋予 MXene 复合材料在柔性智能可穿戴设备领域广阔的应用前景。

③ 压阻式柔性传感器的结构设计　常用的压阻式柔性传感器的传感机理大致分为 3 种，基于接触式电阻效应的传感器通常是"三明治"式结构，即感电层—电极层—基底，"三明治"式的压阻传感器结构简单，制备流程简洁，因此有许多相关的报道。郑州大学的 Zheng 等为了提高基于 MXene 压阻传感器的舒适度，使用简单的浸涂技术制造了导电 MXene/棉织物，然后将其夹在 PDMS 膜和叉指电极之间。棉织物中丰富的羟基和 MXene 的官能团有利于导电 MXene 纳米片材良好地黏附在缠结的纤维网络上，从而构建有效的导电网络（图 1-25）。因此制备的柔性传感器不仅易于佩戴，而且具有宽检测范围（0～160kPa），快速响应时间（50ms/20ms），以及优异的稳定性和长期耐久性[57]。

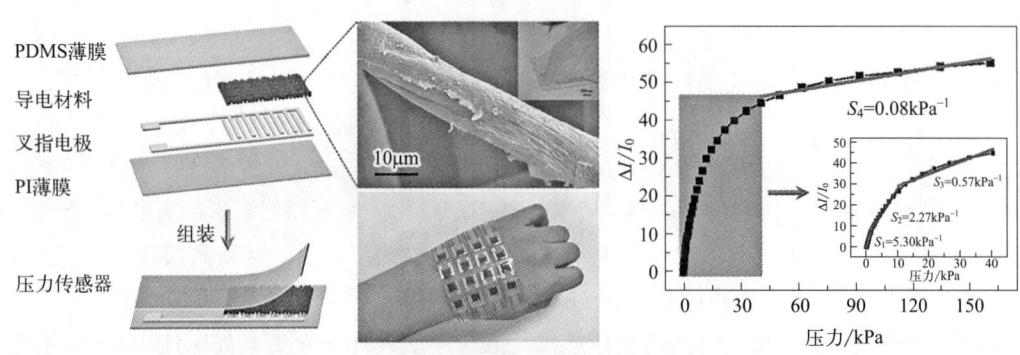

图 1-25　MXene/PDMS 柔性传感器的结构和灵敏度[57]

河北科技大学的 Yang 等报道了将激光诱导石墨烯传感层和电极层夹在柔软的弹性体基板和防潮半透性密封剂之间。电极中可拉伸蛇形结构的设计可以使气体传感器具有 30% 的应变和结合相对湿度为 90% 的防潮特性，所报告的气体传感器进一步被证明可以在一天中的不同时间监测个人局部环境，并分析人类呼吸样本，以将呼吸系统疾病患者与健康志愿者进行分类[58]。

这样的夹层式结构不仅适用于二维导电材料，也可以被应用在三维材料上。河北大学的 Hou 等设计了一种灵活的多功能压力传感器，该传感器由铜邻苯二酚纳米线涂层碳化纳米纤维网络（Cu-CAT@CNFN）组成，夹在两个掺杂 ZnS:Cu 复合电极膜的互锁聚二甲基硅氧烷（ZnS:Cu/PDMS）之间。由于压敏层之间的压力集中，压力传感器表现出 45.40kPa^{-1} 的高灵敏度，压力检测覆盖范围为 0~110kPa，响应时间为 0.166 s，同时具有 5000 次循环的出色稳定性[59]。

以往的"三明治"式结构作为压阻式传感器的常用结构，虽然能够分辨不同的压力，但在一定测量范围内的灵敏度较低，因为感电层为平面状，对一定范围的压力检测效果较差。而基于渗透理论制备的压阻柔性传感器的感电层多为半圆形。比如西南交通大学的 Yang 等在 2021 年设计了一种分层微结构仿生柔性压阻传感器，该传感器由夹在两个具有微圆顶结构的互锁电极之间的分层聚苯胺/聚偏二氟乙烯纳米纤维（HPPNF）薄膜组成。由于显著扩大的 3D 变形率，这些生物电子学表现出 53kPa^{-1}，压力检测范围为 58.4~960Pa，快速响应时间为 38ms，循环稳定性超过 50000 次。此外，这种贴合皮肤的传感器成功地展示了对人体生理信号和运动状态的监测，如手腕脉搏、喉咙活动、脊柱姿势和步态识别。显然，这种受生物启发的分层微结构和放大灵敏度压阻传感器为下一代可穿戴生物电子学的快速发展提供了一个有前途的策略[60]。

类似地，这种半球形结构也被其他人广泛研究。浦项理工大学的 Lee 等在 2022 年受到鳄鱼感觉器官的启发，开发了一种由 PDMS/AgNWs 复合材料制备而成的半球形传感器（图 1-26）。该传感器表现出高灵敏度和强稳定性，即使在分别为 100% 和 50% 的单轴和双轴拉伸应变下，其变化幅度也可以忽略不计。这归因于负责检测施加压力的微圆顶受拉伸应变的微弱影响，而微圆顶之间的各向同性皱纹变形以有效减少外部应力。此外，由于该设备包含所有基于 PDMS 的结构，因此它在重复的机械刺激下表现有出色的稳健性[61]。

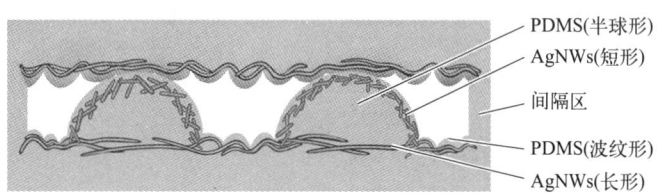

图 1-26　PDMS/AgNWs 半球形传感器结构图[61]

通过改变传感器的结构，还可以实现许多额外的功能。中国科学院的 Yi 等展示了一种高性能、零待机功耗的柔性压阻式压力传感器，如图 1-27 所示。得益于 PDMS/CB 和 LIG 叉指电极的分层结构和足够的粗糙度，压力传感器（PDMS/CB/PI/LIG）具有高灵敏度（43kPa^{-1}）、大线性响应范围（0.4~13.6kPa）、快速响应（<40ms）和长期循环稳定性（>1800 个周期），最终的压力传感器在某些弯曲条件下（弯曲角度 0°~5°）还具有零待机功耗的优点[62]。

可穿戴传感器：材料调控、器件设计、加工技术与应用

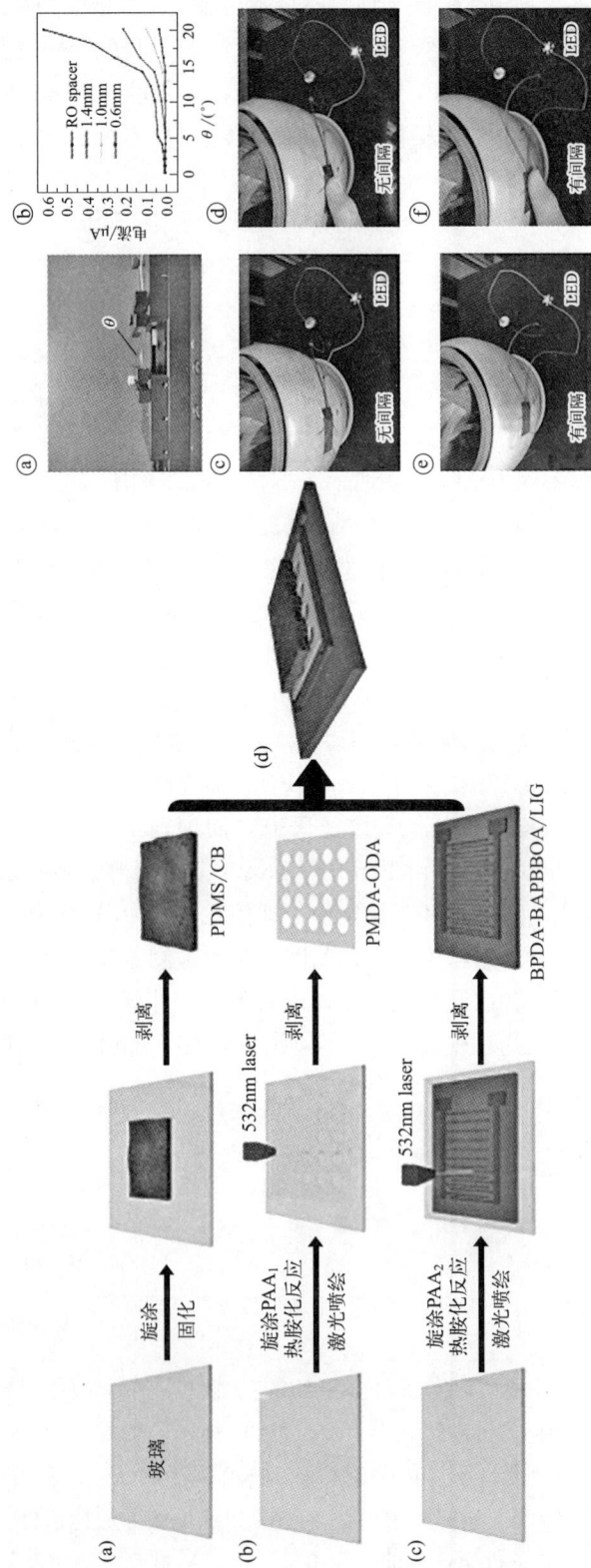

图 1-27 零功耗 PDMS/CB/PI/LIG 传感器的制作流程和演示图[62]

(3) 微波式可穿戴传感器

射频可穿戴器件在人体传感方面的应用研究是近几年的一个前沿领域，其核心理念是通过无创、便携的方式实时获取人体各项数据，具有使用方便、持续监测等优点，在医疗、智能家居等领域有广泛的应用前景。利用微波技术实现非接触生命体征监测的可穿戴设备，它能够测量人体的呼吸、心跳等生命体征参数，无须与皮肤直接接触，使用方便舒适。射频可穿戴传感器可以使用连续波雷达系统，发射低功率的微波信号，这些微波能够穿透衣物，当信号反射回传感器时，会产生多普勒频移。根据多普勒频移的变化，可以检测出身体表面的周期性运动，从而实现生命体征的监测。柔性射频传感器因其高灵敏度、非接触测量及多功能集成的特点，通过利用微波信号在传感器材料中的传播特性，可以检测材料因压力、弯曲或生理变化引起的电磁参数变化，从而实现对人体传感数据的精确测量。目前可穿戴射频传感器主要应用在两大重要方向：人体姿态的相关监测和人体生理指标的相关监测。本小节综述了近期在这两个领域中的研究进展，并分析了各研究之间的技术创新与相关应用。

① 人体姿态监测　人体姿态监测通常采用读取器和传感标签的复合结构形式，主要涉及压力和弯曲的无线测量。通过对压力和弯曲信息测量，系统能够实时监测人体姿态的变化，如坐姿、站姿和运动状态，提供重要的姿态数据支持。针对监测系统中的传感模态类型，可以将柔性射频器件分为三大类型，分别是压力射频传感器件、弯曲射频传感器件以及压力弯曲复合传感器件。

a.压力射频传感器件　压力射频传感器件通过检测外界施加在传感器表面的压力变化来实现数据采集，其基本原理是利用材料的机械变形引起的电磁参数变化，并将这些变化转换为可读信号来表征压力变化的程度。

来自苏州大学的研究团队首次在射频领域提出了一种基于织物的无线压力传感器阵列（WiPSA），用于灵活的远程触觉传感应用。WiPSA 由织物垫片、无源天线和铁氧体薄膜单元组成，如图 1-28 所示。外部压力导致织物垫片机械压缩，引起电感变化并转化为谐振频率偏移，在 0～20kPa 的压力范围内 WiPSA 达到了 0.19MHz/kPa 的灵敏度[63]。虽然 WiPSA 的压力灵敏度较低，但其在不同温度湿度环境条件下表现出一定的稳定性，并为智能无线鞋垫和腰部压力监测等系统提供了设计思路。

在脚部压力传感应用中，西蒙弗雷泽大学的研究团队设计的基于三维折纸结构的无线压力传感器在灵敏度方面取得了更大的突破，如图 1-29 所示。该传感器采用 LC 传感器和单极天线开发的无线压力监测架构，实现了不同姿势下脚部压力的无线监测。在 0～9kPa 和 10～40kPa 的压力范围内，传感器的灵敏度分别可以达到更高的 15.7MHz/kPa 和 2.1MHz/kPa[64]。

阵列天线传感设计在压力检测中具有显著优势，能够提供高系统的灵敏度和传感器性能在复杂应用环境中具有更出色的表现。来自天津工业大学的研究团队通过阵列传感器来进一步提升足底压力传感的性能。该团队提出一种基于电磁带隙（EBG）阵列的双基板结构可穿戴天线传感器，其利用泡沫间隙变化引起的谐振频率变化实现步态监测，在达到 1.06MHz/N 的同时可以将天线的比吸收率降低约 95%，增益提高至 6.6dB[65]。中南大学开发了一种基于超表面单元阵列的可穿戴天线传感器，其超表面和槽式天线均印在柔性毛毡基材上。压力变化会引起超表面与狭缝天线的耦合度变化，从而影响天线带宽和共振点数变化，可以应用在老年人跌倒检测的场景。超表面单元阵列的存在将狭缝天线的工作带宽增加189%，并显著提高其增益[66]。

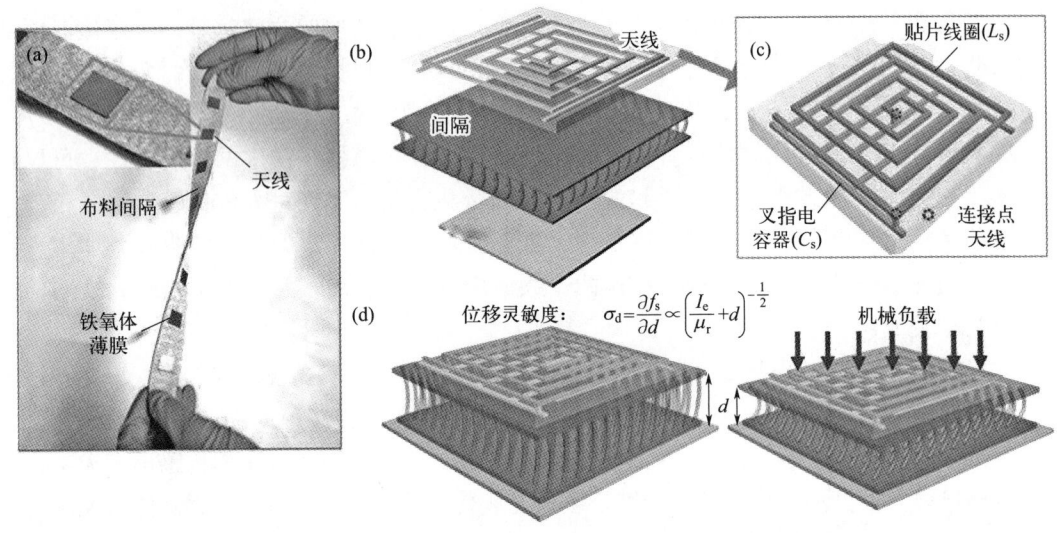

图 1-28　基于织物的柔性 WiPSA 的 3D 结构机理示意图[63]

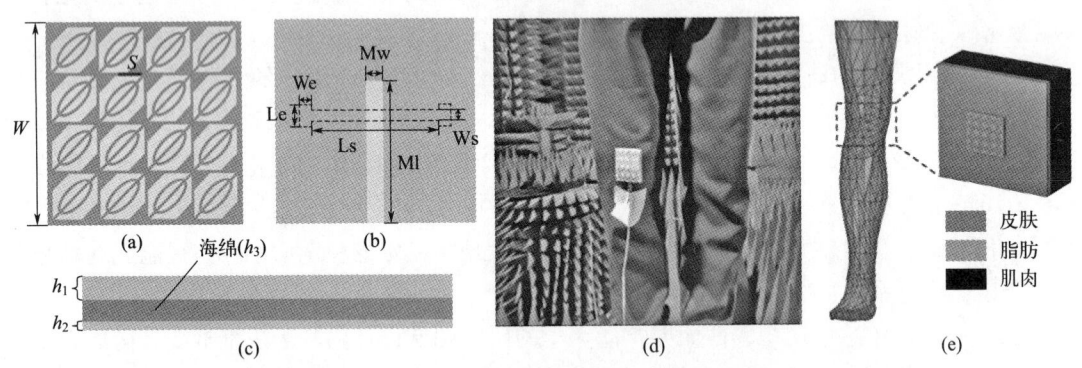

图 1-29　超表面单元阵列压力传感器的结构及跌倒检测仿真与部署[64]

传统的金属材料作为满足天线制造要求的主要材料，是上述研究中传感器设计的重要构成部分。为了满足更复杂传感场景的功能需求，非金属材料和金属材料复合也已成为一种趋势。岭南大学提出了一种柔软的可安装在皮肤上的传感器系统，包括一个基于薄膜挠度的压力响应元件。该元件的主要传导单元由 Si 和 Au 共同组成，如图 1-30 所示。通过床边的无线读取器和多路复用器顺序读取全身多点的压力和温度，临床试验证明了该传感器系统有助于减少住院病人或卧床病人的压力伤害[67]。

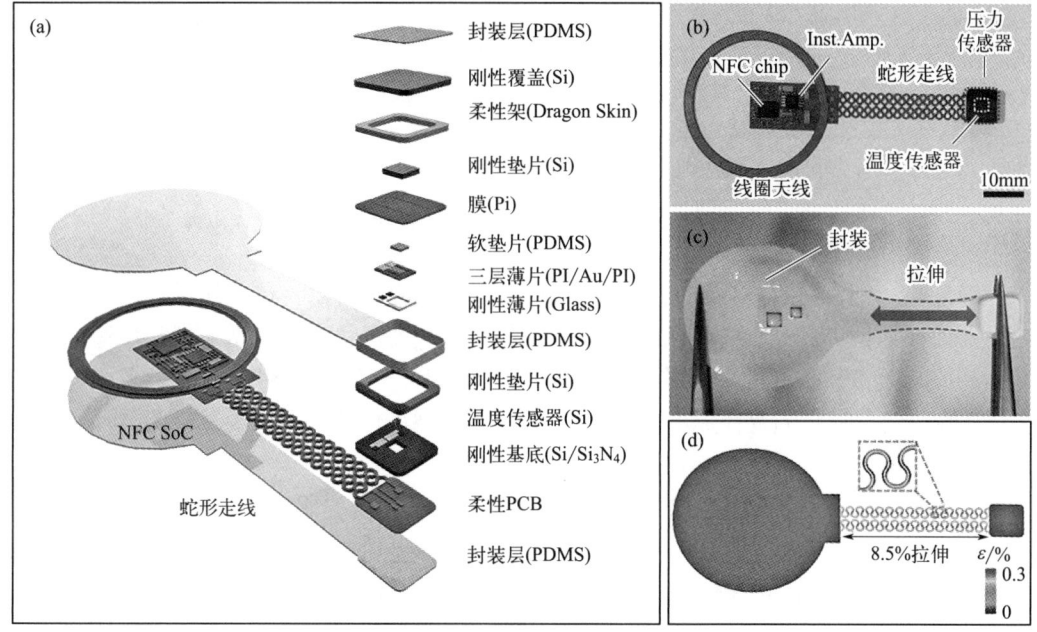

图 1-30 基于薄膜挠度的无电池无线压力和温度传感平台的分解示意图[67]

然而，传统的金属材料的传感性能无法满足日益复杂的需求。随着纳米科技的发展，石墨烯材料在精确度、灵活性和适应性方面表现出色，逐渐成为传感器设计的理想选择。中北大学提出的柔性无线压力传感器采用石墨烯和聚二甲基硅氧烷（PDMS）海绵作为介电层，结合了折叠式柔性印刷电路的设计，如图 1-31 所示，提供了高灵敏度和宽工作范围，适用于监测细微的手指弯曲和面部表情变化[68]。

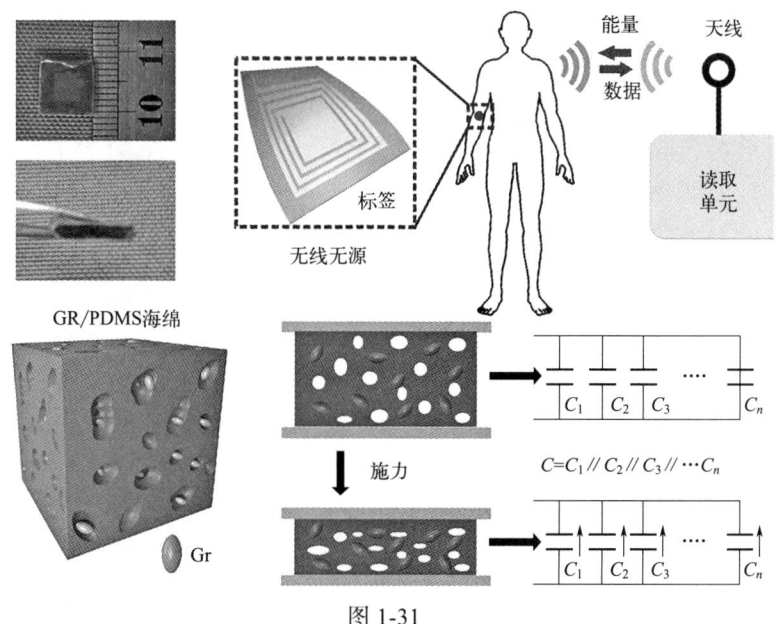

图 1-31

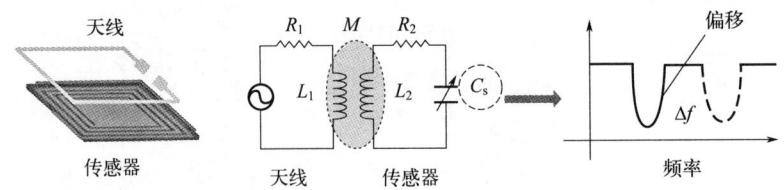

图 1-31　基于 GR/PDMS 海绵的无线压力传感器结构组成和工作原理[68]

新型的金属纳米材料在无线传感上也展现出广泛的应用前景，这些材料不仅能够大幅提高传感器的灵敏度和稳定性，还能够在更多复杂环境中实现精准的数据采集和传输。蒙纳士大学利用采用溶液型保形无电镀技术和弹性体封装技术，开发了一种基于三维多孔金纳米线泡沫 - 弹性体复合材料的软性无电池无线压力传感器[69]。该传感器的线性检测范围可通过调节海绵厚度或弹性体硬度调整，可在 0 ～ 248kPa 的压力范围内工作。该团队展示其在静态和动态条件下的人体称重应用，为医疗管理方面提供了新的发展方向。

b. 弯曲射频传感器件　与压力射频传感器件传感原理相似，弯曲射频传感器件通过检测电磁波在不同弯曲状态下的传播特性变化来感知物体形变。这些变化往往体现在射频信号的相位、幅度或频率等方面，通过分析这些射频参数的变化可以反映出物体的弯曲程度和形变状态。

由于弯曲监测场景往往需要传感部件进行灵活的弯曲，具有更高的柔韧性要求，传统的金属传感材料并不是弯曲传感器制造的理想选择。西安交通大学的研究团队开发了一种超柔韧、生物相容性好的 CoFeB/ 蚕丝薄膜复合材料，可作为环保型一次性设备用于皮肤和植入式射频应用，如图 1-32 所示。基于 CoFeB/ 蚕丝薄膜制作的应变可调带阻滤波器显示出 3GHz 的高频率可调性，能够监测手指关节运动[70]。这种将铁磁材料与生物兼容基底相结合的方法，为可穿戴弯曲传感应用提供了新的思路。激光诱导石墨烯利用激光灼烧碳基聚合物材料，生成多孔多层的石墨烯，作为一种简易、高效的石墨烯制备技术，逐渐成为低成本制造石墨烯传感器的主流方法。

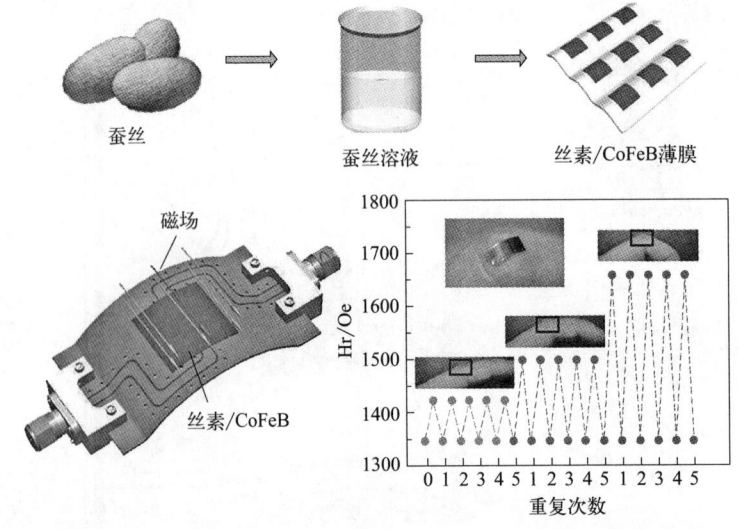

图 1-32　基于 CoFeB/ 蚕丝薄膜制作的应变可调带阻滤波器[70]

比尔理工学院的研究团队采用基于 LIG 印刷的可穿戴弯曲传感器，用于人体关节弯曲的精确监测。该传感器在 5.8GHz 频段工作，具有良好的单向辐射特性和 1.82dBi 的测量增益，展现出显著的压缩应变和拉伸应变灵敏度[71]。新型织物材料的出现为可穿戴传感器的发展提供了新的机遇，这些材料不仅具有优异的机械柔韧性和透气性，还能与电子元件良好集成。加泰罗尼亚大学的研究团队开发了一种基于 T-match 结构的电织物 UHF-RFID 压缩传感器，可以实现高达 5.22m 的射频读取距离，可以测量弯曲角度变化，并在呼吸监测中的具有潜在应用价值[72]。

c.压力弯曲复合传感器件　灵活、高灵敏度的压力和弯曲传感器对于提供控制和操作设备的反馈至关重要。尽管上述研究已开发出许多压力和弯曲传感器，但能同时进行压力和弯曲测量的复合传感器件仍十分少见。

厦门大学利用改性的蚕丝蛋白薄膜作为基底，设计了三种基于 LC（电感器 - 电容器）结构的压力传感器，在保持高灵敏度的同时对空间成本进行了降低，并且通过调整螺旋线圈的匝数，可以连续调节谐振频率。该传感器在足底压力分布识别上可以达到优异的效果[73]。虽然该传感器可以测试手指的弯曲角度，但无法在无压力挤压的状态下测量弯曲情况，仍有待进一步改进。来自滑铁卢大学的研究团队在压力弯曲复合传感器件设计上取得了突破，提出了基于谐振器设计的多孔 PDMS 传感器，利用传输响应频谱中的谐振频率移动和振幅变化分别表示压力和弯曲变化，如图 1-33 所示，可以实现更紧凑的系统和更简便的控制，为可穿戴设备和软机器人提供了一种前景广阔的解决方案[74]。

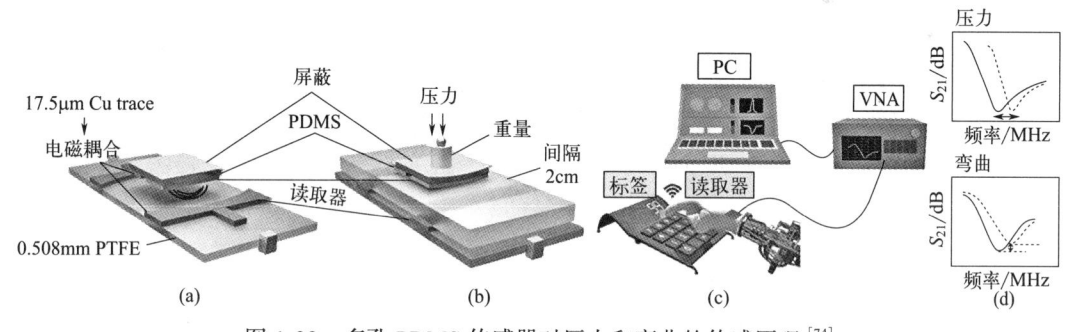

图 1-33　多孔 PDMS 传感器对压力和弯曲的传感原理[74]

② 人体生理指标监测　乳酸、血压、血糖等物质的含量是健康监测时最常见的生理指标，这些物质的浓度代表了人体的新陈代谢状态和整体健康水平，对于疾病的早期发现和预防具有重要意义。可穿戴射频设备能够便携地以非侵入的方式实时、准确地测量这些生理指标，从而提供持续的健康监测和数据分析。

汗液监测能够提供电解质等代谢物水平的变化，这对评估身体的水合状态、营养平衡和整体健康状况具有重要意义。湖南大学的研究团队介绍了一种基于局部表面波纹等离子体（LSP）的新型可穿戴天线传感器，用于无创式汗液监测[75]。如图 1-34 所示，其使用聚酰亚胺作为电介质基底，使其在弯曲和变形时也能保持稳定工作。天线传感器的共振频率随汗液体积和浓度变化而改变，灵敏度分别为 120MHz/mm 和 4.57MHz/mm，适用于运动员或病人的汗液监测系统。

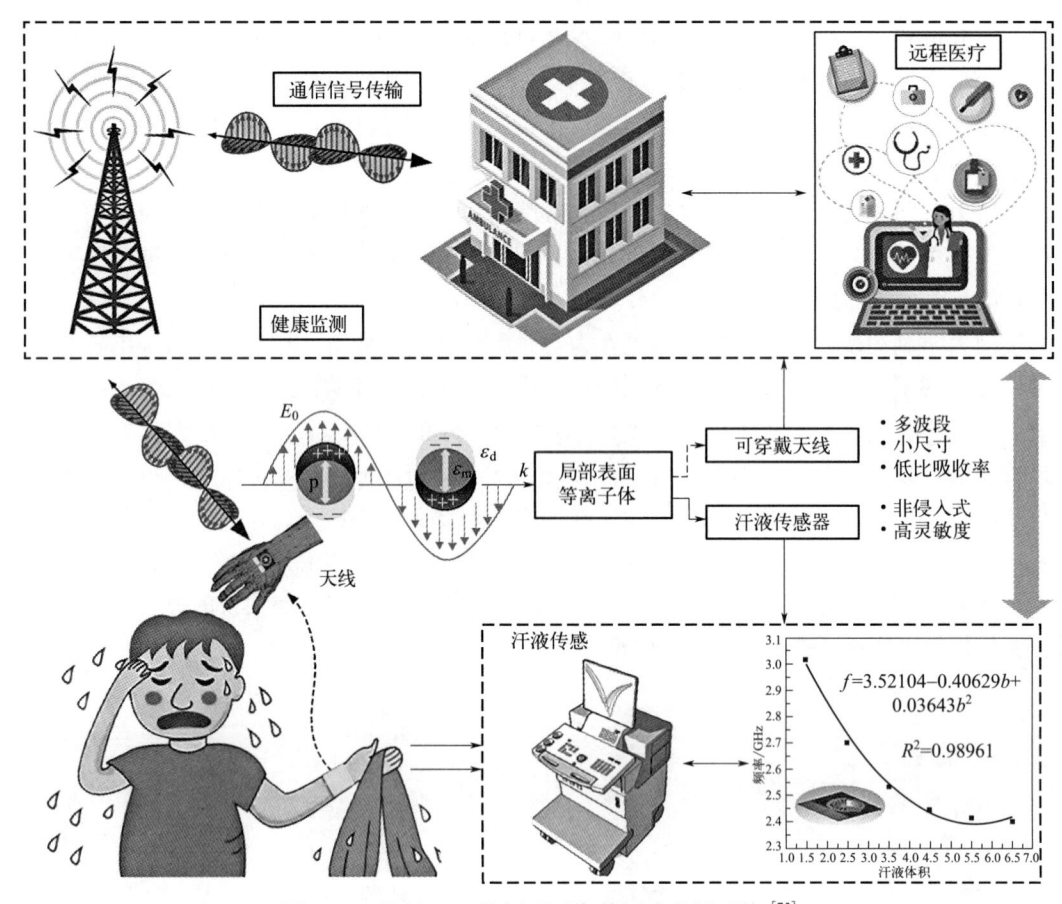

图 1-34　基于 LSP 的新型可穿戴汗液监测系统[75]

实时血压监测可以有效识别高血压或低血压的风险，有助于预防心血管疾病，从而降低心脏病和中风的发生率。台湾科技大学的研究团队设计了一种基于微波近场自注入锁定（NFSIL）腕式脉搏传感器的无袖带血压测量新方法。该血压传感器由自振荡互补分环谐振器和基于振幅的解调器组成，可以在近场区从测得的手腕脉搏波形中，经过反射脉冲传输时间的提取，利用血压计算公式估算收缩压和舒张压，该方法测量结果与商用血压计相差无几[76]。

乳酸检测能够反映肌肉代谢和氧合状态，对于评估运动强度和体能状况具有重要意义。阿尔伯塔大学的研究团队开发了一种无创实时乳酸监测系统，采用了可穿戴的无芯片微波传感器实现高灵敏度和零功耗[77]。该系统采用标签和阅读器电磁耦合的处理方式，利用共振频率变化监测乳酸浓度，能准确测量 1～10mmol 范围内的乳酸浓度，是职业和业余体育运动中评估有氧体能的有效工具，如图 1-35 所示。

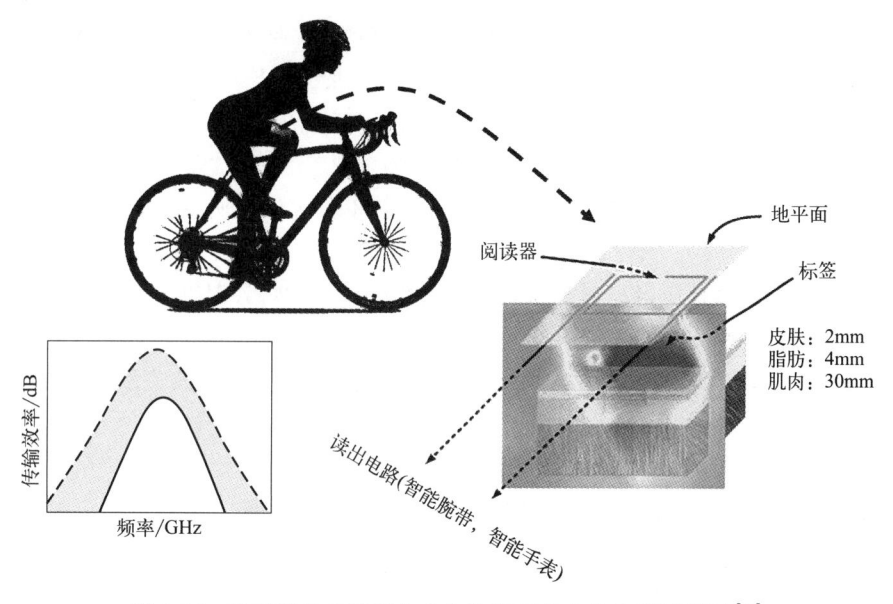

图 1-35 乳酸微波传感器在业余体育运动中的应用示意图[77]

血糖测量对于糖尿病管理至关重要，帮助患者实时了解血糖水平并调整治疗方案，持续的血糖监测还能预防并发症，为医生提供详细数据制订个性化医疗计划。巴拉特高等教育与研究学院的研究团队开发了一种以聚酰亚胺为基底，用于连续血糖监测的柔性天线传感器。天线传感器通过感应血液中的介质辐射，提高血糖水平预测的准确性。利用可调谐 Q 因子小波变换算法处理信号以区分血液、皮肤和肌肉中的介电特性，最终使用二次回归算法预测血糖水平。实验结果表明，使用该传感器预测的血糖水平准确率达 96.8%，显著高于传统方法的准确率[78]。

(4) 压电/摩擦电式可穿戴传感器

压电传感器利用压电效应将机械能转换为电能。1880 年，皮尔·居里和杰克斯·居里兄弟就首先发现石英、闪锌矿等材料具有压电效应。压电效应是指某些晶体在受到机械应力（如压力或拉伸）作用时，在压电材料表面产生电荷，从而导致晶体内部正负电荷中心的位移，最终产生电荷差。这种现象可以分为正压电效应和逆压电效应，正压电效应是指在机械压力作用下产生电位差，而逆压电效应是指在电场作用下产生机械应力，压电材料因此具有机械能与电能之间的转换和逆转换的功能。通过连接外部电路，可以测量到这种电荷变化，从而实现对外界力量或压力的感知。

压电材料的性能参数是衡量其在电能和机械能之间转换效率的关键指标，以下是一些主要的性能参数：

压电常数（d）：这是压电材料将机械应力转换为电荷的能力的度量。压电常数 d 的单位通常用 pC/N（皮库/牛顿）表示，它反映了材料的压电转换效率。例如，PVDF（聚偏二氟乙烯）的压电常数 d_{33} 约为 −35pm/V，而 PZT（锆钛酸铅）的压电常数 d_{33} 可大于 700pm/V。

机电耦合系数（k）：这个参数描述了压电材料在电场作用下产生机械应变的能力，以及在机械应力作用下产生电极化的能力。机电耦合系数越高，材料的压电性能越好。例如，弛豫铁电聚合物P（VDF-TrFE-CFE-FA）在40MV/m低电场中的机电耦合系数k_{33}为88%。

介电常数（ε）：介电常数是衡量材料存储电荷能力的指标，对于一定形状、尺寸的压电元件，其固有电容与介电常数有关，而固有电容又影响着压电传感器的频率下限。

弹性柔顺常数（S）：弹性柔顺常数表示弹性体在单位应力下所发生的应变，是弹性体柔性的一种量度，与材料的力学性能密切相关。弹性柔顺常数值越大，材料越易发生形变。

居里温度（T_c）：这是压电材料从铁电相转变为顺电相的临界温度，居里温度以上的压电性能会显著下降。

压电方程组：描述了压电材料中电场、应力、电极化和应变之间的关系。

随着科技的发展，压电材料的研究和应用不断深入，新型压电材料和应用技术也在不断涌现。例如，高温高稳定压电陶瓷材料可以在极端温度环境下稳定工作，应用于航天和军事等领域。无铅压电陶瓷的研究也在进行中，以减少对环境的影响。未来的压电材料将更加多样化，性能也将更加优越，以满足不断增长的应用需求。表1-1列出了常见的压电和摩擦电材料。

表1-1 常见的压电和摩擦电材料

材料类型	典型材料	优点	缺点
无机压电材料	压电陶瓷：如锆钛酸铅（PZT）、钛酸钡（$BaTiO_3$） 压电单晶：如石英、铌酸锂（$LiNbO_3$）	高压电系数，响应快	脆性，柔性有限
有机压电材料	聚偏氟乙烯（PVDF）及其共聚物； 聚-L-乳酸（PLLA）	柔性好，生物相容性好	压电系数较低
摩擦电聚合物	聚四氟乙烯（PTFE）； 聚乙烯（PE）； 聚二甲基硅氧烷（PDMS）	高度柔性，成本低	输出不够稳定
摩擦电金属	铝，铜	导电性好	柔性较差
碳基材料	石墨烯，碳纳米管	电学性能优异，柔性好	生产成本较高
复合材料	压电纳米粒子在聚合物基质中	性能可定制	工艺复杂

压电传感器对输入信号非常敏感，可以检测到微小的压力或位移变化，灵敏度可达到皮微应变级别，响应频率范围很宽，从很低的频率到数百万赫兹都可以进行动态测量，满足检测不同频率信号的需要。压电传感器响应速度快，上升时间一般在微秒级，可以检测高频率的振动和冲击，但是它的基准线稳定性不如电阻式传感器，需要注意环境变化的影响。压电传感器本身只能产生高阻抗电荷，需要外部电路将其转换为可测量的低阻抗电压或电流。长期使用时，压电传感器的零点会发生漂移，需要进行重新校准。

2012年，美国佐治亚理工学院的王中林院士首次提出的摩擦纳米发电机（Triboelectric

Nanogenerator，TENG），是一项有前途的能量收集技术，能够将机械能转化为电能[79]。TENG 的工作机理来自摩擦效应和静电感应相耦合的机制，将机械能转化为电能。当不同材料相互接触和分离时，由于瞬时的电压差，电子会在外部电路中来回流动以保持平衡。摩擦电式可穿戴传感器是利用摩擦电效应原理，通过两个不同材料间的摩擦产生静电荷，并根据荷电量的变化来检测压力、位移等信息的一种传感器，其工作原理是当两种不同的绝缘材料摩擦接触时，会由于电子转移产生等量的正负电荷，检测这些荷电量的变化，可以反映出两种材料之间接触压力或位移的变化。TENG 可以用于创建自供电可穿戴传感器，其对微小的接触压力非常敏感，可以测量皮克牛顿量级的微力，但长时间使用会产生较大漂移，输出易受环境因素影响，稳定性较差。TENG 主要对于自供能的可穿戴传感器/人机界面、神经接口/植入式设备和光学接口/可穿戴光子学等应用具有重要意义。

摩擦电和压电传感器能够将机械能转化为电能，为可穿戴设备提供了新的能源解决方案，近几年取得了令人瞩目的发展。来自韩国的研究人员报道了一种基于压电传感器的可穿戴血压检测手表，通过设计线性回归模型的传递函数提供了将压电传感信号转换为血压值的解决方案，并采用临床测试对方案准确性与可行性进行验证，进一步证明了自供电可穿戴传感器在心血管疾病诊断中的广阔应用前景[80]，如图 1-36（a）所示。新加坡国立大学的研究团队通过集成织物摩擦纳米发电机与锆钛酸铅压电芯片开发出了一种自供电多功能棉袜，不仅实现了行走模式识别和运动追踪，还能快速监测出汗水平，开拓了可穿戴传感器在智能家居生理信号监测方面的应用潜力[81]，如图 1-36（b）所示。

意大利研究人员报道了一种由生物相容性材料制成的顺应性、共形混合压电 - 摩擦电超薄可穿戴传感器，该装置通过两侧覆盖有聚对二甲苯薄膜的超柔软贴片与皮肤接触，可以识别运动步态、区分手势并监测人体颈部、手腕、肘部、膝盖及脚踝的关节运动[82]。韩国光云大学的研究团队开发了一种由硅酮纳米复合材料构成的蛇纹石摩擦纳米发电机，不仅有着极高的表面电势和电荷密度，还展现出高于 400% 的机械拉伸性，同时该团队还使用制备的摩擦纳米发电机进行了手指运动监测，并通过智能手机进行文本转换实现了实时手语翻译系统，在机器人、物联网、医疗保健监控等领域均显示出巨大应用潜力[83]。新加坡研究人员提出了一种用于步态分析和腰部运动捕捉的摩擦纳米发电机可穿戴设备，该团队将四个摩擦电传感器等距离缝在织物带上识别腰部运动，从而实现实时机器人操纵和虚拟游戏，进行沉浸式腰部增强训练，同时将两个摩擦电传感器集成到鞋垫，通过机器学习算法进一步分析步态信号，实现对五种康复方案的高准确率识别，展示了其在物联网智能可穿戴医疗应用中的广阔前景[84]。

在国内，来自华南理工大学的研究团队基于 3D 打印的简单策略制备了耐 200℃高温的可穿戴摩擦电传感器和人机交互界面，实现了虚拟空间中的高精度动作捕捉和轨迹跟踪，解决了摩擦电传感器在极端温度下难以进行多参数人体运动传感的问题，为高温环境下的人体安全监测发展做出重要贡献[85]。西安交通大学的研究人员制备了一种具有桥式结构的自供电可穿戴柔性传感器[86]，它结合了摩擦纳米发电机的接触分离模式和压电发电机的弯曲模式以便从手指弯曲运动中收集能量，实现了人体和无线机械臂的动态实时交互，并通过提出一种自主唤醒无线传感的方法来降低无线传感的计算负担和功耗，为可穿戴无线监控和人机交互提供更多可能，如图 1-37 所示。

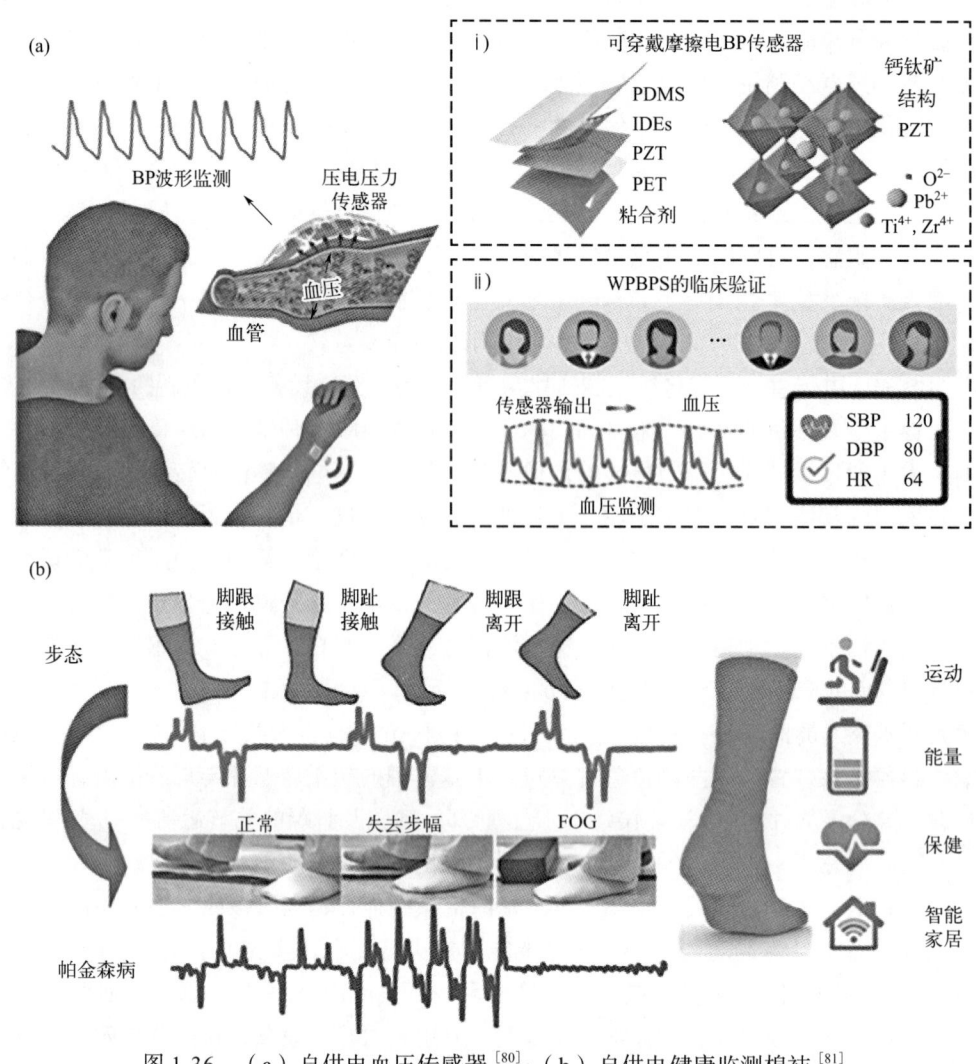

图 1-36 （a）自供电血压传感器[80]；（b）自供电健康监测棉袜[81]

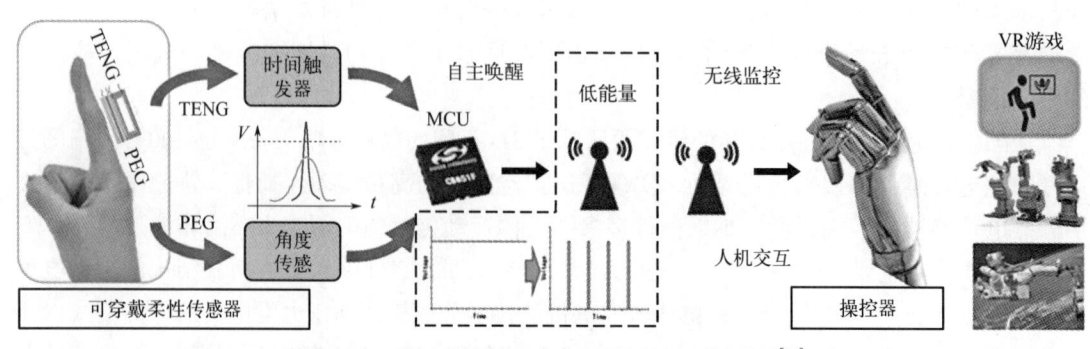

图 1-37 基于摩擦纳米发电机的远程操控系统[86]

四川大学的研究团队将定向丝素蛋白纳米纤维垫与微结构电机结合制备了一次性压电传感器，并将该传感器用于监测假牙模具的咬合力，开发了口腔保健的实时演示系统，实现了材料的环保性、生物可降解性、低能耗与高性能的兼容，在一次性可穿戴口腔医疗器械领域展现出潜在的应用价值[87]。中国科学院研究人员报道了一种基于压电悬臂梁发电机阵列的可穿戴外骨骼系统，该系统不仅可以从人体关节运动中收集能量为其他模块提供电源支持，还能实时监测关节旋转角度和角速度，测量关节活动度并评估屈曲度，对于多功能外骨骼系统和可穿戴智能康复设备的发展具有重要贡献[88]。唐等提出了一种基于多尺度金属网电极的摩擦纳米发电机，加工成本低的同时还具备出色的输出性能和耐用性，该纳米发电机在4Hz的频率和15N的垂直力下产生的最大输出电压为175.77V，是铜膜电极的4倍，该团队还将制备的摩擦纳米发电机集成在呼吸阀面罩中作为呼吸监测传感器，实时监测不同呼吸条件下的呼吸频率和呼吸强度，为自供电可穿戴电子设备在人体健康监测的应用开辟了新道路[89]。王等报道了一种由铜和PTFE材料组成的新型非接触式运动监测传感器，该传感器无须与人直接接触即可感知人的距离远近且距离分辨率可精确到1cm，该团队还在此基础上设计了一种盲人智能导航系统，可以帮助盲人有效避开障碍物，这种低成本、材料简单、易于制备的摩擦纳米发电机在运动传感和危险警告应用中展现出广阔的应用前景[90]。

(5) 其他类型可穿戴传感器

① 光学型可穿戴传感器　光学型可穿戴传感器是一种将光学信号转换为电信号的装置，广泛应用于医疗领域，尤其是在监测生理参数方面。当前市面上常见的光学传感器主要用于测量血氧饱和度、心率和血压等参数，这些传感器利用光的特性来获取生理信号，具有无创、实时和高灵敏度等优点。光学传感器的基本原理是通过光的吸收、反射或散射等特性来分析生物样本。通过测量光的吸收率来计算血液中的氧合血红蛋白和脱氧血红蛋白的比例，从而得出血氧饱和度。还可以通过检测血液流动引起的光反射变化来计算心率，这种方法被称为光电容积脉搏波描记法（PPG）。另外，虽然传统的血压测量依赖于机械方法，现代光学传感器也在探索通过分析血管壁的光学特性来间接测量血压。

② 生物电型可穿戴传感器　生物电型可穿戴传感器利用电生理信号作为检测对象，通过贴附在皮肤表面或植入体内的电极，实时采集生物电信号，并将其转化为可供分析的电信号。这类传感器主要应用于以下几个方面：

a. 心电监测　心电图（ECG）是最常见的生物电信号之一，可穿戴心电传感器可以实时监测心电信号，用于心脏健康状况评估、心律失常检测等。

b. 肌电监测　肌电图（EMG）反映了肌肉的电活动。肌电可穿戴传感器可用于评估肌肉功能、检测肌肉疾病，还可用于控制假肢等生物反馈系统。

c. 脑电监测　脑电图（EEG）记录大脑皮层的电活动，可用于检测癫痫、评估大脑功能、控制脑机接口等，可穿戴EEG传感器正在成为一种新兴的脑电监测方式。

d. 神经电监测　神经电图（ENG）反映了周围神经系统的电活动，神经电传感器可用于评估神经功能、检测神经损伤，还可用于控制神经假体。

③ 化学型可穿戴传感器　化学型可穿戴传感器通过测量化学物质的浓度或反应来获取信息。这类传感器通常通过检测特定化学物质的浓度变化，提供关于用户健康或环境状态的信

息。在传感器表面涂覆有特定的敏感膜，这些膜能够与目标化学物质发生特异性反应。例如，某些传感器可能使用酶、抗体或其他生物分子作为识别元素。当目标物质与敏感膜反应时，会引发一系列的化学反应，导致电信号的变化。这些变化可以通过电极检测到，并转化为可测量的电信号。化学型可穿戴传感器在多个领域具有重要应用：比如医疗领域，用于实时监测血糖、乳酸、酒精等生物标志物，帮助糖尿病患者、运动员和酒精监测等场景；还有环境监测，可以检测空气质量、水质等环境参数，及时反馈污染物的浓度变化，为环境保护提供数据支持。其在食品安全领域用于检测食品中的有害物质或添加剂，确保食品安全和质量。

④ 声学型可穿戴传感器　声学型可穿戴传感器使用声波来感知和测量目标。此新型柔性传感器由于高柔韧性、超低重量、高生物相容性，协同利用机器学习和人工智能，可为蓬勃发展的物联网、元宇宙以及精准医疗实现产业赋能。东华大学朱美芳院士针对声学传感各种声音频率、声音频率源、各种传感机制以及基于电磁、压阻、电容、压电、摩擦电和光学工作机制的典型结构给出了综述性总结[91]，如图 1-38 所示。

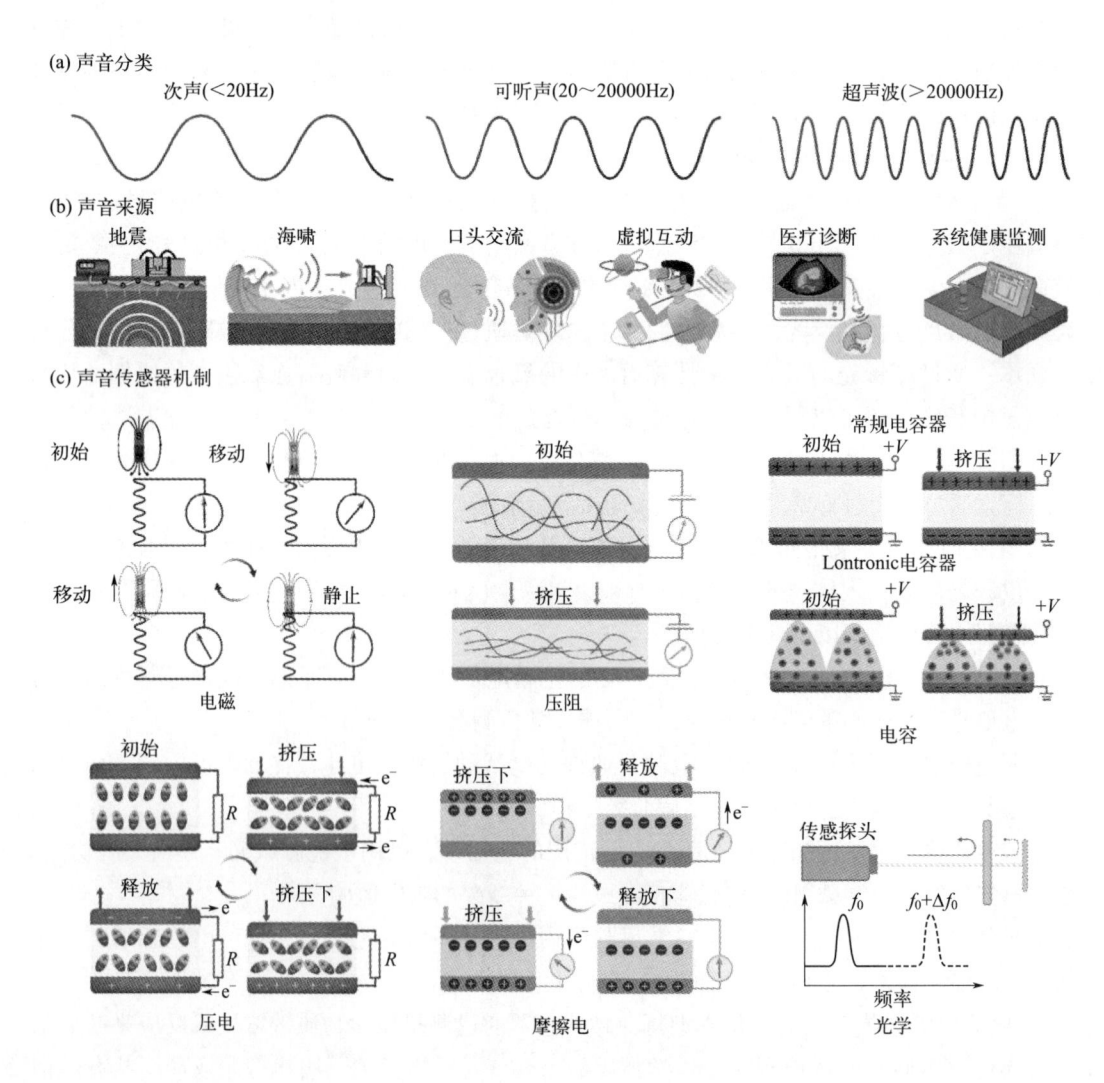

(d) 声音传感器结构

| 电磁 | 压阻 | 电容 | 压电 | 摩擦电 | 光学 |

图1-38 声学型可穿戴传感器的分类、信号源、机理与结构[91]

1.2 可穿戴传感器常见性能指标

可穿戴传感器作为可穿戴技术的核心组成部分，其性能指标参数的优劣直接影响着产品质量和用户体验。在设计和选择可穿戴传感器时，需要综合考虑精度、灵敏度、响应时间和功耗等因素，以确保传感器具有良好的性能和稳定的工作状态，本小节将围绕可穿戴传感器的性能指标参数展开探讨。

1.2.1 灵敏度

灵敏度是指传感器输出信号相对于输入信号变化的响应程度。在可穿戴传感器中，灵敏度决定了传感器对生理信号的检测能力，较高的灵敏度意味着传感器可以检测到更微小的变化，从而提高监测的准确性和灵敏度。然而，灵敏度过高可能会导致传感器对环境干扰的敏感度增加，因此需要在灵敏度和抗干扰能力之间进行平衡。

灵敏度的物理定义是指传感器的输入物理量产生一个单位变化时，所引起的输出信号变化量。它反映了传感器将测量值转换为电信号的转换效率，对于线性传感器或非线性传感器的近似线性段，灵敏度是传感器特性直线段的斜率或者变化率，其灵敏度计算如下：

$$S = \lim_{\Delta x \to 0} \frac{\Delta y}{\Delta x} \tag{1-9}$$

式中 Δy——传感器输出信号变化量；

Δx——传感器输入物理量的变化量。

例如，对于一个压力传感器，Δy 可以是输出电压的变化值，Δx 可以是施加在传感器上的压力变化值，见图1-39。

通过定义和公式可以量化传感器的灵敏度，进行性能评估。一般来说，传感器灵敏度越高，性能越好，提高灵敏度是优化传感器性能的重要手段之一。

(a) 线性传感器灵敏度特性　　(b) 非线性传感器灵敏度特性

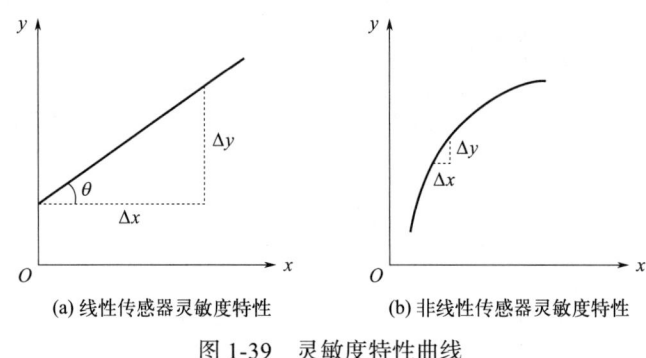

图 1-39　灵敏度特性曲线

1.2.2　测量范围与量程

传感器的测量范围是指能够测量的最小值到最大值的范围。在这个范围内，传感器应满足准确度要求，即输出信号与输入信号的关系应符合规定的准确度。传感器的量程通常指的是测量范围的最大值和最小值之间的差值，也就是传感器能够测量的范围宽度。量程是衡量传感器能够覆盖的动态范围大小的一个指标。传感器的阈值也称为检测极限，是指传感器能够检测到的最小输入变化，低于这个阈值的变化可能无法被传感器准确检测。

1.2.3　响应时间

在可穿戴传感器中，响应时间直接关系到实时监测的效果。较短的响应时间可以使监测结果更加及时，提高用户体验。通常，响应时间受到传感器结构、信号处理算法以及数据传输等因素的影响，优化传感器设计和算法可以缩短响应时间，提高传感器的实时性。响应时间通常定义为传感器输出达到其最终稳定值的一定百分比所需的时间。最常用的是上升时间（rise time）和下降时间（fall time），上升时间（t_r）是输出从最终值的 10% 上升到 90% 所需的时间；下降时间（t_f）是输出从最终值的 90% 下降到 10% 所需的时间。在实际应用中，响应时间的测量可能会受到多种因素的影响，比如信号噪声、环境条件（温度、湿度等），以及敏感材料的选择。下面是几种常用加快响应速度的方法。

（1）材料结构优化

① 增大比表面积　使用纳米材料，如纳米线、纳米颗粒、纳米管等，通过制备多孔结构材料，以及采用超薄膜结构的方法，可以增加材料与待测物质的接触面积，加速反应或吸附过程；

② 降低材料厚度　制备超薄膜或单原子层材料（如石墨烯），使用分子筛或 MOF（金属有机框架）材料，减小厚度可以缩短物质在材料中的扩散路径，加快响应速度。

（2）材料组分调控

① 掺杂　在主体材料中引入适量的掺杂元素，利用协同效应提高材料的灵敏度和响应速度；

② 复合材料　将不同功能的材料复合，如导电聚合物与金属氧化物复合，用各组分的优势，实现性能的优化，进而加快响应速度。

（3）表面修饰

① 表面功能化　在材料表面引入特定的官能团，增强材料对目标物质的亲和性，加速吸附过程；

② 催化剂修饰　在敏感材料表面沉积纳米催化剂，降低反应能垒，加速化学反应过程。

1.2.4 迟滞特性

迟滞是指当输入量按一个方向单调变化时，输出量相对输入量的变化总是滞后一定量的特性。当输入回到原点时，输出并不回到原点，而是存在一个滞后误差。迟滞是指传感器的输出不仅依赖于当前的输入值，还依赖于输入的历史状态。这导致在输入增加和减少时，相同输入值可能会产生不同的输出值。如图 1-40 所示为传感器迟滞现象的曲线。迟滞误差是指对应同一输入量的正、反行程输出值之间的最大差值与满量程值（Y_{FS}）的百分比，通常用 γ_H 表示：

$$\gamma_H = \pm \frac{\Delta H_{max}}{Y_{FS}} \times 100\% \tag{1-10}$$

式中　ΔH_{max}——在整个测量范围内，相同输入下上升曲线和下降曲线输出值的最大差值，满量程输出是传感器在整个测量范围内的最大输出变化。

通常，可穿戴传感器的迟滞特性以毫秒（ms）为单位来衡量。较低的迟滞特性意味着传感器能够更快地响应输入信号的变化，提高了实时性和准确性。传统的传感器迟滞的原因主要有：

① 传感器构造引起的机械迟滞；
② 传感器材料本身的磁滞或电滞效应；
③ 信号处理和转换中的滞后；
④ 温度变化导致的迟滞。

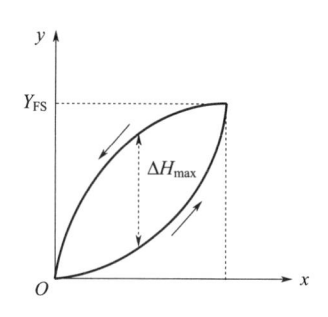

图 1-40　传感器的迟滞特性

1.2.5 分辨率与精度

传感器的分辨率是指传感器能够检测到的最小变化量，即传感器能够区分的两个相邻可检测值之间的最小差异，这个变化必须足够大以至于导致传感器输出的可测量变化。如果输入量的变化小于传感器的分辨率，那么这个变化可能无法被传感器检测到。

在实际应用中，当输入量从某个非零值开始缓慢变化时，只有当变化量超过传感器的分辨率阈值时，传感器的输出才会出现相应的变化。在此之前，即使输入量有所变化，传感器的输出也可能保持不变，因为这种变化太小，不足以触发传感器的检测极限。传感器的分辨率与其稳定性之间存在负相关关系。如果一个传感器的分辨率很高，它可能对小的变化非常敏感，但同时也可能更容易受到噪声和其他干扰因素的影响，这可能会影响其长期稳定性。因此，在设计和选择传感器时，需要在分辨率和稳定性之间找到一个平衡点，以满足特定应用的要求。

高分辨率不一定意味着高精度，但高精度通常需要高分辨率。精度通常分为绝对精度和相对精度两个概念：绝对精度是指传感器输出值与被测量的真实值之间的差异，是理想状态下的精度，实际上很难达到；相对精度是指传感器输出值相对于其满量程的误差，若一个传感器的满量程是100单位，如果它的相对精度是1%，那么在任何测量点上，其误差不会超过1单位。

1.2.6 长期稳定性

传感器的长期稳定性，是指传感器在相同测量条件下，对同一被测量进行多次测量时，长时间内保持其性能不变的能力。稳定性好的传感器能够在长时间使用后，仍然保持其测量精度。为了评估长期稳定性，寿命测试是必不可少的，需要设计类似实际佩戴的循环寿命测试，模拟多次弯曲、压力加载等情况，长时间的寿命测试可以评估产品质量。实现柔性可穿戴传感器的长期稳定性需要从多方面进行优化设计和严格测试，使其可以适应复杂的使用环境和长时间的佩戴周期，这需要材料科学、制造工艺、电路设计、产品测试等多学科紧密协作，以满足可穿戴电子产品的需求。

1.2.7 抗干扰能力

抗干扰能力是衡量可穿戴传感器性能的重要指标之一，强大的抗干扰能力可以使传感器在复杂环境中保持稳定的性能，减少外部因素对传感器输出信号的干扰。抗干扰能力主要包括以下几个方面：

① 抗电磁干扰　电磁干扰是传感器在实际应用中常见的问题，通过优化传感器结构和选用抗电磁干扰材料，可以降低电磁场对传感器输出信号的影响。

② 抗温度干扰　温度变化可能导致传感器性能发生变化，通过选用温度稳定性好的材料，可以减小温度变化对传感器性能的影响。

③ 抗湿度干扰　由于外界湿度变化导致对某些吸水性敏感材料的性能影响，可以选用高

疏水性材料以提高传感器的抗湿度干扰能力。

④ 抗其他干扰　其他环境因素包括光照、气压、化学物质等可能导致传感器材料的膨胀或收缩、影响其性能的因素，可以使用环境适应性强的材料，并在设计传感器时考虑环境因素，进行相应的补偿和校准。

1.2.8　能耗效率

功耗是指传感器在工作过程中消耗的能量。在可穿戴传感器中，低功耗是一个重要的考量因素。高功耗会导致传感器频繁充电或更换电池，降低了可穿戴设备的使用便捷性和持久性。因此，设计低功耗的传感器是提高可穿戴设备续航能力的关键。低能耗的传感器有利于延长可穿戴设备的使用寿命和降低能耗。提高能耗效率的方法包括：

① 采用低功耗设计和节能算法，降低传感器在工作过程中的能耗；
② 优化传感器结构，减少无谓的能量损耗；
③ 采用新型能量转换技术，如压电发电、摩擦发电等，为传感器提供可持续的能源。

通过以上对可穿戴传感器性能指标的讨论可知，在设计和优化传感器时，需要综合考虑灵敏度、响应范围、响应速度、迟滞特性、长期稳定性、抗干扰能力等多个方面，综合提升这些性能指标，才能使可穿戴传感器在实际应用中发挥出更大的价值。

1.3
可穿戴传感器检测机理分析

深入理解可穿戴传感器的工作原理和检测机制，了解传感器在不同环境和条件下的响应规律，有助于改进传感器的灵敏度、稳定性和可靠性，从而提高其检测精度和准确性，指导传感器的优化设计和性能提升。本节主要分析五种可穿戴传感器的检测机理，包括电容式、压阻式、微波式、压电式、摩擦电式传感检测机理。

1.3.1　电容式传感机理研究

以 TiO_2 高聚物混合物材料为例对电容式湿度传感器的传感机理进行分析，如图 1-41 所示。当芳香族二胺 A（PMDA）与二胺 B（ODA）混合时，在有机聚合物膜中引入功能性亲水基团，与水反应生成含羟基自由基的硬石膏，有利于水分子的吸附和解吸。根据在传感材料表面吸附水层内质子传导的机理，水分子被化学和物理吸附在二氧化钛表面形成吸附络合物，随后转化为表面羟基。通过连续吸收，冷凝的水分子可以更自由地移动，从而摆脱化学键的限制。在聚

合物中 TiO_2 的参与有助于提高灵敏度和降低湿滞，因为陶瓷材料表面对水分子的敏感性比聚合物更明显，这有助于水的离解和质子化。一般来说，滞后是由水分子在多孔固体中的扩散动力学控制的，它与孔隙的几何形状及水分子的存在如何改变这种几何形状有关，湿滞效应的减小可归因于 TiO_2 纳米粒子掺杂引起的多孔尺寸和分布的改变，有效地抑制了水团簇的形成。

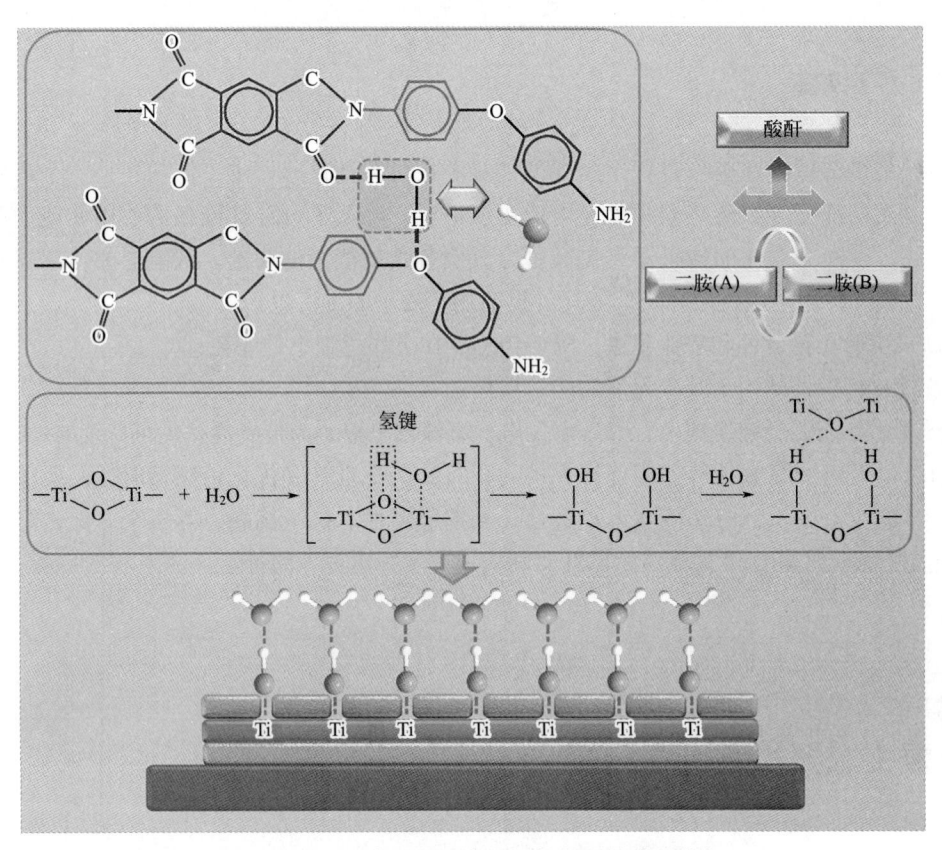

图 1-41 TiO_2 高聚物混合物材料的湿敏特性分析

以上就是基于高性能功能聚合物的金属-绝缘体-金属（metal insulator metal，MIM）型电容式湿度传感器的传感过程机理，通过解决敏感薄膜表面塌陷和剥离问题，以及通过轮廓分析确定用于改善黏着性能的聚丙烯腈的复合比，使得聚合物复合薄膜均匀致密，无针孔和缺陷，并且与金属层结合良好。此外，金红石型二氧化钛的引入实现了超低迟滞，证明了功能高分子与陶瓷材料的结合可以有效解决聚合物基湿度传感器长期存在的迟滞问题，进一步提高湿度传感器的性能。从实际应用的角度来看，电容式传感器具有灵敏度高、响应动力学短、重复性好、长期稳定性好等特点。

1.3.2 压阻式传感机理研究

外部施加压力导致传感器结构的微小形变，进而改变了压阻材料的电阻值。通过测量电阻值的变化，可以推断出受力部位所受的压力大小。具体来说，当外部压力施加到传感器表面时，压阻材料会发生微小的形变，导致电阻值的变化。这是由于压力导致压阻材料的导电颗粒之间的距离或接触面积发生变化，进而影响了导电材料的电阻。通过测量电阻值的变化，可以得知外界压力的大小。以聚二甲基硅氧烷（PDMS）/羧化壳聚糖（CCS）/羧化多壁碳纳米管（cMWCNT）海绵为例，如图 1-42 所示，CCS 优异的成膜性使其在浸润过程中可在海绵骨架上形成一层均匀的包覆，这种包覆使海绵携带大量 NH_3^+ 正电荷，从而与 cMWCNT 溶液中的 COO^- 发生静电吸引反应，因此，被 CCS 包裹的海绵能够将 cMWCNTs 充分吸附到其骨架上，并显著提高两种材料结合的稳定性。

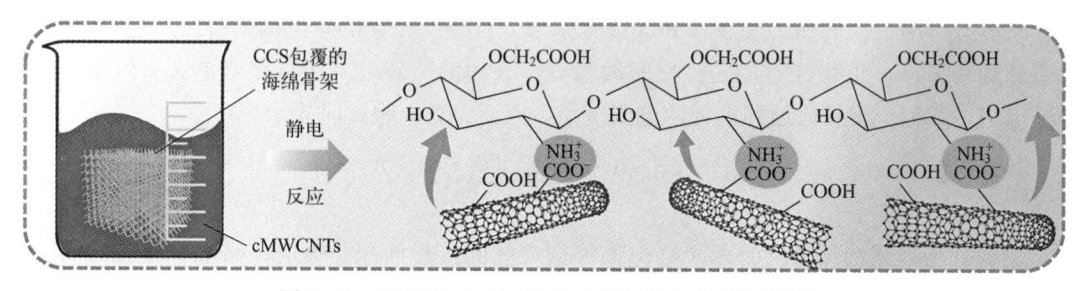

图 1-42　CCS 和 cMWCNTs 之间的静电作用示意图

图 1-43 上方的 4 张 SEM 图像能够进一步说明 PCMS 的传感机理，分别展现了原始压力、微压、小压力和大压力下的海绵内部结构，各图下方分别构建了这 4 种加载状态的等效电路。该部分定义了海绵顶部骨架电阻（R_1）、底部骨架电阻（R_2）、桥状骨架电阻（R_b）、连接顶部和底部桥状骨架的海绵骨电阻（R_0）、微裂纹电阻（R_{crack}）和四种加载状态下的总电阻（R_{I-IV}）这 6 种电阻，模拟了内部电路在压力作用下的变化。

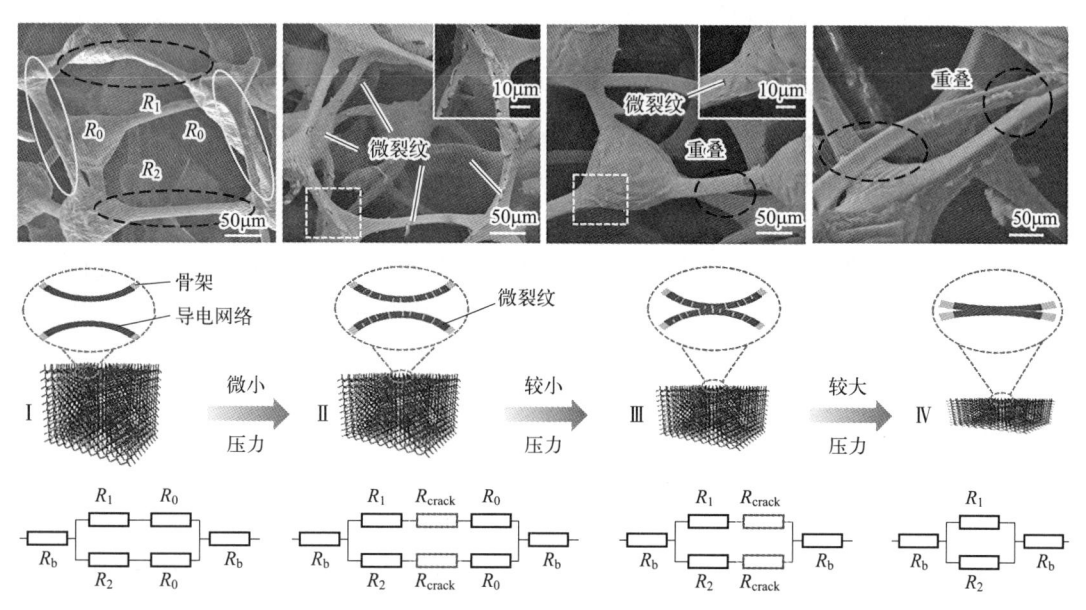

图 1-43　电阻型可穿戴传感原理示意图

初始状态下，顶部骨架与底部分离，cMWCNT导电网络均匀分布在骨架上，传感器的总电阻表示如下：

$$R_\text{I} = 2R_\text{b} + \frac{(R_1+R_0)(R_2+R_0)}{R_1+R_2+2R_0} \tag{1-11}$$

在微小的压缩下，海绵骨架表面出现某些微裂纹，导致内部导电通路中断。这种微裂纹导致如下总电阻的增加：

$$R_\text{II} = 2R_\text{b} + \frac{(R_1+R_\text{crack}+R_0)(R_2+R_\text{crack}+R_0)}{R_1+R_2+2R_\text{crack}+2R_0} \tag{1-12}$$

然后，逐渐变大的压力使顶部和底部骨架部分重叠，相连的导电网络持续产生导电通路，总电阻稳步下降。值得注意的是，此时海绵骨架表面的微裂纹并没有完全消失，但微裂纹导致的电阻增加远小于导电通路造成的电阻减小。因此，总电阻此时表示为：

$$R_\text{III} = 2R_\text{b} + \frac{(R_1+R_\text{crack})(R_2+R_\text{crack})}{R_1+R_2+2R_\text{crack}} \tag{1-13}$$

最后，当强烈的压力导致两个导电网络层之间的接触面积扩大时，海绵骨架表面的微裂纹随之消失。在这种情况下，两个骨架电阻变为并联状态，总电阻可以由以下公式表示为：

$$R_\text{IV} = 2R_\text{b} + \frac{R_1 R_2}{R_1+R_2} \tag{1-14}$$

总而言之，电阻理论上的变化趋势为先快速增加之后稳步降低，这与实际测试结果非常吻合。这种一致性进一步证明了以上传感机制的可靠性。

1.3.3 微波式传感机理研究

微波式检测机理不同于电容式检测，在微带线端口施加电场时，微带线周围产生闭合磁场，微带线与基板之间产生电场。电磁能不仅局限于金属带条内，还以垂直于平面开环谐振器表面的时变电磁场的形式存在。在开环谐振器的锐边电场分布最强，由于纳米膜的强吸水性，所提供的大量活性水吸附位点将吸收大量的水分子。水是一种弱键合的不对称极性分子，氧和氢原子之间的夹角为109°。在不受电场激励的情况下，水偶极矩的分子取向是随机的，正负束缚电荷相互抵消，因此在宏观尺度上电偶极矩之和为零。当外加电场作用时，微波频率区的介质色散主要由偶极极化控制，如图1-44所示。

吸收电磁能后，水分子产生定向极化，每个偶极子将从其平均平衡位置轻微移动并重新定向到均匀排列，使其对称轴与电场对齐，如图1-45所示。在这种情况下，电偶极矩之和不为零，极化正电荷向电场方向移动，同时极化负电荷向相反方向移动，从而形成一个内部电场，这将影响初始场分布，并引起散射参数相应地变化。当湿敏材料修饰微波传感器暴露在高湿度环境中时，大量的水蒸气吸附导致纳米材料的介电常数对频率依赖性很强，这可以解释为介电色散。事实上，水偶极子极化方向的变化不是瞬时的，而是与局部分子的扭矩和黏度有关，利用德拜介电弛豫理论可以解释外加电场变化与极化过程之间的滞后现象。式（1-15）描述了强电磁场下宏观偶极极化行为的水分子运动，是随时间变化的磁化率 $\chi_e(\Delta t)$ 与电场 E 的卷积结果。P 是极化密度；ε_0 是自由空间的介电常数；ε_r 是相对介电常数；χ_e 是介质的磁化率，与相对介电常数 ε_r 有关。为了方便起见，在频域中通过快速傅里叶变换得到式（1-16）中和频率的关系。

$$P(t) = \varepsilon_0 \int_{-\infty}^{t} \chi_e(t-t') E(t') dt' \tag{1-15}$$

$$P(\omega) = \varepsilon_0 \chi_e(\omega) E(\omega) = \varepsilon_0 (\varepsilon_r(\omega) - 1) E(\omega) \tag{1-16}$$

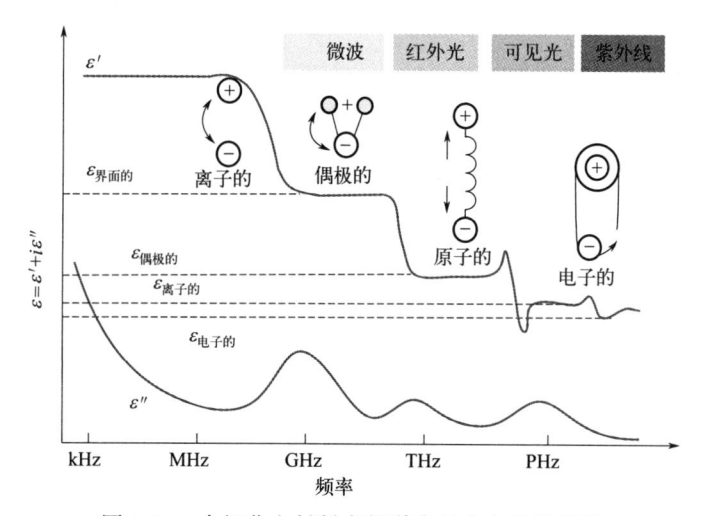

图 1-44 介极化电材料在频谱中的介电色散特性

由此可见，极化系统的分析与电场频率密切相关。随时间变化的磁场将引起表面电流变化，敏感层表面的水分子将从强电场中吸收电磁能，吸附和解吸过程达到动力学平衡，其快速响应可归因于电场加速氧空位跨晶界迁移，这种迁移可使电场的偶极极化振荡达到稳定平衡状态。与直流或低频段相比，微波频率下氧空位的分布引起极化特性的差异，从而实现了微波条件下的湿度检测。

对于复合氧化物材料的微波传感性能分析，以基于碳点修饰的四氧化三钴（CDs-Co_3O_4）为例，从微波相互作用和电荷转移过程的角度深入探讨微波湿度传感机理，如图 1-46 所示，通过水分子在敏感材料上的吸附和解吸作用，使敏感层的介电性能发生变化，这种变化是由敏感材料与水分子的相互作用引起的。当电磁波传输空间的介电常数发生变化时，其电磁响应参数也随之发生变化，从而实现了微波传导湿度检测。在水分子的吸附和解吸过程中，碳点修饰的 Co_3O_4 材料性质的变化可能与多种因素有关，相比来看，单一的 Co_3O_4 只能被捕获少量的水分子并保留在其多孔结构中，从而导致较低的传感响应。而与纯 Co_3O_4 相比，对于碳点修饰的 Co_3O_4 来说，由碳点引入的亲水性官能团通过添加活性位点，大大提高了多孔 Co_3O_4 的灵敏度和响应时间。此外，Co_3O_4 的空腔结构能够有效地阻止碳点的聚集，从而使水微滴的运动速率最大化。

微波传导传感机制可从低湿度水平和高湿度水平下的吸湿和解湿两个过程来分析。在高湿度环境下的反应机理与低湿度环境下的反应机制有所不同,在较低的湿度水平下,敏感层的多孔结构有利于水分子的渗透和扩散。碳点修饰的 Co_3O_4 敏感层的湿度敏感性显著增加,是由于作为电子提供方的 Co_3O_4,在碳点加入后,会加快电荷从碳点到 Co_3O_4 的转移过程,电荷通过碳点官能团从水分子转移到 Co_3O_4 上,会在化学吸附敏感层上形成大量羟基。

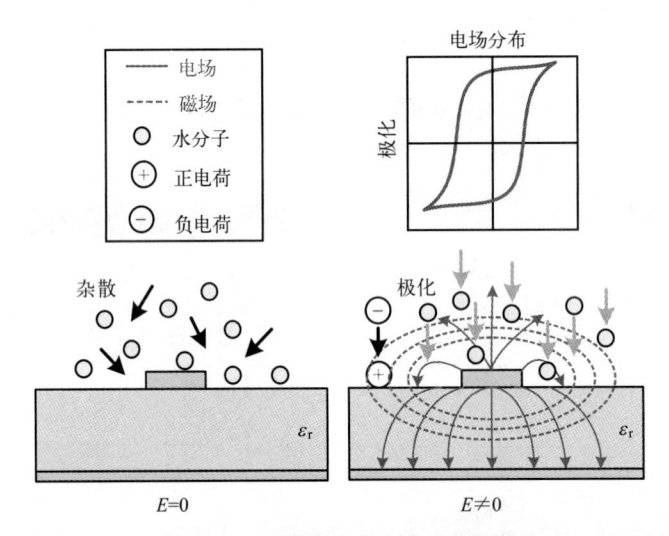

图 1-45　电场作用下水分子的极化

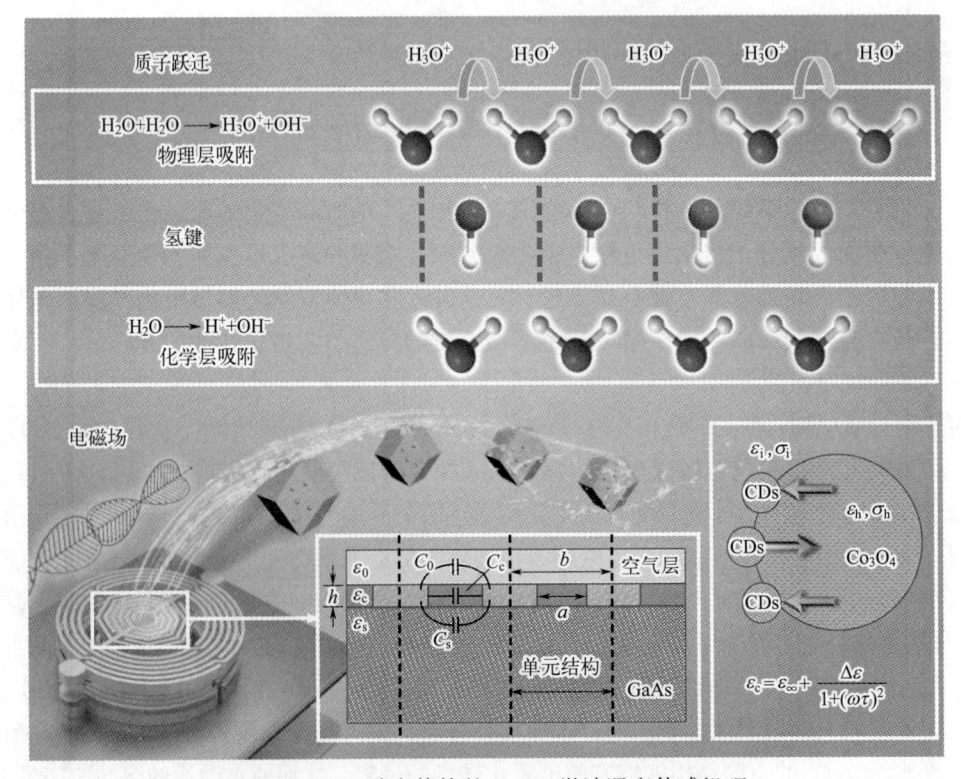

图 1-46　基于碳点修饰的 Co_3O_4 微波湿度传感机理

一旦第一层化学吸附层的氢键形成，它们就强烈地附着在其表面，诱导水分子与敏感层之间发生电子电荷转移。当湿度逐渐增加，第二层由物理吸附的水分子形成，这一层相比于第一层的化学吸附层的附着力要低，在湿度较低的情况下，水分子在解吸过程中更容易脱离第一层的化学吸附层。在较高的湿度水平下，质子（H^+）会成为主要的电荷载体，可以用 Grotthuss 机制中的质子跳跃机制来解释。由 $H_2O + H_3O^+ = H_3O^+ + H_2O$ 反应产生的自由 H^+ 质子通过共价键形成的氢键网络，并在敏感层表面迅速移动，作为在传感过程中水聚集层上的新的电荷载体。除了加快了微波传感器中的电荷转移外，碳点修饰的 Co_3O_4 对水的介电性能也有影响。不同于在低频或直流条件下工作的电容或电阻型湿度传感器，在微波频段，由于水汽与电磁波之间强烈的相互作用，使得材料的介电特性在微波频谱范围内发生了变化。导电水分子的吸附和解吸改变了敏感材料的介电常数，从而影响了电磁场的传播介质。

为了研究电磁场响应和敏感层之间的关系，分析了由电容和电感计算出的谐振频率，其中圆形缠绕螺旋电感值可表示为：

$$L = \frac{\mu_0 m^2 d_{avg} c_1}{2}\left(\ln\left(\frac{c_2}{\rho}\right) + c_3\rho + c_4\rho^2\right) \qquad (1\text{-}17)$$

式中　m——螺旋线圈数；

　　　c_p——相关系数（$p=1$，2，3，4）分别为 1、2.46、0 和 0.2；

　　　d_{avg}——螺旋线圈的平均直径，$d_{avg} = (d_{in} + d_{out})/2$（$d_{out}$ 为螺旋线圈的外径；d_{in} 为螺旋线圈的内径）；

　　　μ_0——真空磁导率，$\mu_0 = 4\times10^{-7}$ H/m；

　　　ρ——填充率，$\rho = (d_{out} - d_{in})/(d_{in} + d_{out})$。

实际上，敏感材料主要沉积在指间电容器的区域。两个电极可看作总电容为 C_{UC} 的单元结构，由三个不同介质层的平板电容器组成，包括敏感材料层、砷化镓（Gallium Arsenide，GaAs）衬底层及空气层。交指电容器的总电容如下：

$$C = C_{UC}(N-1)L_c = (C_0 + C_s + C_c)(N-1)L_c \qquad (1\text{-}18)$$

$$C_0 + C_s = \varepsilon_0 \frac{(1+\varepsilon_s)}{2} \frac{K\left(\sqrt{1-\left(\frac{a}{b}\right)^2}\right)}{K\left(\frac{a}{b}\right)} \qquad (1\text{-}19)$$

$$C_c = \varepsilon_0 \varepsilon_c \frac{h}{a} \qquad (1\text{-}20)$$

式中　N——单元结构的数目；

　　　L_c——耦合电极的长度；

　　$K(k)$——电极的第一类椭圆积分；

　　　C_0——真空电容率（8.85pF/m）；

　　　C_s——GaAs 衬底的相对电容率（12.85pF/m）；

a——电极之间的距离;

b——两个电极中心之间的距离;

h——电极的厚度。

对于敏感层的介电常数，碳点修饰的 Co_3O_4 可以看作是一种非均匀介质，类似于在两种材料边界上的带有电荷的层状结构。它们在电导率和介电常数上的差异导致界面产生了极化，这可用麦克斯韦 - 瓦格纳 - 西拉斯理论来解释。界面极化对介电性能的贡献比简单的偶极极化要大得多，在这种情况下，体积比较大的 Co_3O_4 被认为是"寄主材料"，碳点被认为是"内嵌体"。非均匀混合物的等效介电常数与各自的介电常数、体积比和空间分布有关。其介电函数 ε_c 可从德拜弛豫方程计算得到：

$$\varepsilon_c = \varepsilon_\infty + \frac{\Delta\varepsilon}{1+(\omega\tau)^2} \tag{1-21}$$

$$\varepsilon_\infty = \varepsilon_h \frac{[n\varepsilon_i + (1-n)\varepsilon_h] + (1-n)(\varepsilon_i - \varepsilon_h)\varphi_i}{[n\varepsilon_i + (1-n)\varepsilon_h^*] - n(\varepsilon_i - \varepsilon_h)\varphi_i} \tag{1-22}$$

$$\Delta\varepsilon = \frac{n[\varepsilon_i\sigma_h - \varepsilon_h\sigma_i]^2 \varphi_i(1-\varphi_i)}{[(1-n)\varepsilon_h + n\varepsilon_i + n(\varepsilon_h - \varepsilon_i)\varphi_i][(1-n)\sigma_h + n\sigma_i + n(\sigma_h - \sigma_i)\varphi_i]^2} \tag{1-23}$$

$$\tau = \varepsilon_0 \frac{(1-n)\varepsilon_h + n\varepsilon_i + n(\varepsilon_h - \varepsilon_i)\varphi_i}{(1-n)\sigma_h + n\sigma_i + n(\sigma_h - \sigma_i)\varphi_i} \tag{1-24}$$

式中 φ_i——内嵌体碳点粒子的占比;

ε_i——内嵌体材料碳点的介电常数;

σ_i——内嵌体材料碳点的电导率;

ε_c——主体材料 Co_3O_4 的介电常数;

σ_h——主体材料 Co_3O_4 的电导率;

n——分散的碳点粒子在电场方向上的形状因子;

ε_∞——介电常数的高频极限;

τ——界面极化的弛豫强度。

材料的极化场之间的相互作用增强了敏感层内的整个电磁场，微波传输信号的变化和 CDs-Co_3O_4 敏感层的介电常数在电磁场中的变化相关，与 Co_3O_4 相比，用碳点修饰 Co_3O_4 可以大大提高电荷转移速率和加快电磁能量传输，碳点与多孔 Co_3O_4 的结合在微波激励条件下实现了最大程度的协同作用，从而提高了湿度传感器的灵敏度。

1.3.4 压电式传感机理研究

柔性压电式传感器的传感机理主要基于材料的压电效应来测量外部力或压力，能够产生压电效应的材料称为压电材料。压电效应是指某些晶体（如石英、氧化锆等）在受到机械应力时会产生电荷分离的现象，这种分离的电荷会导致材料内部形成电场，从而产生电势差。压电效应有正压电效应和逆压电效应两种，其本质取决于压电材料的晶体结构。压电式传感器的输出信号通常是一个交流信号，因为压电材料的极化是随着施加的力或压力变化而变化的。因此，通常需要使用适当的电路将交流信号转换为直流信号，以便进行后续的信号处理和分析。正压电效应可用于能量收集、自供电传感器等应用，逆压电效应更适用于声发射器、阻尼器、致动器等。柔性压电式传感器是基于正压电效应的传感器，其受到外力而产生应变时，能够通过分析输出电信号的特性识别机械外力。

正压电效应是将机械能转化为电能的过程。当压电材料受到外部作用力而产生形变时，内部会发生极化现象，材料中的正负电荷产生移动，在受力方向的两个表面出现极性相反的等量电荷，从而在内部形成电势差。当外力释放，压电材料逐步恢复到原始的电中性状态。压电材料受到外力释出电荷的极性随着外力方向改变，电荷量和外部作用力大小呈正相关，如图 1-47 所示。压电式传感器大多是利用正压电效应制成的。

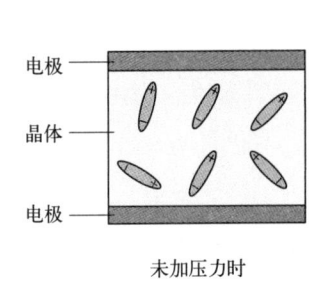

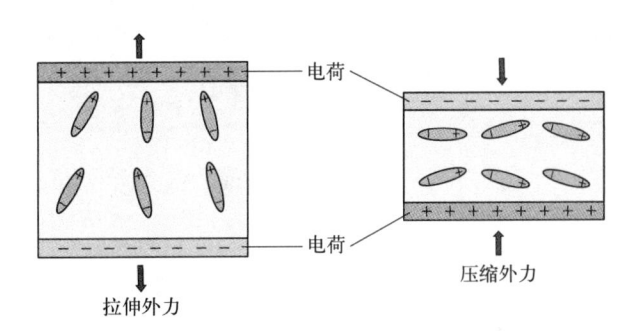

图 1-47　正压电效应示意图

逆压电效应是将电能转化为机械能的过程。当在压电材料的极化方向上施加外部电场，材料内部正负电荷位置会产生偏移，在特定方向上表现出机械变形，并且其形变量与外电场强度成正比，当外加电场被移除时，压电材料将恢复至形变前状态，如图 1-48 所示。通常逆压电效应可用于超声工程和微运动领域。

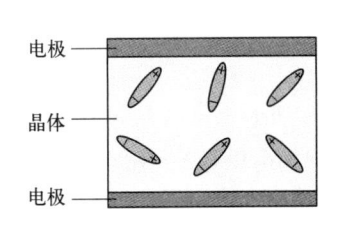

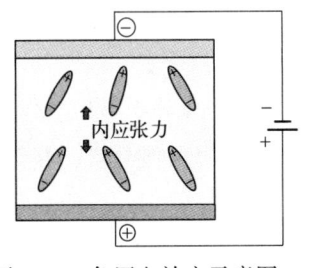

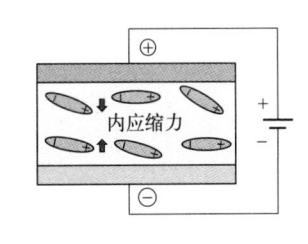

图 1-48　负压电效应示意图

压电材料的压电特性可以用压电方程来描述，第一类和第二类压电方程分别描述了正压电效应和逆压电效应，是压电材料电学量（E, D）和力学量（T, S）的数学表达式，反映了电场和机械应力之间的相互作用。

压电方程中包含多个方位的参数，其轴线的惯用取向如图 1-49 所示。三维坐标系中的 X 轴、Y 轴、Z 轴分别称为 1 方向、2 方向、3 方向，垂直于 1、2、3 方向的剪切方向分别称为 4 方向、5 方向、6 方向，如果将极轴指定为 3 方向，那么与极轴成直角的相反方向就为 1 方向，通常 Z 轴（3 方向）是极化方向。当沿极轴方向施加压力时，可记为 33 模态（纵向压电系数），而当外加应力垂直于极轴时，可记为 31 模态（横向压电系数）。

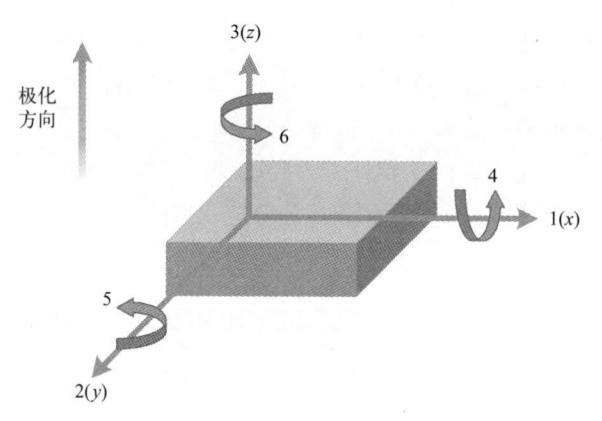

图 1-49　轴线的惯用取向图

压电方程可以用下列方程式表达：式（1-25）为第一类压电方程，式（1-26）为第二类压电方程。

$$D_i = d_{ij}T_j + \varepsilon_{ij}^{\mathrm{T}} E_j \tag{1-25}$$

$$S_i = d_{ij}E_j + s_{ij}^{E} T_j \tag{1-26}$$

式中　i=1, 2, 3——压电体内部极化的方向；

j=1, 2, 3, 4, 5, 6——代表应力的方向，其中 1、2、3 表示正应力，4、5、6 表示剪应力；

D_i——材料在 i 方向上由于应力或电场作用而产生的电位移；

T_j——沿 j 方向施加在材料上的机械力；

E_j——电场强度；

S_i——材料在 i 方向上由于电场或机械应力作用产生的变形；

d_{ij}——压电系数，也称为压电电荷系数，表示应力引起的电位移，i 是电荷产生的方向，j 是作用力的方向；

介电常数 $\varepsilon_{ij}^{\mathrm{T}}$——材料在恒定应力下的介电特性；

s_{ij}^{E}——弹性柔度矩阵，表示在恒定电场下材料的柔度（逆刚度）。

第一类方程表明，当在材料上施加机械应力 T_j 时，会产生电位移 D_i，即机械能转化为电能。这就是所谓的正压电效应。第二类方程表明，当施加电场 E_j 时，材料会产生应变 S_i，即电能转化为机械能，这就是逆压电效应。这两类压电方程相互关联，共同描述了压电材料在机械应力和电场作用下的耦合效应。

1.3.5 摩擦电式传感机理研究

摩擦纳米发电机（TENG）是由两个现象完成的，即接触起电（contact electrification）和静电感应（electrostatic induction），此二者缺一不可。接触起电是指两种不同材料经过接触和分离后，由于它们的电子亲和力不同，会发生电子转移，导致一个物体表面带正电，另一个物体表面带负电，这种电荷的分离会产生电位差，从而产生电流。两种材料之间传递的电荷可以是分子、离子和电子。当两种材料分离时，一些结合的原子倾向于保持额外的转移电子，而一些结合的原子倾向于放弃它们，因此在不同的摩擦材料上产生相反的电荷。静电感应是指带电体附近的中性物体会被其电场所极化，从而也表现出一定量的电荷，但这些感应电荷不会停留在物体上，只要去除带电体，感应电荷就会消失，这是外部电场的影响而非物质内部产生电荷。综上，接触起电是材料内部真正产生静电荷，静电感应是外部电场影响下的暂态荷电。而在接触起电发生后，将两种接触的介电材料分开，由于其是介电材料，不导电，所以之前获得或失去电子的状态得以保留，故此时两种介电材料一个带负电、一个带正电。如果将其分别通过外电阻连接到一起，当分开或靠拢这两个介电材料做成的板的时候，其之间的电容发生变化，可以束缚的电荷量也会变化（此处实质上就是静电感应现象）。由于它们此时是分开的，不能直接接触，故电子会通过外电路流过负载，以此完成电荷转移。由于总电荷量是不会变的，因此在摩擦纳米发电机工作的过程中，电荷是在外电路来回转移的，所以其发电一定是交流电。当两种材料与电极相连时，电荷会在外部负载上流动，从而产生电流，通过设计高荷电系数的材料选择、电极结构优化等，可以有效提高输出功率。

摩擦电传感的基本原理是利用两个不同材料的物体在接触和分离过程中产生的静电现象产生的电荷变化来感应各种物理量，如压力、应变等。TENG的工作模式包括垂直接触-分离模式、水平滑动模式、单电极模式和独立层模式。

（1）垂直接触-分离模式

垂直接触-分离模式如图1-50（a）所示，在这种模式下，两个不同材质的表面在垂直方向上接触并分离，由于电子从一个表面转移到另一个表面，从而产生静电电荷差，进而产生电流，这种模式通过机械运动使得两个表面不断地接触和分离，从而持续产生电能。

（2）水平滑动模式

水平滑动模式是一种利用水平方向上的相对滑动来产生静电电荷的方法，如图1-50（b）所示。在这种模式下，两个不同材质的表面在水平方向上相互摩擦，由于电子从一个表面转移到另一个表面，从而产生静电电荷差。这种横向滑动模式随着周期性的滑动分开和关闭的过程产生一个交流输出，两个电极上的电子被沿滑动方向引入的横向极化所产生的摩擦电荷驱动而流动，通过机械运动使得两个表面不断地相互摩擦，从而持续产生电能。

（3）单电极模式

上述两种模式包括两个摩擦层和两个由外部电路连接的电极。这样的TENG可以独立工作并且可以自由移动。而在其他一些情况下，移动物体可以是TENG的一个电极，不需要与负载电连接，底部电极接地为单电极模式，如图 1-50（c）所示。当顶部物体接近或离开底部薄膜时，局部电场分布会发生变化，导致电子在地面和底部电极之间流动，从而与电位变化相匹配。

（4）独立层模式

独立层模式是指介质层的一面接有两个电极，两个电极分开一定距离，分别为正极和负极，接在负载两端。当带电物体沿水平方向移动时，两个电极之间就出现了感应电动势。随着物体接近和离开电极，可以在材料表面产生不对称的电荷分布，从而导致电子从一个电极流向另一个电极以屏蔽局部电位分布，如图 1-50（d）所示。在配对电极之间，由电子的振荡产生交流输出。由于运动物体与电极的顶部介质层之间没有直接的摩擦或接触，因此可以在没有直接机械接触的情况下自由旋转，而且可以完全减少介质层的磨损，这种方法将大大提高 TENG 在旋转模式下的耐久性和使用寿命。

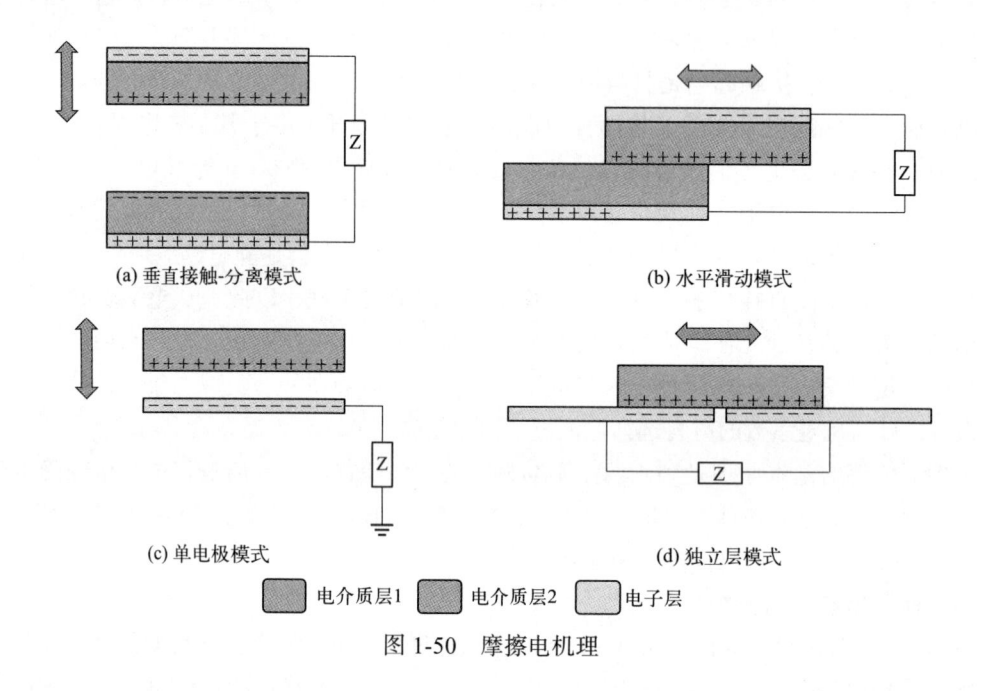

图 1-50 摩擦电机理

1.4 可穿戴传感器应用场景与未来发展

1.4.1 民用领域可穿戴传感器应用

（1）医疗护理领域

可穿戴传感器可以助力远程医疗和智能护理，对于家中行动不便的老人和残疾人实时监测用户的生理参数。对心率、血压、血氧等参数进行全天候生理监测，可帮助用户了解自身健康状况，同时佩戴运动传感器监测活动量，如果出现异常，可立即向医护人员发送警报，进行及时反馈。通过监测老年人和残疾人的活动，预警突发事件，既方便医生进行远程诊断，也使病人减少医院就诊次数。临床试验显示，使用可穿戴传感器辅助管理心衰患者，可以减少住院率，帮助康复医生制订有效的康复训练计划。

（2）智能家居领域

可穿戴传感器可与智能家居深度结合，例如使用可穿戴睡眠传感器，可以检测人的心率、呼吸、床上位置变化，评估睡眠质量和睡眠阶段。与环境传感器数据结合，可以判断睡眠质量对健康的影响，以及室内温度、湿度、光线等对睡眠的影响，从而进行最佳的环境调节。另外，可穿戴传感器可以与智能家居设备连接，实现对家居环境的智能控制，提高生活品质和便利性。与智能家居系统联动，打开照明、解锁门禁，便于救援。同时，基于用户的运动量和代谢数据，结合智能冰箱推荐健康食谱，结合用户的营养需求，智能烹饪设备可实现自动调整食物制作参数。

（3）体育运动领域

可穿戴传感器可以监测用户的运动轨迹、步数、卡路里消耗等信息，帮助用户科学合理地进行运动训练。各类体育运动都可以使用可穿戴传感器辅助训练，通过可佩戴心率监测仪，结合手机 App，可以精确控制运动强度，监测每日步数、卡路里消耗等数据，形成健身档案。某些可穿戴设备还配备了姿势纠正功能，可以监测用户的姿势是否正确，并提供实时的反馈和调整建议。对于专业运动员或训练者，可穿戴传感器可以提供更精准的运动数据分析，帮助其优化训练计划和提高训练效果。

（4）VR/AR 领域

可穿戴传感器可以用于手势识别，通过触觉反馈手套，实现对动作捕捉，实现面部表情捕捉、生理信号共享和情感识别与响应。这种自然、直观的人机交互方式，可以提升虚拟现实和增强现实的用户体验。通过可穿戴传感器对用户位置和动作的实时监测，可以实现更精准的空间定位和环境感知，拓展虚拟现实和增强现实应用的边界。

总之，可穿戴传感器在医疗护理、智能家居、体育运动、VR/AR 沉浸式体验多个民用领域都有广阔的应用前景。随着传感器性能改进和智能算法的应用，可穿戴设备在这些领域的作用将持续提升。

1.4.2　军事领域可穿戴传感器应用

（1）军人状态监测

监测士兵在训练和作战中的心率、体温、定位等，评估士兵的承受能力和体能状态。可穿戴传感器可以帮助监测士兵的训练和作战状态。例如：佩戴心率监测仪，可以精确获取士兵在进行各种训练、执行任务中的心率变化情况，判断体力消耗和疲劳状态；佩戴体温传感器，可以监测士兵在复杂环境下的热量变化，防止热射病等；同时还可以集成定位传感器，实时监测士兵在复杂地形中的确切位置。

（2）伤员监护救援

监测伤员的生命体征和位置，为救护决策提供依据。在战场环境中，可穿戴传感器对伤员的监护起重要作用。它可以对伤员进行生命体征监测，如心率、血压、血氧，判断伤势程度。与定位传感器配合，可以第一时间将伤情和位置报告给医疗兵，进行快速救援。

（3）人机协同作战

未来数字化的装备可以与士兵穿戴的传感器实时连接，形成人机混合的协同作战体系。传感器反馈士兵状态，武器系统主动调整自动化程度和火力，实现以人为本的协同作战，这可以大幅提高未来数字化战场的效能。总之，可穿戴传感器在军事领域有广泛的应用和巨大的潜力，可以提高训练、救援、研究和人机协同的效果。随着可穿戴传感器和AI技术的进步，其军事应用边界还将不断扩大。

1.4.3 可穿戴传感器的未来发展

（1）更多样化的多功能可穿戴传感器

目前可穿戴传感器主要是监测心率、呼吸、体温等基本生理参数。随着传感器技术的发展，未来可穿戴传感器可以集成更多种类的传感器，实现对血压、血氧、肌电图等多种生理参数的监测。这可以让可穿戴设备实现对健康状态的全面监测和评估，实现方式包括机械式压力传感器测血压，光学式传感器测血氧，电极收集肌电信号等。多参数的整合不仅可以更全面地评估健康状况，也可以通过参数间的关联分析实现更准确的生理状态判断。

（2）微系统集成化，传感器小型化、零部件化

可穿戴传感器的光电子部件、信号处理部件目前还较为笨重，未来这些组件和部件将朝着微系统集成方向发展，使用微电子机械系统技术，将各种部件制作成微型的芯片，并能够批量生产。这将大大减小系统的体积，提高轻便性，同时也降低成本，有利于消费类可穿戴产品的推广应用；另外，标准化接口的应用也有助于可穿戴系统的组装和定制化。

（3）软硬件高度融合，实现情境感知和智能分析决策

当前可穿戴传感器主要停留在数据采集层面，未来需要在数据处理和分析上下功夫，实现对情境的感知和理解，并基于此进行智能决策。这需要软硬件的深度协同，以及人工智能算法的应用。以监测病人为例，不仅需要采集生理数据，还要综合各项参数判断病情，并根据具体情况启动不同的应急程序，这需要可穿戴系统的"智能化"。

（4）6G技术应用，实现远程无延时监测

可穿戴传感器数据无线连接目前主要通过WiFi或蓝牙，存在距离短、实时性差的问题。6G技术具有高速率、大连接、低延时等特点，其应用可以打破距离限制，实现远程实时监测。这对需要远程看护的病人或需要移动监测的运动员都非常适用，另外6G的低延时特性也有助于某些应急情况的及时响应。

（5）佩戴更舒适隐蔽，社会接受度更高

当前较显眼的可穿戴传感器在美观性和佩戴舒适性还有待提高，未来需要研发更薄更柔软的材料，制作更小更隐蔽的传感器。除功能外，外形设计也很重要，这些都将提高社会对可穿戴设备的接受度，促进其广泛普及和商业化。

可穿戴传感器将越来越趋向于多功能化，不仅能够监测生理参数，还可以实现姿势识别、手势控制等多种功能。随着微型化技术的不断发展，可穿戴传感器将越来越小型化、轻量化，并且与其他设备集成，提高舒适度和便携性。可穿戴传感器将更加智能化，具备自动识别、自适应调节等智能功能，提高用户体验和便利性。同时，数据安全和隐私保护将成为重要议题，未来的发展将更加注重数据的安全性和隐私保护，可穿戴技术将与人工智能、大数据、生物医学等领域相结合，形成跨学科融合的发展趋势，为人类健康、生活和生产提供更多可能性，未来将越来越多地满足用户个性化需求，提供定制化的产品和服务，以满足不同用户群体的需求和偏好。

参 考 文 献

[1] Zheng Y B，Tang N，Omar R，et al. Smart Materials Enabled with Artificial Intelligence for Healthcare Wearables. Advanced Functional Materials，2021，31（51）：2105482.

[2] Chhetry A，Kim J，Yoon H，et al. Ultrasensitive Interfacial Capacitive Pressure Sensor Based on a Randomly Distributed Microstructured Iontronic Film for Wearable Applications. ACS Applied Materials & Interfaces，2019，11（3）：3438-3449.

[3] Wei N，Li Y，Tang Y，et al. Resilient bismuthene-graphene architecture for multifunctional energy storage and wearable ionic-type capacitive pressure sensor device. Journal of Colloid and Interface Science，2022，626：23-34.

[4] Maddirala G，Searle T，Wang X，et al. Multifunctional skin-compliant wearable sensors for monitoring human condition applications. Applied Materials Today，2022，26：101361.

[5] Zhang Y，Gao M，Gao C，et al. Facile preparation of micropatterned thermoplastic surface for wearable capacitive sensor. Composites Science and Technology，2023，232：109863.

[6] Zhang Y，Zhou X，Zhang N，et al. Ultrafast piezocapacitive soft pressure sensors with over 10 kHz bandwidth via bonded microstructured interfaces. Nature Communications，2024，15（1）：3048.

[7] Farman M，Surendra，Prajesh R，et al. All-Polydimethylsiloxane-Based Highly Flexible and Stable Capacitive Pressure Sensors with Engineered Interfaces for Conformable Electronic Skin. ACS Applied Materials & Interfaces，2023，15（28）：34195-34205.

[8] Hong W，Guo X，Zhang T，et al. Flexible Capacitive Pressure Sensor with High Sensitivity and Wide Range Based on a Cheetah Leg Structure via 3D Printing. ACS Applied Materials & Interfaces，2023，15（39）：46347-46356.

[9] Zhao Y，Guo X，Hong W，et al. Biologically imitated capacitive flexible sensor with ultrahigh sensitivity

[10] Ma J, Cui Z, Du Y, et al. Wearable Fiber-Based Supercapacitors Enabled by Additive-Free Aqueous MXene Inks for Self-Powering Healthcare Sensors. Advanced Fiber Materials, 2022, 4 (6): 1535-1544.

[11] Hu X, Yang F, Wu M, et al. A Super-Stretchable and Highly Sensitive Carbon Nanotube Capacitive Strain Sensor for Wearable Applications and Soft Robotics. Advanced Materials Technologies, 2022, 7 (3): 2100769.

[12] Park S, Kim M, Ha T. All-printed wearable humidity sensor with hydrophilic polyvinylpyrrolidone film for mobile respiration monitoring. Sensors and Actuators B: Chemical, 2023, 394: 134395.

[13] Guo D, Dong S, Wang Q, et al. Enhanced sensitivity and detection range of a flexible pressure sensor utilizing a nano-cracked PVP hierarchical nanofiber membrane formed by BiI_3 sublimation. Chemical Engineering Journal, 2023, 476: 146464.

[14] Lv C, Tian C, Jiang J, et al. Ultrasensitive Linear Capacitive Pressure Sensor with Wrinkled Microstructures for Tactile Perception. Advanced Science, 2023, 10 (14): 2206807.

[15] Fernandez FDM, Kim M, Yoon S, et al. Capacitive $BaTiO_3$-PDMS hand-gesture sensor: Insights into sensing mechanisms and signal classification with machine learning. Composites Science and Technology, 2024, 251: 110581.

[16] Zhang L, Zhang S, Wang C, et al. Highly Sensitive Capacitive Flexible Pressure Sensor Based on a High-Permittivity MXene Nanocomposite and 3D Network Electrode for Wearable Electronics. ACS Sensors, 2021, 6 (7): 2630-2641.

[17] Zhou H, Wang M, Jin X, et al. Capacitive Pressure Sensors Containing Reliefs on Solution-Processable Hydrogel Electrodes. ACS Applied Materials & Interfaces, 2021, 13 (1): 1441-1451.

[18] Wang H, Lin G, Lin Y, et al. Developing excellent plantar pressure sensors for monitoring human motions by using highly compressible and resilient PMMA conductive iongels. Journal of Colloid and Interface Science, 2024, 668: 142-153.

[19] Chen Q, Yang J, Chen B, et al. Wearable Pressure Sensors with Capacitive Response over a Wide Dynamic Range. ACS Applied Materials & Interfaces, 2022, 14 (39): 44642-44651.

[20] Lin X, Xue H, Li F, et al. All-Nanofibrous Ionic Capacitive Pressure Sensor for Wearable Applications. ACS Applied Materials & Interfaces, 2022, 14 (27): 31385-31395.

[21] Yang R, Dutta A, Li B, et al. Iontronic pressure sensor with high sensitivity over ultra-broad linear range enabled by laser-induced gradient micro-pyramids. Nature Communications, 2023, 14 (1): 2907.

[22] Li X, Liu Y, Ding Y, et al. Capacitive Pressure Sensor Combining Dual Dielectric Layers with Integrated Composite Electrode for Wearable Healthcare Monitoring. ACS Applied Materials & Interfaces, 2024, 16 (10): 12974-12985.

[23] Chen S, Xin S, Yang L, et al. Multi-sized planar capacitive pressure sensor with ultra-high sensitivity. Nano Energy, 2021, 87: 106178.

[24] Gao L, Zhu C, Li L et al. All paper-based flexible and wearable piezoresistive pressure sensor. ACS Applied Materials & Interfaces, 2019, 11 (28): 25034-25042.

[25] Zhao X, Meng F, Peng Y. Flexible and highly pressure sensitive ternary composites wrapped polydimethylsiloxane sponge based on synergy of multi-dimensional components. Composites Part B: Engineering, 2022, 229: 109466.

[26] Qin R, et al. Recent Advances in Flexible Pressure Sensors Based on MXene Materials. Advanced Materials, 2024: 2312761.

[27] Jung Y, et al. Highly Sensitive Soft Pressure Sensors for Wearable Applications Based on Composite Films with Curved 3D Carbon Nanotube Structures. Small, 2024, 20 (2): 2303981.

[28] Cheng Y, et al. High-strength MXene sheets through interlayer hydrogen bonding for self-healing flexible pressure sensor. Chemical Engineering Journal, 2023, 453: 139823.

[29] Yoon H, et al. In Situ Co-transformation of Reduced Graphene Oxide Embedded in Laser-Induced Graphene and Full-Range On-Body Strain Sensor. Advanced Functional Materials, 2023, 33 (38): 2300322.

[30] Cao M, Fan S, Qiu H, et al. CB nanoparticles optimized 3D wearable graphene multifunctional piezoresistive sensor framed by loofah sponge. ACS Applied Materials & Interfaces, 2020, 12 (32): 36540-36547.

[31] Wang X, Tao L, Yuan M, et al. Sea urchin-like microstructure pressure sensors with an ultra-broad range and high sensitivity. Nat.Commun. 2021, 12: 1776.

[32] Liu C, et al. Highly sensitive and stable 3D flexible pressure sensor based on carbon black and multi-walled carbon nanotubes prepared by hydrothermal method. Composites Communications, 2022, 32: 101178.

[33] Zhang Y, Zhu P, Sun H, et al. Superelastic Cellulose Sub-Micron Fibers/Carbon Black Aerogel for Highly Sensitive Pressure Sensing. Small, 2024, 20 (13): 2310038.

[34] Sun M, et al. Liquid metal/CNTs hydrogel-based transparent strain sensor for wireless health monitoring of aquatic animals. Chemical Engineering Journal, 2023, 454: 140459.

[35] Hu T, Sheng B. A Highly Sensitive Strain Sensor with Wide Linear Sensing Range Prepared on a Hybrid-Structured CNT/Ecoflex Film via Local Regulation of Strain Distribution. ACS Applied Materials & Interfaces, 2024, 16 (16): 21061-21072.

[36] Liu M, et al. Highly stretchable and sensitive SBS/Gr/CNTs fibers with hierarchical structure for strain sensors. Composites Part A: Applied Science and Manufacturing, 2023, 164: 107296.

[37] Li L, Deng J, Kong P, et al. Highly sensitive porous PDMS-based piezoresistive sensors prepared by assembling CNTs in HIPE template. Composites Science and Technology, 2024, 248: 110459.

[38] Zhai J, et al. Flexible waterborne polyurethane/cellulose nanocrystal composite aerogels by integrating graphene and carbon nanotubes for a highly sensitive pressure sensor. ACS Sustainable Chemistry & Engineering, 2021, 9 (42): 14029-14039.

[39] He Y, et al. Multifunctional wearable strain/pressure sensor based on conductive carbon nanotubes/silk nonwoven fabric with high durability and low detection limit. Advanced Composites and Hybrid Materials, 2023, 5 (3): 1939-1950.

[40] Liu T, Zhu C, Wu W, et al. Facilely prepared layer-by-layer graphene membrane-based pressure sensor with high sensitivity and stability for smart wearable devices. Journal of Materials Science & Technology, 2020, 45: 241-247.

[41] Chen X, et al. A dual-functional graphene-based self-alarm health-monitoring e-skin. Advanced Functional Materials, 2019, 29 (51): 1904706.

[42] Kim D, Chhetry A, Zahed M A, et al. Highly sensitive and reliable piezoresistive strain sensor based on cobalt nanoporous carbon-incorporated laser-Induced graphene for smart healthcare wearables. ACS Applied Materials & Interfaces, 2022, 15 (1): 1475-1485.

[43] Dallinger A, Keller K, Fitzek H, et al. Stretchable and skin-conformable conductors based on polyurethane/laser-induced graphene. ACS Applied Materials & Interfaces, 2020, 12 (17): 19855-19865.

[44] Groo L, Nasser J, Zhang L, et al. Laser induced graphene in fiberglass-reinforced composites for strain and damage sensing. Composites Science and Technology, 2020, 199: 108367.

[45] Kaidarova A, Alsharif N, Oliveira B N M, et al. Laser-printed, flexible graphene pressure sensors. Global Challenges, 2020, 4 (4): 2000001.

[46] You Z, Qiu Q, Chen H, et al. Laser-induced noble metal nanoparticle-graphene composites enabled flexible biosensor for pathogen detection. Biosensors and Bioelectronics, 2020, 150: 111896.

[47] Wang X M, Chai Y, Zhu C, Ultrasensitive and self-alarm pressure sensor based on laser-induced graphene and sea urchin-shaped Fe_2O_3 sandwiched structure. Chemical Engineering Journal, 2022, 448: 137664.

[48] Wang W, et al. Scorpion-inspired dual-bionic, microcrack-assisted wrinkle based laser induced graphene-silver strain sensor with high sensitivity and broad working range for wireless health monitoring system. Nano Research, 2023, 16 (1): 1228-1241.

[49] Wang H, Zhao Z, Liu P, A soft and stretchable electronics using laser-induced graphene on polyimide/PDMS composite substrate. npj Flexible Electronics, 2022, 6 (1), 26.

[50] Zhang S, et al. Highly conductive, stretchable, durable, skin-conformal dry electrodes based on thermoplastic elastomer-embedded 3D porous graphene for multifunctional wearable bioelectronics. Nano Research, 2023, 16 (5): 7627-7637.

[51] Cao X, Zhang J, Chen S, 1D/2D nanomaterials synergistic, compressible, and response rapidly 3D graphene aerogel for piezoresistive sensor. Advanced Functional Materials, 2020, 30 (35): 2003618.

[52] Xu J, Zhang L, Lai X, et al. Wearable rGO/MXene piezoresistive pressure sensors with hierarchical microspines for detecting human motion. ACS Applied Materials & Interfaces, 2022, 14 (23): 27262-27273.

[53] Fu D, Wang R, Wang Y, et al. An easily processable silver nanowires-dual-cellulose conductive paper for versatile flexible pressure sensors. Carbohydrate Polymers, 2022, 283: 119135.

[54] Ju Y, Han C, Kim K, et al. UV-Curable Adhesive Tape-Assisted Patterning of Metal Nanowires for Ultrasimple Fabrication of Stretchable Pressure Sensor. Advanced Materials Technologies, 2021, 6 (12):

2100776.

[55] Ma Y, Liu N, Li L, et al. A highly flexible and sensitive piezoresistive sensor based on MXene with greatly changed interlayer distances. Nature Communications, 2017, 8 (1): 1207.

[56] Qin Z, Chen X, Lv Y, Wearable and high-performance piezoresistive sensor based on nanofiber/sodium alginate synergistically enhanced MXene composite aerogel. Chemical Engineering Journal, 2023, 451: 138586.

[57] Zheng Y, et al. Conductive MXene/cotton fabric based pressure sensor with both high sensitivity and wide sensing range for human motion detection and E-skin. Chemical Engineering Journal, 2021, 420: 127720.

[58] Yang L, et al. Moisture-resistant, stretchable NO_x gas sensors based on laser-induced graphene for environmental monitoring and breath analysis. Microsystems & Nanoengineering, 2022, 8 (1): 78.

[59] Hou N, Zhao Y, Yuan T, Flexible multifunctional pressure sensors based on Cu-CAT@ CNFN and ZnS: Cu/PDMS composite electrode films for visualization and quantification of human motion. Composites Part A: Applied Science and Manufacturing, 2022, 163: 107177.

[60] Yang T, et al. Hierarchically Microstructure-Bioinspired Flexible Piezoresistive Bioelectronics. ACS Nano, 2021, 15 (7): 11555-11563.

[61] Lee G, Son J, Kim D, et al. Crocodile-Skin-Inspired Omnidirectionally Stretchable Pressure Sensor. Small, 2022, 18 (52): 2205643.

[62] Yi C, et al. Highly sensitive and wide linear-response pressure sensors featuring zero standby power consumption under bending conditions. ACS Applied Materials & Interfaces, 2020, 12 (17): 19563-19571.

[63] Nie B, Huang R, Yao T, et al. Textile-based wireless pressure sensor array for human-interactive sensing. Advanced Functional Materials, 2019, 29 (22): 1808786.

[64] Kim T, Kalhori A H, Kim T H, et al. 3D designed battery-free wireless origami pressure sensor. Microsystems & Nanoengineering, 2022, 8 (1): 120.

[65] Hu F, Jiang D, Xuan X, et al. High-Sensitivity Plantar Pressure Antenna Sensor Based on EBG Array for Gait Monitoring. IEEE Sensors Journal, 2024, 24 (8): 12322-12331.

[66] Wu R, Dong J, Wang M, et al. Wearable antenna sensor based on bandwidth-enhanced metasurface for elderly fall assistance detection. Measurement, 2023, 223: 113753.

[67] Oh Y, Kim J, Xie Z, et al. Battery-free, wireless soft sensors for continuous multi-site measurements of pressure and temperature from patients at risk for pressure injuries. Nature Communications, 2021, 12 (1): 5008.

[68] Kou H, Zhang L, Tan Q, et al. Wireless wide-range pressure sensor based on graphene/PDMS sponge for tactile monitoring. Scientific Reports, 2019, 9 (1): 3916.

[69] Wang K, Lin F, Lai D, et al. Soft gold nanowire sponge antenna for battery-free wireless pressure sensors. Nanoscale, 2021, 13 (7): 3957-3966.

[70] Zhang Q, Peng B, Zhao Y, et al. Flexible CoFeB/silk films for biocompatible RF/microwave applications. ACS Applied Materials & Interfaces, 2020, 12 (46): 51654-51661.

[71] Sindhu B, Kothuru A, Sahatiya P, et al. Laser-Induced Graphene Printed Wearable Flexible Antenna-Based Strain Sensor for Wireless Human Motion Monitoring. IEEE Transactions on Electron Devices, 2021, 68 (7): 3189-3194.

[72] Luo C, Gil I, Fernández-García R. Electro-textile UHF-RFID compression sensor for health-caring applications. IEEE Sensors Journal, 2022, 22 (12): 12332-12338.

[73] Wen H, Chen C, Li S, et al. Array integration and far-field detection of biocompatible wireless LC pressure sensors. Small Methods, 2021, 5 (3): 2001055.

[74] Zhang Y, Shafiei M, Wen J Z, et al. Simultaneous detection of pressure and bending using a microwave sensor with tag and reader structure. IEEE Transactions on Instrumentation and Measurement, 2023, 72: 1-11.

[75] Zhang C, Xiao P, Zhao Z, et al. A wearable localized surface plasmons antenna sensor for communication and sweat sensing. IEEE Sensors Journal, 2023, 23 (11): 11591-11599.

[76] Tseng C, Tseng T, Wu C. Cuffless blood pressure measurement using a microwave near-field self-injection-locked wrist pulse sensor. IEEE Transactions on Microwave Theory and Techniques, 2020, 68 (11): 4865-4874.

[77] Baghelani M, Abbasi Z, Daneshmand M, et al. Non-Invasive lactate monitoring system using wearable chipless microwave sensors with enhanced sensitivity and zero power consumption. IEEE Transactions on Biomedical Engineering, 2022, 69 (10): 3175-3182.

[78] Sindhuja S, Kanniga E. Flexible antenna sensor in thumb spica splint for noninvasive monitoring of fluctuating blood glucose levels. IEEE Sensors Journal, 2022, 23 (1): 544-551.

[79] 王中林，等. 摩擦纳米发电机. 北京：科学出版社，2017.

[80] Min S, et al. Clinical Validation of a Wearable Piezoelectric Blood-Pressure Sensor for Continuous Health Monitoring. Advanced Materials, 2023, 35 (26): 2301627.

[81] Zhu M, et al. Self-Powered and Self-Functional Cotton Sock Using Piezoelectric and Triboelectric Hybrid Mechanism for Healthcare and Sports Monitoring. ACS Nano, 2019, 13 (2): 1940-1952.

[82] Mariello M, Fachechi L, Guido F, et al. Conformal, Ultra-thin Skin-Contact-Actuated Hybrid Piezo/Triboelectric Wearable Sensor Based on AlN and Parylene-Encapsulated Elastomeric Blend. Advanced Functional Materials, 2021, 31 (27): 2101047.

[83] Salauddin M, et al. Highly Electronegative V2CTx/Silicone Nanocomposite-Based Serpentine Triboelectric Nanogenerator for Wearable Self-Powered Sensors and Sign Language Interpretation. Advanced Energy Materials, 2023, 13 (10): 2203812.

[84] Zhang Q, et al. Wearable Triboelectric Sensors Enabled Gait Analysis and Waist Motion Capture for IoT-Based Smart Healthcare Applications. Advanced Science, 2022, 9 (4): 2103694.

[85] Song T, Jiang S, Cai N, et al. A strategy for human safety monitoring in high-temperature environments by 3D-printed heat-resistant TENG sensors. Chemical Engineering Journal, 2023, 475: 146292.

[86] Wang L, et al. Wearable bending wireless sensing with autonomous wake-up by piezoelectric and triboelectric hybrid nanogenerator. Nano Energy, 2023, 112: 108504.

[87] Liu J, et al. Structure-regenerated silk fibroin with boosted piezoelectricity for disposable and biodegradable oral healthcare device. Nano Energy, 2022, 103: 107787.

[88] Hu B, et al. Wearable Exoskeleton System for Energy Harvesting and Angle Sensing Based on a Piezoelectric Cantilever Generator Array. ACS Applied Materials & Interfaces, 2022, 14 (32): 36622-36632.

[89] Li H, et al. Multi-scale metal mesh based triboelectric nanogenerator for mechanical energy harvesting and respiratory monitoring. Nano Energy, 2021, 89: 106423.

[90] Peng S, et al. New blind navigation sensor based on triboelectrification and electrostatic induction Nano Energy, 2022, 104: 107899.

[91] Lin Z, Duan S, Liu M, et al. Insights into Materials, Physics, and Applications in Flexible and Wearable Acoustic Sensing Technology. Advanced Materials, 2024, 36 (9): 2306880.

第 2 章
可穿戴传感器敏感材料选取与设计

随着可穿戴技术的不断发展和普及,作为实现人机交互、健康监测、运动追踪等功能的关键组成部分,可穿戴传感器的敏感材料性能优劣直接影响着其在不同应用场景下的实际效果和可靠性,而敏感材料的选取与设计则是影响传感器性能的重要因素之一。本章将重点探讨可穿戴传感器中敏感材料的选取与设计问题。敏感材料作为传感器的核心组成部分,其性能特点直接决定了传感器的灵敏度、响应速度、稳定性等关键指标。因此,在设计可穿戴传感器时,选择合适的敏感材料并对其进行合理的设计具有重要意义。

本章将系统介绍可穿戴传感器中常用的敏感材料类型,包括传统的碳材料、金属氧化物材料、高分子聚合物材料,以及磁性金属有机物材料等。针对每种材料,将分析其物理特性、工作原理、优缺点以及在可穿戴传感器中的应用情况。通过探讨敏感材料的设计原则和方法,分析对不同敏感材料的性能特点和应用需求,提出合理的敏感材料设计策略,包括材料结构的优化、制备工艺的改进、表面功能化等方面的方法和技术。同时,还将介绍一些典型的复合敏感材料设计案例,并对其性能进行评价和分析。综上所述,本章将对可穿戴传感器中敏感材料的选取与设计进行深入探讨,旨在为可穿戴传感器的设计和应用提供理论指导和技术支持,促进可穿戴技术的进一步发展和应用推广。

2.1 碳纳米材料及其衍生复合材料

碳纳米材料因其具有优异的电学、力学和化学性能,同时具有轻质、柔性和生物相容性等特点,被广泛应用于各种可穿戴传感器中。碳纳米材料是指碳元素以纳米尺度组成的材料,主要包括碳纳米管、石墨烯、碳纳米片、碳纳米颗粒、金刚石、富勒烯、碳纤维等[1-4]。常见碳纳米材料的制备方法主要包括物理气相沉积、化学气相沉积、化学氧化还原法等[5-7]。这些方法能够控制碳纳米材料的形貌、尺寸和结构,从而实现对性能的调控。除了单一的碳纳米材料外,还可以将碳纳米材料与其他材料组成复合材料,以进一步提高传感器的性能。本节将对碳纳米材料及其衍生复合材料在可穿戴传感器中的应用进行展开,包括其基本特性、制备方法以及在实现对人体环境和生理状态的高效监测领域的应用,为可穿戴技术的发展提供重要支持。

2.1.1 碳纳米复合多功能材料的制备方法

复合碳纳米多功能传感器制备与表征方法如下。

所需材料:多壁碳纳米管(cMWCNTs,内径为5~15nm)和羧化壳聚糖(CCS)购自中国南京先丰纳米科技,PDMS(Sylgard 184)购自美国道康宁公司,乙醇(95%)购自中国国药集团,所有化学品均按原样使用,无须进一步纯化。首先,通过将预聚物与固化剂以10∶1质量比混合来制备PDMS。用去离子水和乙醇清洗1.2cm（宽）×2cm（长）×0.6cm（高）的三聚氰胺海绵，将海绵在室温真空环境中浸润在PDMS溶液中2h。挤出多余的PDMS后，将海绵转移至烘箱中80℃下固化2h。将CCS溶解在去离子水中，搅拌2h后得到0.5mg/mL的均匀溶液。将cMWCNT分散在去离子水中并超声处理1h，以获得均匀分散的1%（质量分数）cMWCNT分散液。然后将固化的PDMS海绵浸入CCS溶液中2h，再浸入cMWCNT分散液中2h。上述浸润过程均在真空环境下进行，以确保海绵对溶液的充分吸收。将海绵在60℃下干燥4h并重复上述三个步骤数次，即可得到PCMS。最后将铜线用银浆连接到PCMS的两端作为外部电极形成PCMS压力传感器。图2-1展示了基于浸润法的PCMS传感器制备流程。通过PDMS的浸润，海绵骨架的杨氏模量得以提升，CCS有较好的成膜性，可以迅速在PDMS包覆的海绵骨架上成膜，干燥后的PDMS/CCS海绵在cMWCNT溶液中迅速吸附传感材料并最终形成复合海绵。

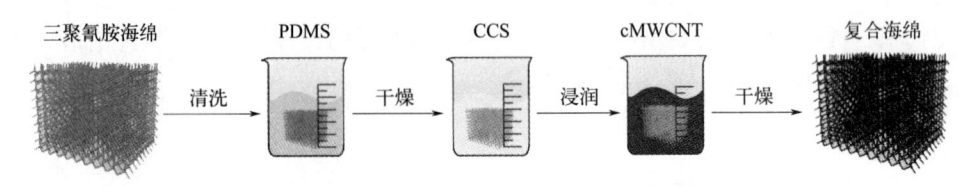

图2-1　PDMS/CCS/cMWCNT/海绵（PCMS）传感器制备流程示意图

PCMS海绵的重量小于120mg，轻便的重量使海绵佩戴在人体上时不会对活动造成额外负担，也展现了PCMS作为可穿戴器件的巨大潜力。扫描电子显微镜图像进一步展示了制备过程中海绵内部形貌的变化。如图2-2（a）所示，原始海绵呈现多孔结构且骨架光滑，但在吸附PDMS后，骨架如图2-2（b）所示变得更厚且出现了一些褶皱，这也表明PDMS材料在海绵内部的成功附着。如图2-2（c）所示，海绵浸入cMWCNT分散液后，骨架变得相对粗糙，进一步放大PCMS骨架的表面，可在图2-2（d）中清晰地观察到cMWCNT的附着，表明此时海绵已牢固地将导电材料吸附至内部。

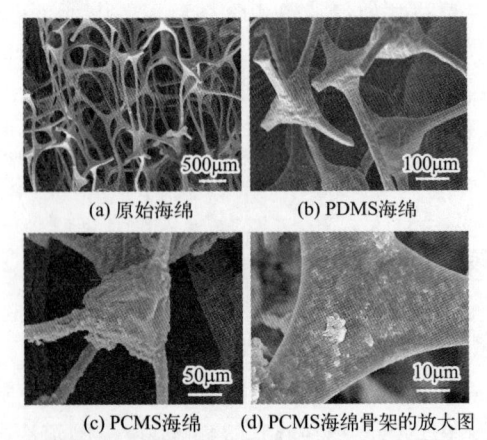

图2-2　使用SEM表征海绵在制备过程中的变化

2.1.2 碳纳米复合多功能材料的性能表征

为了展现制备过程中加入 PDMS 与 CCS 的优势，制备了 PDMS/cMWCNT 海绵（PMS）、CCS/cMWCNT 海绵（CMS）和 cMWCNT 海绵（MS）与 PCMS 进行对比。在制备过程中，PMS 未浸入 CCS 溶液，CMS 未浸入 PDMS，MS 只有 cMWCNT 分散液的浸润。灵敏度和检测范围是压力传感器的两个关键参数指标。灵敏度（S）由公式 $S=(\Delta R/R_0)/\Delta p$ 定义，其中 $\Delta R=R-R_0$，R_0 和 R 分别代表初始电阻和当前电阻值，Δp 表示传感器的压力负荷量。随着施加在传感器上压力的不断增加，图 2-3 中每个海绵传感器的电阻变化呈现出相似的变化趋势，在此划分了四个线性传感区域并定义了响应的灵敏度（S_1、S_2、S_3、S_4）。

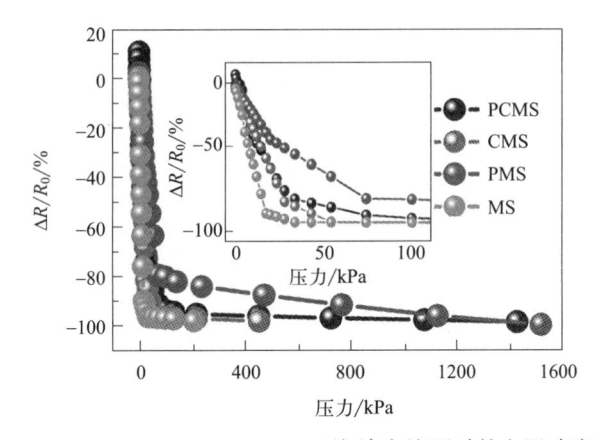

图 2-3 PCMS、PMS、CMS、MS 海绵在施压时的电阻响应曲线

如图 2-4 所示，PCMS 传感器的灵敏度相比其他三类海绵传感器有着明显的优势，MS 传感器表现的灵敏度最低。

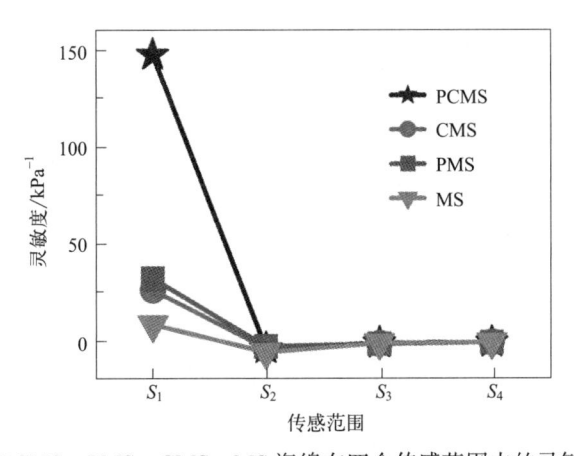

图 2-4 PCMS、PMS、CMS、MS 海绵在四个传感范围内的灵敏度变化

如图 2-5 所示，有 PDMS 附着的 PCMS 和 PMS 传感器的压力检测范围明显大于无 PDMS 包覆的 CMS 和 MS，证明 PDMS 对海绵骨架的包覆有效地改善了海绵传感器整体的响应范围。

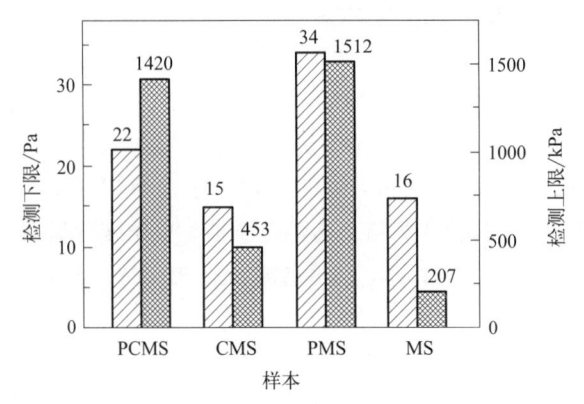

图 2-5　PCMS、PMS、CMS、MS 海绵的检测范围对比

为了进一步探讨上述现象，四种海绵骨架的 SEM 表征如图 2-6 所示。PCMS 骨架上附着的 cMWCNT 明显最多，且其骨架表面被完全覆盖。由于 CCS 的浸入，CMS 骨架上也吸附了一些 cMWCNT，但此时附着变得不均匀，对海绵骨架的覆盖也不完整。且 PCMS 和 MS 表面吸收的传感材料较少，这表明 CCS 的加入大大加固了 cMWCNT 在骨架上的附着。值得注意的是，PMS 比 MS 吸附了更多的 cMWCNT，因为 PDMS 的包覆从力学角度上减小了传感材料与三聚氰胺海绵骨架之间的杨氏模量差。因此，CCS 和 PDMS 都有助于传感材料与海绵的牢固结合。

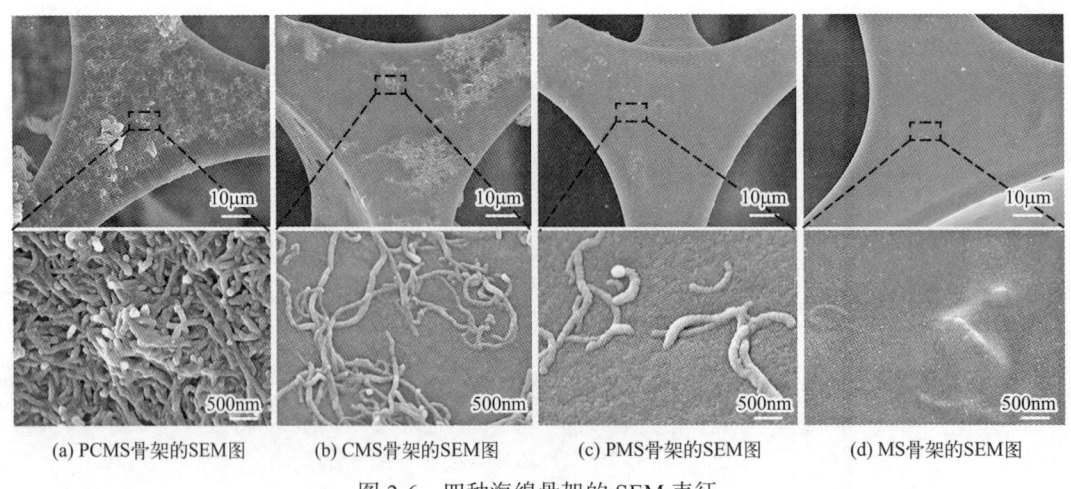

(a) PCMS骨架的SEM图　(b) CMS骨架的SEM图　(c) PMS骨架的SEM图　(d) MS骨架的SEM图

图 2-6　四种海绵骨架的 SEM 表征

如图 2-7 所示，MS 的颜色最浅而 PCMS 的颜色最深，这一现象也实际反映了四个海绵对

传感材料的吸附情况。

此外，将不同浸润次数作为变量来进一步探究海绵制备过程中的可控因素。如图 2-8 所示，不同浸润次数的 PCMS 传感器随着压力的增加，电阻变化曲线呈现出相似的趋势。

图 2-7　PCMS、PMS、CMS、MS 的实物图 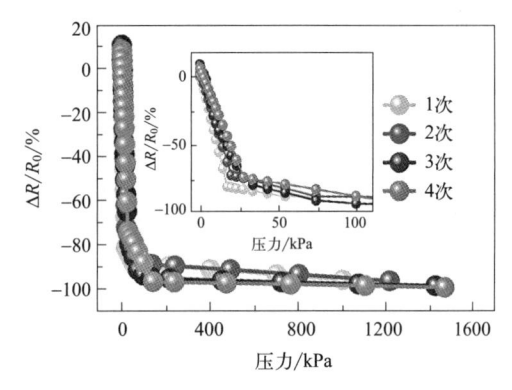　　图 2-8　不同浸润次数 PCMS 在施压时的电阻响应曲线

此外，如图 2-9 所示，随着浸润次数的增加，PCMS 逐渐吸收更多的传感材料，并在第三次浸润后表现出最高的灵敏度。而浸润四次后，海绵骨架对传感材料的吸附达到过饱和状态，过多的 cMWCNT 聚集在一起而减小了海绵孔隙之间的距离，从而导致传感性能的下降。

如图 2-10 所示，传感器的检测上限在三次浸润时达到 1.42MPa 并趋于平稳，因此，三次浸润可以使 PCMS 的传感性能达到最佳状态。

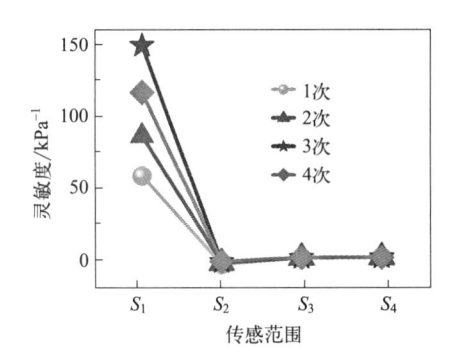

图 2-9　不同浸润次数 PCMS 传感器在四个
　　　　传感范围内的灵敏度变化 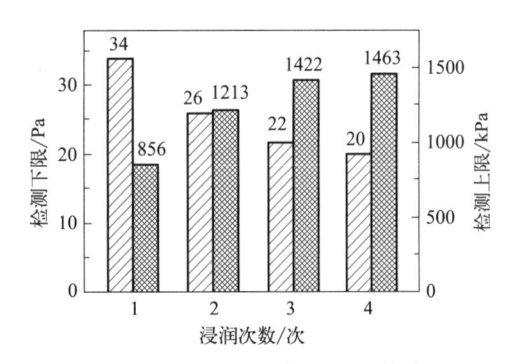　　　　图 2-10　不同浸润次数 PCMS 传感器的检测范围对比

此外，如图 2-11 所示，为了进一步探究海绵厚度对传感性能的影响，我们制备了厚度为 4~7mm 的四个 PCMS 海绵，并分别标记为 PCMS-4、PCMS-5、PCMS-6、PCMS-7。随着压力的增加，四种海绵的电阻响应曲线呈现相似的变化趋势。

如图 2-12 所示，PCMS-5 相比其余三个厚度的 PCMS 传感器有着最高的灵敏度，而 PCMS-7 灵敏度最低。

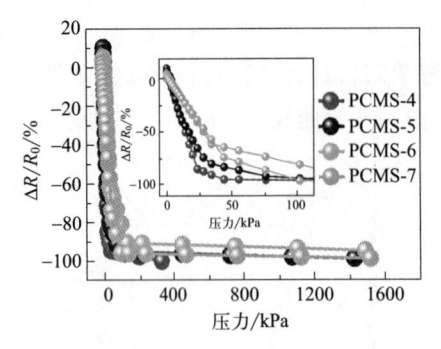

图 2-11　PCMS-4、PCMS-5、PCMS-6、PCMS-7 海绵在施压时的电阻响应曲线

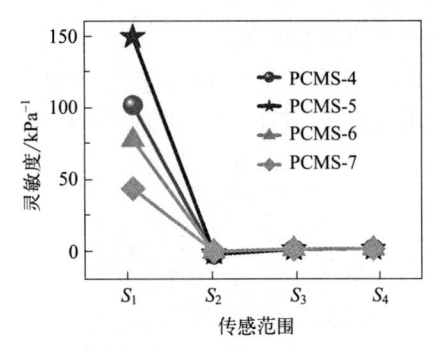

图 2-12　PCMS-4、PCMS-5、PCMS-6、PCMS-7 传感器在四个传感范围的灵敏度变化

如图 2-13 所示，PCMS-4 只能在 28Pa～330kPa 的压力范围内响应，而 PCMS-7 则可承受高达 1.512MPa 的压力，这是因为随着海绵厚度的增加，海绵内部结构可以对较大的压缩产生缓冲而避免过早发生饱和。所制备的 PCMS 压力传感器主要用于久坐健康监测系统，监测目标下至微小的脉搏信号上至坐姿监测，因此传感器不仅要在微小压力下具有极高灵敏度，还要具备足以承受人体重量的宽检测范围。因此，最终选择 PCMS-5 作为进一步的研究对象。

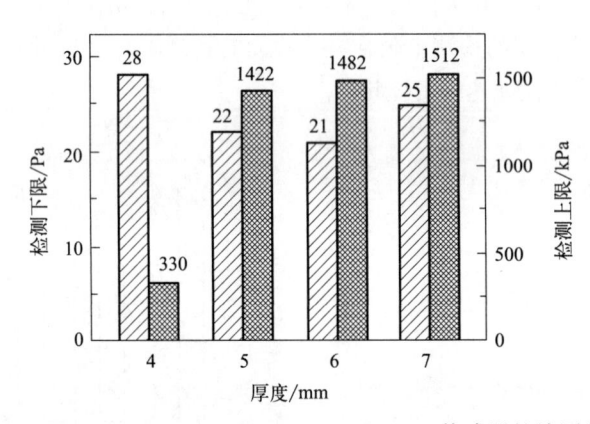

图 2-13　PCMS-4、PCMS-5、PCMS-6、PCMS-7 传感器的检测范围对比

2.2 金属氧化物及其衍生物纳米材料

金属氧化物纳米材料是一类重要的纳米材料，由金属元素与氧元素组成，具有丰富的种类和优异的性能。常见的金属氧化物包括二氧化钛（TiO_2）[8]、氧化锌（ZnO）[9]、氧化铁（Fe_2O_3）[10]、氧化铜（Cu_2O）[11] 等，这些材料具有优异的光电性能、化学稳定性、表面活性

和生物相容性，适用于各种传感器的制备。金属氧化物纳米材料的制备方法多种多样，包括溶胶-凝胶法、水热法、气相沉积法、溶剂热法等，通过掺杂、修饰和复合等手段，可进一步提高金属氧化物纳米材料的性能和功能。

2.2.1 金属氧化物及其衍生物纳米材料的制备方法

静电纺丝技术在制备高表面积纳米材料方面具有重要优势，主要由三个部分组成：高压供电装置、喷丝头和接收器部分。静电纺丝通常采用直流高压电源（通常在 1～30kV 的范围内），喷丝头连接到一个装有前驱体聚合物溶液的注射器中，通过注射器，溶液可以通过喷丝头以恒定可控的速度喷出。当施加高电压时，喷丝头喷嘴上的前驱体溶液垂滴被高度电极化，诱导电荷在其表面上均匀分布。因此，液滴将会受到两种不同类型的静电力：一种是液滴表面电荷之间产生的静电斥力，另一种是外部电场对液滴所施加的库仑力。在这些静电相互作用的条件下，液滴将变成一个圆锥体的形状，称为泰勒锥[12]。一旦电场强度超过阈值，静电力将大于离子的前驱体溶液的表面张力，从而迫使前驱液流从喷嘴射出，经过拉伸和旋转过程，最终形成细长的纺织线，落在接收器上。随着流体射流的不断拉长和溶剂的蒸发，其直径可以从几百微米大大缩小到几十纳米[13-14]。使用的静电纺丝装置是北京永康静电纺丝机 ET-2535DC，采用数字化触摸屏控制，往复平移组件，有平面型、微球接收装置、连续卷绕手机以及高速取向等接收器，配有显微镜头。配合摄录软件，可以看到机器过程中纺丝的形态，以方便及时地调整溶液配比。喷头分为金属喷头，同轴喷头和三通喷头，可以根据纺丝材料设计需求进行选择。

静电纺丝制备纳米材料所需的主要仪器见表 2-1，其中恒温磁力搅拌器和电子分析天平是材料制备的第一步时称量和溶解材料所用的仪器，超声波清洗器用来充分溶解材料和清洗离心管，电热鼓风干燥箱和真空干燥箱用来烘干材料，离心机用于材料提纯，管式炉用来煅烧材料或烘干材料。

表 2-1 静电纺丝制备纳米材料所需的主要仪器

设备名称	仪器型号	出口厂家
恒温磁力搅拌器	H04-1	上海恒一
超声波清洗器	KQ250DE	北京联合科仪
电子分析天平	E6315（四位）	阿拉丁芯硅谷
电热鼓风干燥箱	DHG-9123A	上海恒一
管式炉	OTF-1200X-60	合肥科晶
真空干燥箱	DZF-6020	合肥科晶
湿体传感器测试系统	CGS-4TPs	北京艾力特
离心机	AXTG16G	盐城安信
静电纺丝机	ET-2535DC	北京永康乐业

所制备出的纳米材料的晶体尺寸 D，可以根据式（2-1）中的谢乐公式来计算：

$$D = \frac{K\lambda}{\beta\cos\theta} \tag{2-1}$$

式中　　K——谢乐常数，数值大小 0.89；

　　　　λ——X 射线的波长；

　　　　β——半高宽度；

　　　　θ——衍射角。

贵金属修饰金属有机框架湿度敏感材料制备所用的化学试剂如表 2-2 所示，其中去离子水为纯天然饮用水，所含杂质的含量对实验结果的影响可以忽略。

表 2-2　制备贵金属修饰金属有机框架湿度敏感材料所需化学试剂

试剂名称	化学式	缩写	纯度	试剂厂商
聚乙烯吡咯烷酮	$(C_6H_9NO)_n$	PVP	分析纯	阿拉丁试剂
二甲基甲酰胺	C_3H_7NO	DMF	99.8%	阿拉丁试剂
2-甲基咪唑	$C_4H_6N_2$	Hmim	98%	阿拉丁试剂
偏钨酸铵水合物	$(NH_4)_6H_2W_{12}O_{40} \cdot xH_2O$	AMH	99.5%	阿拉丁试剂
硼氢化钠	$NaBH_4$	无	96%	阿拉丁试剂
硝酸钴	$Co(NO_3)_2 \cdot 6H_2O$	无	98.5%	阿拉丁试剂
硝酸锌	$Zn(NO_3)_2 \cdot 6H_2O$	无	98%	阿拉丁试剂
乙醇	C_2H_5OH	无	99.5%	阿拉丁试剂
氯亚钯酸钾	K_2PdCl_4	无	99%	阿拉丁试剂
氯化亚锡结晶	$SnCl_2 \cdot 2H_2O$	无	分析纯	阿拉丁试剂
去离子水	H_2O	DI	无	纯天然饮用水

为了对金属氧化物半导体湿度传感性能进行改进，这里采用金属有机框架材料（Metal-Organic Frameworks，MOFs）作为牺牲材料来包裹贵金属离子。MOF 是通过金属离子和有机配体交联形成的一种化合物，其较大的比表面积和孔隙率有利于水分子的流动和吸附，是一种作为湿度传感器敏感层的具有较大应用前景的功能性材料模板。2002 年，Yaghi 将咪唑类与 Zn(Ⅱ) 金属盐或者 Co(Ⅱ) 金属盐进行配位，合成出一种新型 MOF 结构——沸石咪唑酯骨架结构材料（Zeolitic Imidazolate Frameworks，ZIF），这种结构不仅结合了 MOF 的高孔隙率与高比表面积的特性，具有功能性强、可控性强等优势[15]。利用这种材料结构，制备了 PdO@ZnO-SnO$_2$ 纳米管，制备具体流程步骤如图 2-14 和图 2-15 所示。

① ZIF-8 制备：将 2.933g Zn(NO$_3$)$_2$·6H$_2$O 和 6.849g Hmim 分别混合到 200mL 甲醇中，将 Zn(NO$_3$)$_2$·6H$_2$O 溶液快速加到 Hmim 溶液中，在室温条件下，磁力搅拌 1h。沉淀后得到的 ZIF-8 用乙醇和去离子水清洗几次，在 50℃下干燥 1h，得到 ZIF-8 粉末。

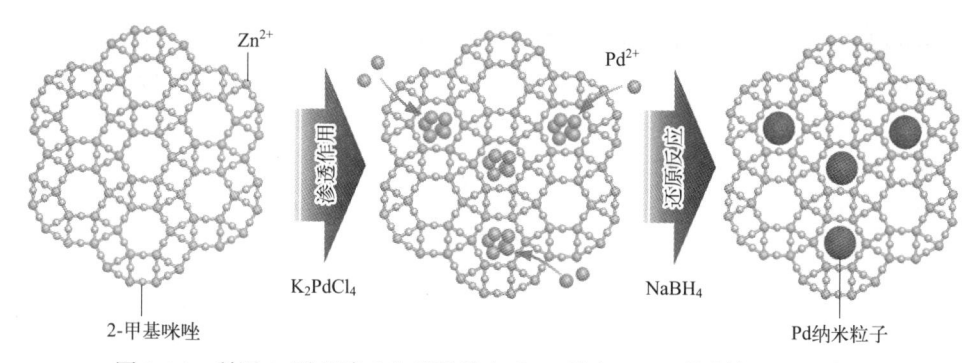

图 2-14 利用 2-甲基咪唑和硝酸锌合成 Pd 掺杂 ZIF-8 的制备过程示意图

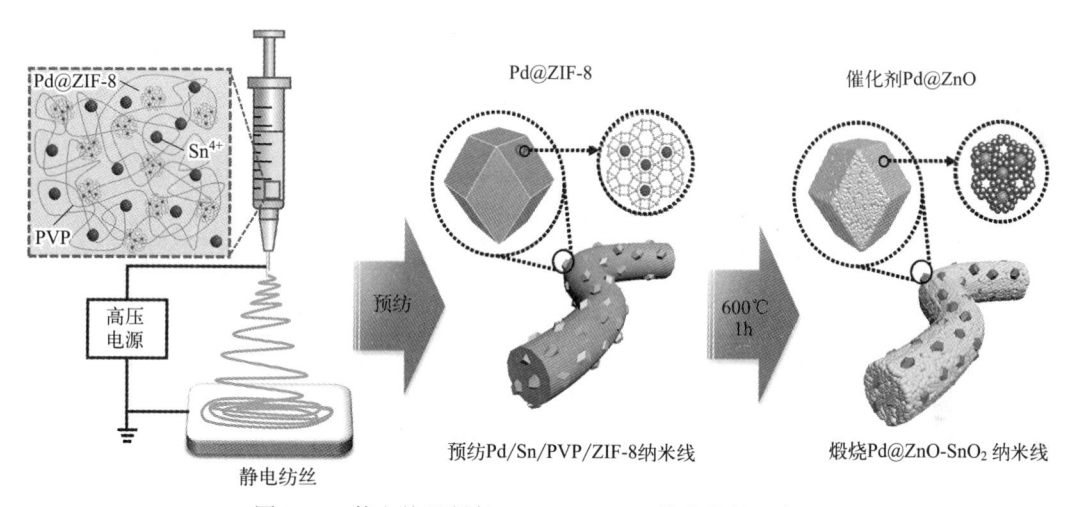

图 2-15 静电纺丝制备 Pd@ZnO-SnO$_2$ 纳米线的示意图

② Pd@ZIF-8 制备：将提纯后的 ZIF-8 取 40mg，溶解于 1mL 的 DI 水中，然后将 10mg K$_2$PdCl$_4$ 加入到 ZIF-8 分散液中，接着以 100r/min 磁力搅拌 1h。倒入 1.5mg/mL 的 NaBH$_4$ 进行还原反应，得到 Pd@ZIF-8，经过离心提纯，用 DI 水和乙醇清洗后，溶于 3mL 的 DI 水中，待用。

③ Pd@ZIF-8 SnO$_2$ 纳米管制备：将提纯后的 Pd@ZIF-8 悬浮液取 60mg，加到 1.35g 乙醇和 1.35g DMF 的混合液中，然后将 0.35g PVP 和 0.25g SnCl$_2$·2H$_2$O 溶于上述混合液中，在 500r/min 转速下磁力搅拌 1h。静纺条件：25℃室温下，30% 相对湿度，极板电压 16kV，极板间距 15cm，针管推进速度为 0.1mL/min，最后在 600℃下煅烧 1h（升温速度 10℃/min），形成 PdO@ZnO-SnO$_2$ 纳米管。

同理，在制备 Pd@ZnO-WO$_3$ 纳米线时，实验室制备条件和上述制备 ZIF-8 过程一致，保证在 25℃条件下进行实验。过程如下：

① ZIF-67 制备：将 3g Co(NO$_3$)$_2$·6H$_2$O 和 6.5g Hmim 分别混合到 200mL 甲醇中，室温条件下，将 Co(NO$_3$)$_2$·6H$_2$O 溶液快速混合到 Hmim 溶液中，磁力搅拌 3h，得到纯紫色的 ZIF-67 胶体。将产物 ZIF-67 在 2500r/min 条件下离心 10min，用乙醇清洗，并在 50℃条件下干燥 24h。

② Pd@ZIF-67 制备：将提纯后的 ZIF-67 取 100mg，溶解于 1mL 的 DI 水中，然后将 10mg K_2PdCl_4 加入到 ZIF-67 分散液中，接着 100r/min 磁力搅拌 1h。倒入 1.5mg/mL 的 $NaBH_4$ 进行还原反应，得到 Pd@ZIF-7，经过离心提纯，用 DI 水和乙醇清洗后，400℃煅烧 1h（升温速率为 10℃/min），得暗黑色 PdO 搭载的 Co_3O_4 多面体粉末。

③ Pd@ZnO-WO_3 纳米线的制备：取 0.4g AMH 和 0.5g PVP 溶于 DI 水中，作为静电纺丝前驱液，取上述制备的暗黑色 Pd@ZIF-67 粉末 10mg 加入到前驱液中，室温下磁力搅拌 5h。将静纺液倒入针管中，以 0.1mL/min 进行静电纺丝，条件和上述制备环境一样，并将静纺后得到的纳米线在 500℃下煅烧 1h（升温速度 5℃/min），形成 PdO@ZnO-WO_3 纳米线。

将上述制备的纳米材料转移到湿度传感器表面，具体转移过程如图 2-16 所示：取一定量的煅烧后粉末溶于乙醇溶液中，经过超声分散过程，使得溶质均匀溶解于乙醇中，利用移液器取适量材料溶液垂直滴在传感器表面，放入真空干燥箱进行表面干燥处理，待溶液完全挥发后，即可进行参数测试工作。

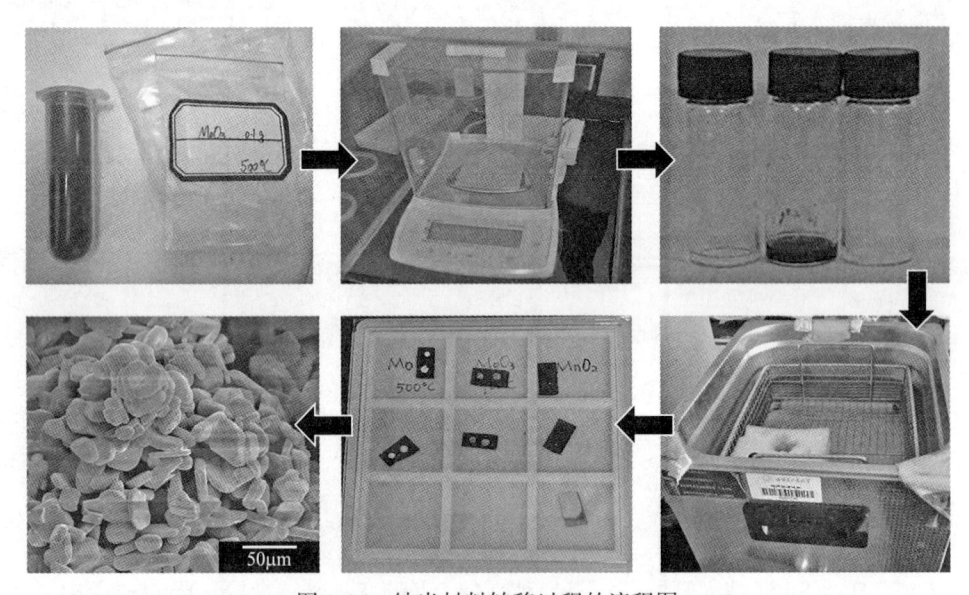

图 2-16 纳米材料转移过程的流程图

2.2.2 金属氧化物及其衍生物纳米材料的性能表征

为了研究纳米材料的内部结构和化学组成，通常采用以下几种方式来表征这些功能性材料的特性，包括透射电子显微镜（Transmission Electron Microscopy，TEM）、原子力显微镜（Atomic Force Microscope，AFM）、X 射线衍射（X-Ray Diffraction，XRD）、X 射线光电子能谱（X-ray Photoelectron Spectroscopy，XPS）等。其中，扫描电子显微镜（Scanning

Electron Microscope，SEM）测试是利用极窄聚焦高能电子束，在测试样品的表面对样品进行扫描，这些电子束与样品相互作用可激发出各种物理信息，通过对这些信息的记录、调制、显示等处理，反映待测样品的凹凸不平表面的细微结构。通过扫描电子显微镜（日本日立S4300）的测试，可以观察到所制备的纳米材料的尺寸大小以及微观形貌等参数。对于不导电的样品，测试 SEM 时需要对其进行喷金处理。图 2-17 和图 2-18 分别给出了 500℃和 700℃下制备得到的 MoO_3 材料的不同放大倍数的 SEM 图，由图可以看出样品成型良好，说明在煅烧过程中材料无塌陷，可以用作敏感材料。

图 2-17　在 500℃下制备得到的 MoO_3 的不同放大倍数的 SEM 图

图 2-18　在 700℃下制备得到的 MoO_3 的不同放大倍数的 SEM 图

使用 SEM 观察得到的 500℃的 MoO_3 的形貌，显示出长条状纤维，平均长度和宽度分别为 50μm 和 5μm，平均厚度为 500nm，相比于 700℃的 MoO_3 具有更高的表面积。利用 X 射线衍射仪（日本 Rigaku d/max 2500pc）利用 Cu Kα 辐射（$\lambda=1.5406$）获得 MoO_3 粉末的 XRD 图谱。衍射角（2θ）的扫描范围为 5°～90°，扫描速率为 2°/min。如图 2-19 所示，合成的 500℃ MoO_3 纳米带在 12.8°、23.3°、25.9°、27.3° 和 38.9° 处有 5 个峰，对应于正交 α-MoO_3（JCPDS 卡片 35-0609）的（020）、（100）、（120）、（021）和（060）峰面。特别要说明的是，水分子在 α-MoO_3 的（100）表面有着更高的吸附效果，这是因为其（100）表面由于链间相互作用的破坏而引入五配位 Mo 原子，有利于吸附 H_2O 分子，具有电子对受体的路易斯酸特性。从本质上讲，水分子在这些 Mo 位置上的吸附是为了平衡 Mo 原子周围的静电力。所得样品的 a、b 和 c 点阵参数由米勒 - 布拉维斯指数的关系式计算得出，$a=4.00$Å，$b=13.967$Å，$c=3.710$Å，和正交 α-MoO_3（JCPDS 卡片 35-0609）的晶格参数相对应。

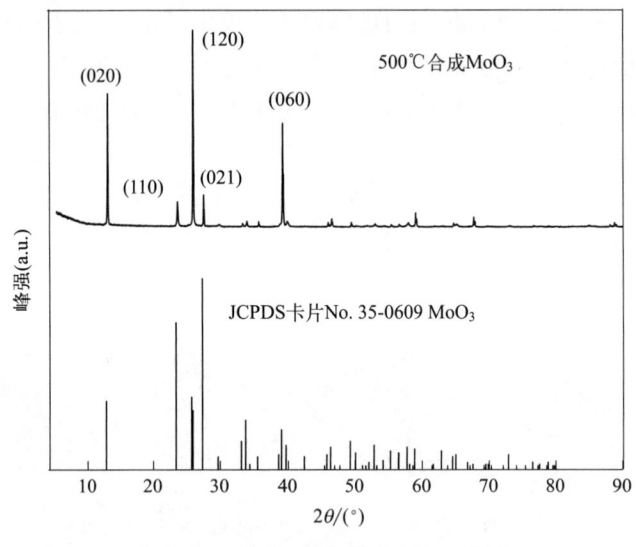

图 2-19　MoO$_3$ 纳米带的 XRD 图谱

当加热温度升高时，所有的衍射峰都变得尖锐，与其他的 hkl 线相比，0k0 谱线较强，这意味着产物具有明显的各向异性，在晶体形成过程中在一个方向上发生了优先生长。根据布拉维斯定律，实际的晶体面通常与原子密度最大的晶体面平行。平面间距较大，垂直方向上吸引外部粒子的晶体面力较弱。因此，为了降低形成能，MoO$_3$ 的合成过程中应出现非均匀成核现象，从而在一定方向上产生优先生长，这种优先生长会导致颗粒形状的改变。由于相对较低的表面能，MoO$_3$ 粒子的（010）平面具有较快的生长速度，并倾向于在该晶粒面更充分地生长。单晶态 MoO$_3$ 颗粒形成带状形态，随着反应温度的升高，α-MoO$_3$ 的特征峰的强度增大，表明结晶度增大，同时 X 射线衍射图中的各个衍射尖峰表明，所制备的 α-MoO$_3$ 具有良好的结晶性能[16]。

2.3 高分子聚合物纳米材料

敏感材料在设计、制备以及转移的过程中，都需要根据需求对所制备的材料进行表征和优化，各种湿敏材料，如电解质、多孔陶瓷、有机聚合物和半导体金属氧化物，特别是具有非离子性和极性的湿敏聚合物被广泛应用于高精度传感器的制备，因为这些材料在合成过程中可设计确定其亲水性、多孔结构、尺寸和孔径分布等特性。然而，基于单一有机聚合物敏感层的湿度传感器在某些敏感特性上存在局限性，如灵敏度、滞后性等，可在敏感材料中引入其他成分来作为性能优化的有效途径。为了能够实现高灵敏度、快速响应、具有长期稳定特性的湿敏材料，首先借助经典纺丝技术，从金属氧化物纳米材料入手研究传统搭载贵金属的方法；然后针对 MIM 电容型结构的中间层，制备基于高分子材料的湿敏薄膜，并解决薄膜开裂和脱落的问题，通过添加 TiO_2 颗粒降低传感器的湿滞特性；在此基础上，为了提高用于微波湿度检测的金属有机骨架衍生物的磁性材料的检测灵敏度，将零维纳米材料碳点与其结合，制备高灵敏度微波湿度检测敏感材料。

本节介绍高分子聚合物薄膜湿敏纳米材料，首先采用三种原材料，包括均苯四甲酸二酐（PMDA）、对苯二胺（p-PDA）、氧化亚苯胺（ODA），材料的基本信息列于表 2-3。用这三种原材料分别制备两种聚合物材料 PMDA/p-PDA 和 PMDA/ODA。

表 2-3 三种聚合物制备的原材料

材料	分子式	摩尔质量
均苯四甲酸二酐（PMDA）		218.12
对苯二胺（p-PDA）		108.14
氧化亚苯胺（ODA）		200.24

2.3.1 高分子聚合物薄膜材料的制备和优化

将 PMDA 溶解在 1-甲基-2-吡咯烷酮（NMP）中，分别与 p-PDA 和 ODA 以 1∶1 的摩尔比混合，将混合物搅拌 20min 合成 PMDA/p-PDA 和 PMDA/ODA 两种功能性聚合物。将合成的两种聚合物旋涂在玻璃基板上，随后在 100℃下进行 10min 的硬烘烤过程，并在 210℃下进行 30min 软烤，去除聚合物中 95% 的水分。图 2-20 为沉积在 MIM 电容器底部金属层上的两种聚合物相应的显微镜放大图像。

从薄膜表面可以清楚地观察到 PMDA/p-PDA 薄膜的塌陷，膜的机械强度低是表面塌陷产生的主要原因，自由基的形成使膜的聚合结构恶化，导致膜变薄，这可能导致 MIM 电容传感器的顶部和底部金属之间短路，降低了薄膜性能。在制备敏感层时，在金属层上引入小孔，使水分子与湿敏膜之间有更大的接触。与 PMDA/p-PDA 相比，将 PMDA 和 ODA 按照 1∶1 摩尔比混合，PMDA/ODA 薄膜具有更高的机械强度且无塌陷。光刻胶和聚合物（PMDA/ODA）之间的黏附性差，并且聚合物硬度过大以及弹性过低导致设计图案剥离，导致顶部金属上有 15% 的不可用孔，这归因于复合材料中脂环取代基的刚性结构。

(a) PMDA/p-PDA混合物及相应的薄膜涂层在电容器底部金属上的放大图

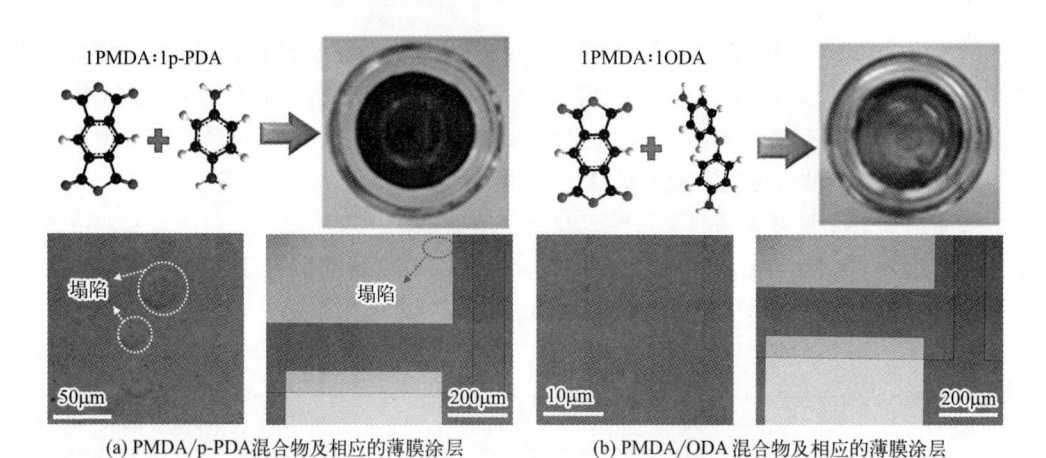

(b) PMDA/ODA混合物及相应的薄膜涂层在电容器的底部金属上的放大图

图 2-20 两种混合物的制备及薄膜质量

为了解决这些问题，在混合物中加入聚丙烯腈（polyacrylonitrile，PAN，分子量为 1500000，Sigma Aldrich）来增加复合材料的表面张力和黏度[17-18]。PAN 添加剂的目的是提高 PMDA/ODA 溶液的黏度，并在涂布过程中调节膜厚。此外，PAN 合成后的纤维化特性，提高了薄膜整体的可靠性，有助于吸湿膜经受高湿度、高温、空气中酸碱污染等恶劣环境。另外，在 N_2 气氛下，焙烧过程和缓慢冷却过程有利于不同聚合物的理想交联反应，还能提高力学性能，防止离子溶解，增强对基体的黏附。膜的形态与聚合物溶液的黏度密切相关，可以看到在聚合物溶液中添加 PAN 后，薄膜的质量明显提高，整体的孔径分布均匀，增加了光刻胶和聚合物之间的黏性，解决了光刻胶脱落的问题，如图 2-21 所示。

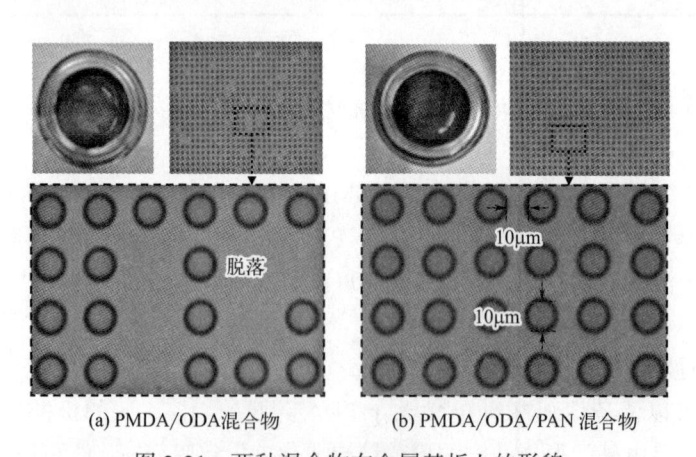

(a) PMDA/ODA混合物   (b) PMDA/ODA/PAN 混合物

图 2-21 两种混合物在金属基板上的形貌

采用静电纺丝的方式制备 PMDA/ODA 和 PAN 复合前驱体，在室温下磁力搅拌 5h，制备的前驱体溶液在加料速率为 0.1mL/min，工作温度为 23℃，相对湿度为 30%，泵容量为 17mL。在静电纺丝过程中，将注射针的针尖与不锈钢箔收集器之间的距离调整为 15cm。通过调节静电纺丝前体溶液中 PAN 的比例，得到了纤维分布均匀的最佳复合膜，并在传感器件

第2章 可穿戴传感器敏感材料选取与设计

上进行了旋涂。这里采用了不同的体积比的 PMDA/ODA 和 PAN 进行材料优化，图 2-22 给出了体积比为 9∶1、8∶2、7∶3、6∶4 和 5∶5 的五种不同溶液的扫描电镜图像，对应的静电纺丝电压分别为 9.0V、8.0V、9.3V、6.0V、7.5V，用高速摄像机采集的射流图像，得到的平均射流面积分别对应为 1.0cm², 0.8cm², 0.2cm², 1.8cm², 5.6cm²。

不同比例 PAN 的荷电射流行为有显著差异，在 PAN 用量较低的 9∶1 和 8∶2 的情况下，喷射产物为随机喷射的球形小球，很少观察到纤维状颗粒，可以称之为电喷雾，如图 2-22（a）、（b）所示。当在混合物中的比例为 7∶3 时，由于 PAN 会将团聚的小颗粒伸长，从而导致收集到的产物长度大于 9∶1 和 8∶2 的情况，如图 2-22（c）所示。聚合物前驱体溶液的黏度会影响带电毛细管射流的动力学行为，随着 PAN 的比例增大，带电毛细管射流的剧烈横向运动会引起非轴对称不稳定性，即鞭梢不稳定性，电能转化为拉伸能，从而形成细长的静电纺丝纤维，如图 2-22（d）、（e）所示。用高速 CCD 摄像机拍摄喷射图像，观察静电纺丝产物的形状。在恒定直流电压下，随着喷射过程趋于稳定，同时记录了静电纺丝 10min 内的喷射面积。较大的喷射面积与均匀分布的纤维相结合有利于提高溶液的附着力，提高薄膜的稳定性。低添加比例的 PAN 的溶液喷射出的面积是有限的，而随着 PAN 比例的升高，体积比为 6∶4 溶液的混合表现出更高的黏度和更高纤维化的现象。6∶4 比例的静电纺丝纤维的延伸率仍然不明显，因为低黏度的前驱体的振荡不稳定性导致了喷射面积过小；当比例继续增加到 5∶5 时，则得到了更大的喷射面积（5.6cm²）和形貌分布更均匀的薄膜，这有助于增加薄膜与基底之间的附着力。可以看出，PMDA/ODA 和 PAN 的体积比为 5∶5 的时候效果平均射流面积最大，从而得到了纤维分布最均匀的复合材料薄膜，平整的薄膜有利于后续进一步的加工和优化。

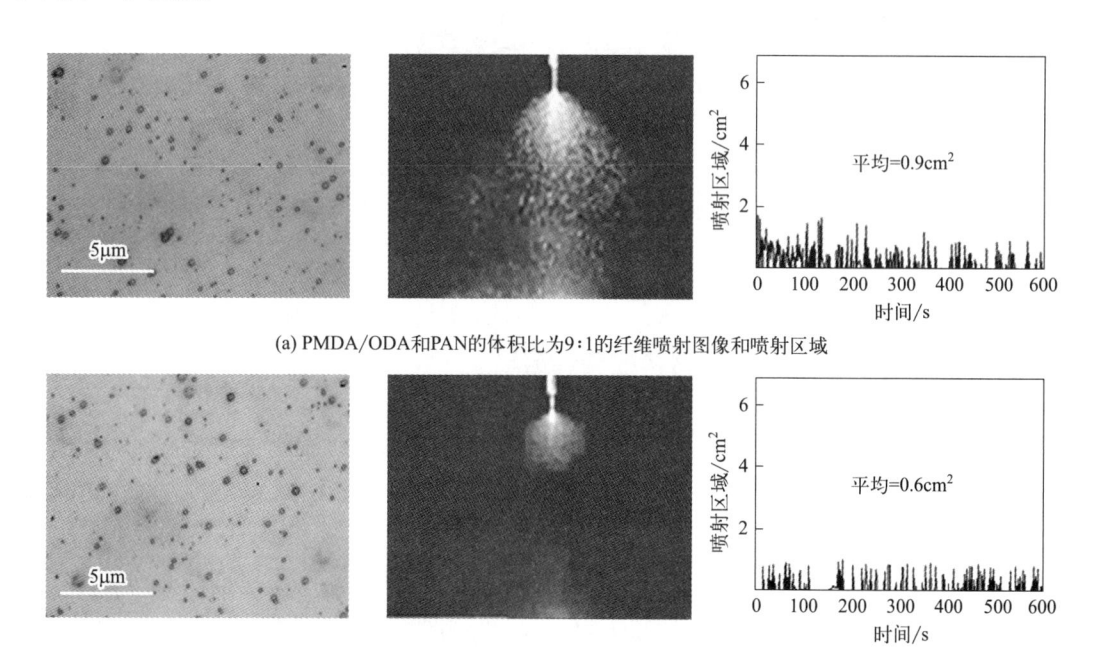

(a) PMDA/ODA和PAN的体积比为9∶1的纤维喷射图像和喷射区域

(b) PMDA/ODA和PAN的体积比为8∶2的纤维喷射图像和喷射区域

图 2-22

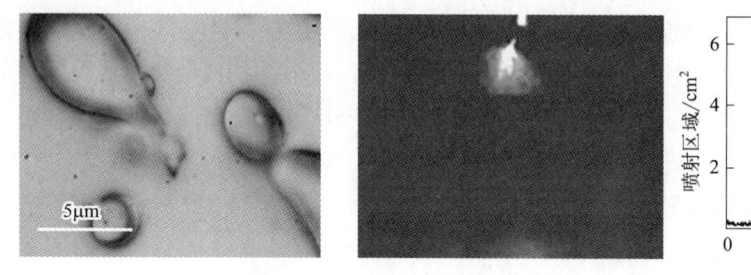

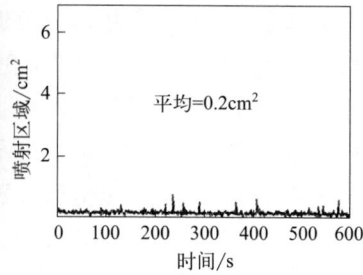

(c) PMDA/ODA和PAN的体积比为7∶3的纤维喷射图像和喷射区域

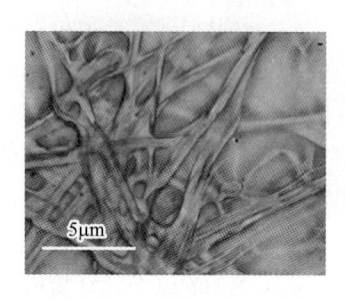

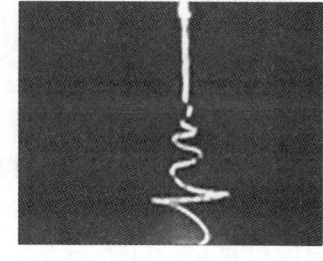

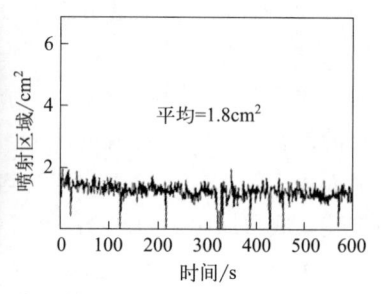

(d) PMDA/ODA和PAN的体积比为6∶4的纤维喷射图像和喷射区域

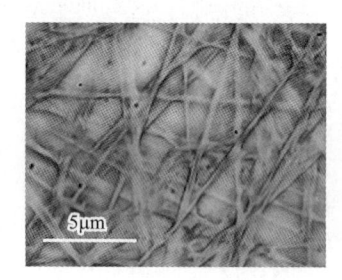

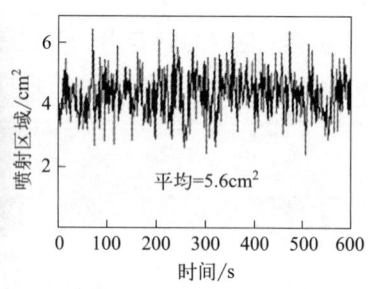

(e) PMDA/ODA和PAN的体积比为5∶5的纤维喷射图像和喷射区域

图 2-22　不同前驱体配比的静纺图像和平均喷射区域对比

2.3.2　高分子聚合物薄膜纳米材料的测试结果

采用阈值法光纤沉积法来评估 5∶5 和 6∶4 前驱体溶液喷射的薄膜沉积的分布，如图 2-23 所示。喷射纤维的强度用图像的灰度光强度来表征，这里采用 10 像素强度的阈值间隔（20～180）来进行过滤。

在 50～150 强度范围内过滤的沉积面积在 6∶4 比例的情况下是不等距的，而在 5∶5 比例的情况下是均匀分布的。在 6∶4 的情况下，沉积面积在较高阈值时沉积面积为零，这表明纤维的聚集密度不如 5∶5 的纤维密集，该现象是因为喷射延伸率差导致的。

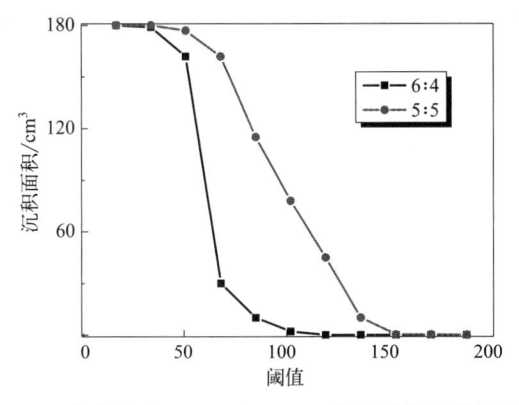

图 2-23 体积比为 6：4 和 5：5 两种纤维的阈值分析

如图 2-24 所示，使用阈值处理获得与沉积区域相对应的轮廓线。分析纺丝溶液的轮廓线可以清楚地看到，对于 5：5 比例前驱体具有较大喷射面积的纤维，具有相比于 6：4 比例更加均匀的沉积图案，而均匀分布的纤维表明敏感膜的形成稳定平坦，有利于湿敏性能的提高。

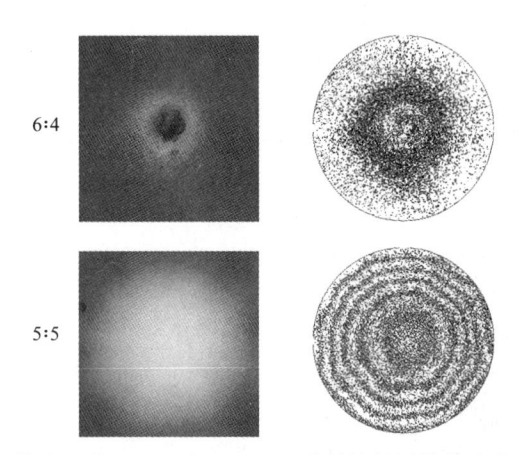

图 2-24 体积比为 6：4 和 5：5 两种纤维的图像灰度光强结果图

对于电容来讲，中间敏感材料层越厚，电容器的电容越小。通过改变旋涂机的转速，可以制了不同厚度的敏感层。将上述静电纺丝的产物溶解于乙醇（10%）和 N, N- 二甲基甲酰胺（DMF，90%）的混合溶液中，搅拌 3h 后进行旋涂。首先将旋涂机设置为 500r/min，以使底部金属以一定的速度旋转起来，其次在转速分别为 5000r/min、4500r/min 和 3500r/min 下旋转喷涂 10s，得到厚度分别为 1μm、1.5μm 和 2μm 的敏感层，最后设定旋涂机的速率为 500r/min 旋转 10s，目的是使敏感材料分布更均匀，增加涂层表面的光滑度。

图 2-25 给出了厚度为 1μm、1.5μm、2μm 的 PMDA/ODA/PAN 敏感材料的湿敏性能，并与芬兰公司的 Vaisala 样品进行了比较。湿度范围是从 30% 的相对湿度增加到 90% 的相对湿度，然后以 30% 的间隔再降低到 30% 的相对湿度。由湿敏结果可判断，与 Vaisala 的商用湿

敏材料相比，合成的聚合物复合材料在吸附和解吸过程中存在严重的湿滞现象。

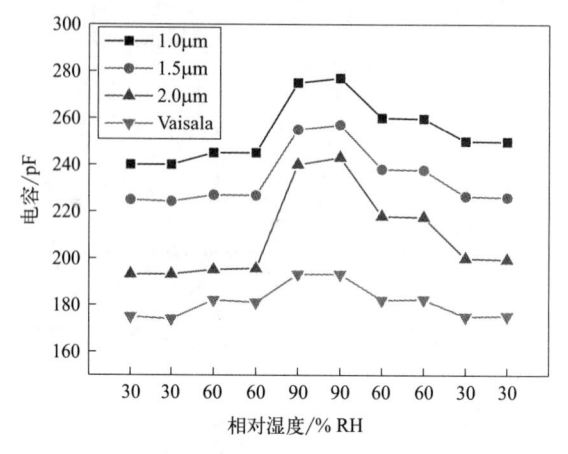

图 2-25 不同厚度的敏感层和 Vaisala 样品的湿敏特性分析对比

为了解决聚合物复合材料的迟滞问题并提高湿度传感器的长期稳定性，在功能聚合物中引入了不同尺寸的金红石型二氧化钛颗粒[19-20]。图 2-26 给出了纯金红石型 TiO_2 粉末的制备流程。PMDA/ODA/PAN/TiO_2 合成是将起始粉末 TiO_2 在超声环境中充分溶于乙醇中，经过 30min 的磁力搅拌后，将偶联剂加入到上述溶液中，再进行 4h 磁力搅拌过程后，将产物过滤，在 100℃下烘干 1.5h，得到平均粒径为 0.48μm/0.33μm、介电常数为 3.9 的纯金红石型 TiO_2。

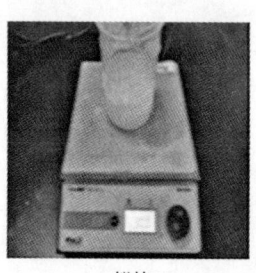

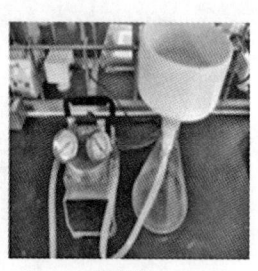

图 2-26 纯金红石型 TiO_2 粉末的制备流程图

通过将 PMDA/ODA/PAN 与 TiO_2 粉末以 1∶2.5 的质量比混合来制备所需的复合材料，在保证传感效果的同时，又防止了加工过程中的剥离效应。采用扫描电子显微镜（SEM，Zeiss Gemini SEM 300）观察静电纺丝 PAN 纳米复合层的微观结构。显微镜图像由放大 100 倍的奥林巴斯有限公司显微镜测得。从图 2-27 中的湿敏曲线可以看出，平均粒径为 0.33μm 的 TiO_2 比 0.48μm 的 TiO_2 表现出更高的灵敏度，这是因为颗粒尺寸小的 TiO_2 在聚合物上分布得更多，混合物界面对水分子有更大的吸附能，在相同条件下，吸收了更多的水分子，从而提高了灵敏度。

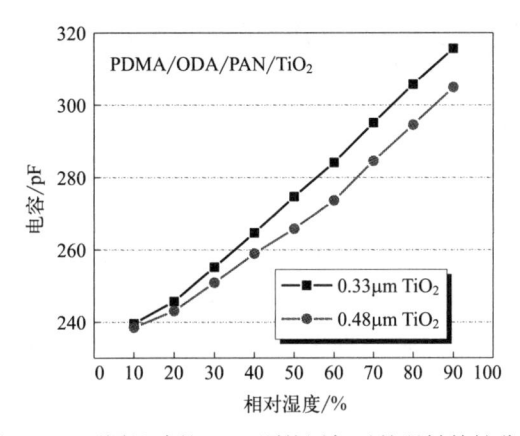

图 2-27　不同尺寸的 TiO_2 颗粒添加后的湿敏特性分析

采用 AFM 在非接触模式下对粒子大小为 0.48μm（图 2-28）和 0.33μm（图 2-29）的 TiO_2 表面形貌和粗糙度进行了分析后，利用 XEI 软件（Park Systems Corporation）对 AFM 数据进行三维透视观察，分析材料敏感层表面的形貌分布。

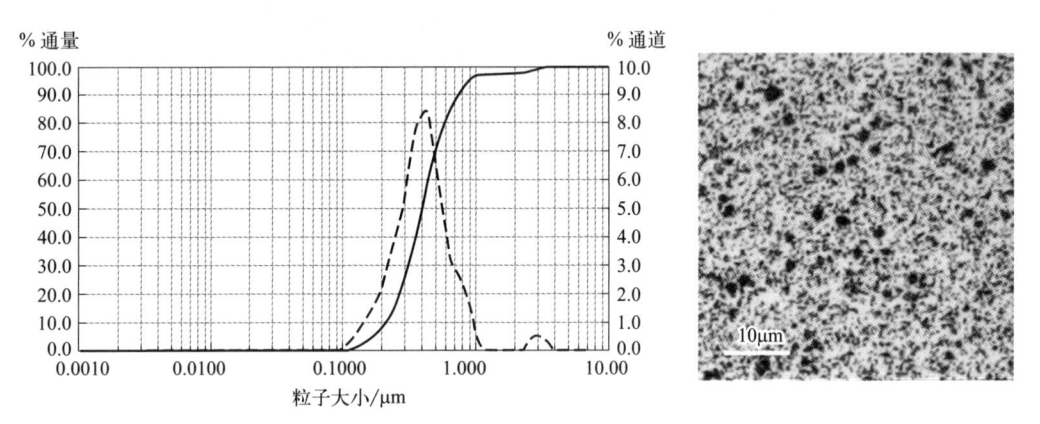

图 2-28　添加 TiO_2 的粒子大小分布和相应的原子力显微镜形貌图，平均尺寸 0.48μm

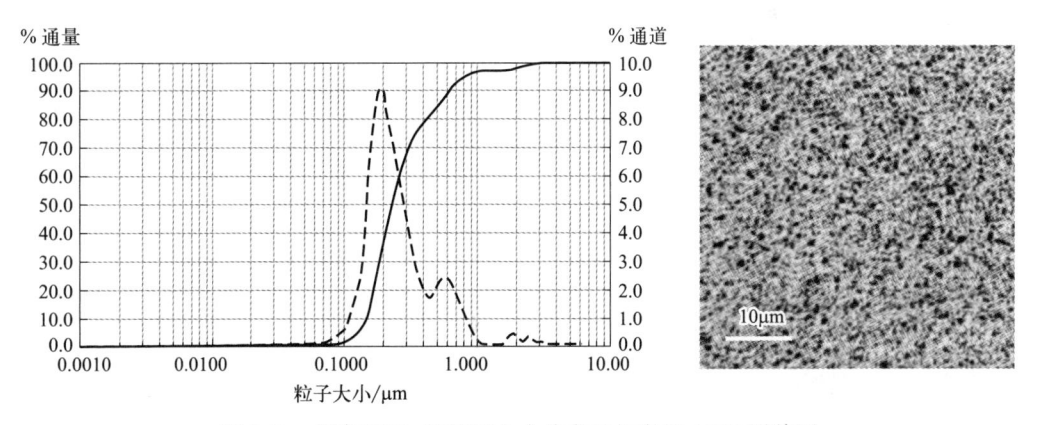

图 2-29　添加 TiO_2 的粒子大小分布和相应的 AFM 形貌图

对比添加两种不同尺寸 TiO$_2$ 颗粒的功能敏感聚合物薄膜的原子力显微图像，可以通过粒径分析得出，两种 TiO$_2$ 的平均颗粒尺寸分别为 0.33μm 和 0.48μm，由原子力显微图像也可以看出，添加了 0.33μm TiO$_2$ 的表面更加平整，颗粒分布更加均匀，功能性敏感聚合物薄膜的表面也更为细腻，利于水分子的均匀吸附。涂层在底部金属上的薄膜通过显微镜图像观察到存在脱落和开裂的现象，如图 2-30（a）所示，所观察到的脱落问题归因于显影过程后聚合物 TiO$_2$ 复合膜与玻璃晶片的附着力低。为了解决这个问题，在聚合物涂层前用 Ar 等离子体蚀刻金属，发现它可以提高金属表面的粗糙度，提高功能复合材料的附着力。

对于裂纹问题，不仅会引起短路，而且通常会导致电容式湿度传感器出现较高的滞后效应。为了消除裂纹，采用的方法是在氮气保护下冷却 3min 至室温，降低热应力，使得交联反应中的聚合物链发生了更好的重排。图 2-30（b）中给出了优化后的表面平整光滑的复合膜的显微图像。较小的晶粒尺寸具有更高的比表面积，从而通过减小迟滞和增加灵敏度来提升湿敏性能。

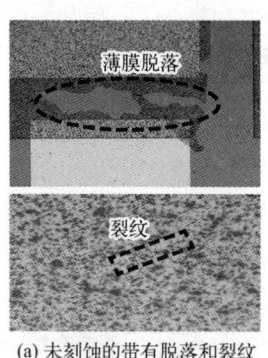

(a) 未刻蚀的带有脱落和裂纹现象的薄膜形貌　　(b) Ar刻蚀和N$_2$冷却处理后的薄膜形貌

图 2-30　Ar 蚀刻优化前后的薄膜形貌

图 2-31 中还比较了在 30%RH、60%RH 和 90%RH 下 PMDA/ODA（含 TiO$_2$ 但不含 PAN）

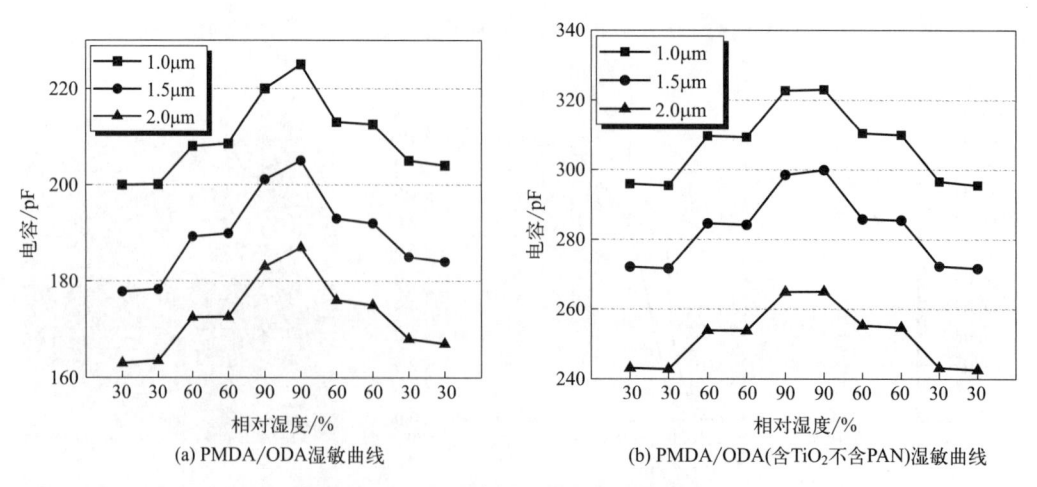

(a) PMDA/ODA湿敏曲线　　(b) PMDA/ODA(含TiO$_2$不含PAN)湿敏曲线

图 2-31　TiO$_2$ 对降低湿滞现象的数据分析

下的湿度感测结果，由图 2-31（a）可以看出，PMDA/ODA 湿敏曲线给出了明显的湿滞现象，而在引入了金红石型 TiO_2 颗粒的 PMDA/ODA（不含 PAN）的湿敏曲线，湿滞现象得到改善，如图 2-31（b）所示。上述实验结果进一步证明了 TiO_2 颗粒可以降低聚合物湿度传感器的湿滞影响，在聚合物中添加这种颗粒可以改善湿度传感器的性能。

2.4 磁性金属有机物框架纳米材料

基于微波电磁检测平台的微波传感单元，不仅可以与电阻电容检测法一样，通过湿敏材料的优化来提升检测性能，还可以基于微波检测的特有条件，通过微波器件敏感检测频率的选择和微波器件的加工优化设计来进一步提高灵敏度，与电阻电容湿度检测法相比具有更优异的检测性能。除此之外，微波传感器还具有以下独特优势：第一，待测水分子在微波电磁场的协同作用下，可以形成内建电场，可从材料电磁特性的角度设计敏感材料来提升传感器性能；第二，水分子在特定微波频率下存在最优的检测特性，这一特点为微波传感器灵敏度的提升提供了更多可能；第三，基于不同微波特性参数，可以实现多参数分析，有利于获得更多表征检测灵敏度的微波数据；第四，基于集成无源加工技术实现的微波传感器便于大批量生产，一致性和重复性高，易于和其他匹配电路实现系统化集成。由于传感器的分析和设计均以实现更高的灵敏度和更小的实际尺寸为最终目的，所以通过敏感材料、传感器结构以及加工工艺角度可多方位优化微波湿敏平台的检测性能。本节将从微波电磁场协同作用下的纳米湿敏材料设计展开研究。

2.4.1 基于金属有机框架的磁性复合材料的制备

基于微波传导的湿度传感器作为新兴传感技术，可用于实时临床医疗应用和绿色微型可穿戴电子产品领域。通过对传感材料、传感平台和器件加工技术的优化，可以提高微波传感器对湿度检测的综合能力。由于湿敏性能与水分子与敏感材料之间的相互作用密切相关，因此纳米材料传感层的化学和物理性质对传感性能起着至关重要的作用。

金属有机骨架（Metal Organic Framework，MOF）作为一种化学稳定性好、热稳定性好的纳米材料，在药物传递、催化、电池、传感等领域有着广泛的应用前景。咪唑啉沸石分子筛（ZIFs）是 MOF 亚家族的一个分支，具有方钠石分子筛结构，具有大的空穴和较小的孔径[21-22]。目前基于 ZIF-67 氧化物产物（Co_3O_4）的研究主要是针对湿度传感器的应用展开，因为永久性的孔隙结构使得水汽分子容易进入材料内部。此外，为了增强催化活性和提高灵敏度，将铂、钯等贵金属包裹在 ZIF 产物的基体中[23-24]。为了找到湿度检测的最佳材料，从 Co_3O_4、TiO_2、ZnO、In_2O_3、WO_3、Fe_2O_3、Ag_2O、La_2O_3 等 8 种金属氧化物选择了具有磁性特

性的 Co_3O_4 作为湿敏材料，测得其湿度条件下的微波散射参数，并通过多衍生参数分析法验证了微波湿度检测的最佳材料。

以此为基础，进一步制备了一款由基本谐振回路及应用 Pt 修饰的 Co_3O_4 作为湿敏材料的湿度检测用的微波传感器。预实验通过水蒸发的方式，对该湿度传感器进行性能验证，通 10min 空气，待气腔稳定后，再打开气腔加热板，加热板上的水蒸发使气腔的湿度上升，在检测腔的环境条件稳定后进行测试。结果表明，Pt 修饰的 Co_3O_4 湿度检测灵敏度可以达到预期效果，该结果的获得与修饰后贵金属材料是密不可分的。由于贵金属的加入降低了反应的活化能，加速反应过程，提高了湿敏材料与水分子的相互作用，从而使得加入贵金属修饰的氧化物的响应值比没有修饰贵金属纳米材料的传感器性能得到了显著的提高。但是，铂、钯等贵金属的价格昂贵，不适合大批量生产，并且制备过程产生的酸等废料不易处理，还会对环境会产生污染。为了找到铂和钯的环保替代品，这里引入了发光碳点（Carbon Dots，CDs）作为 ZIF 产品的修饰材料。碳点具有制备简单、导电性好、功能基团丰富、生物相容性好等优点，在生物医学、光电、能量转换、传感器等领域有着广泛的应用[25-27]。所制备的基于碳点修饰的 Co_3O_4 微波谐振器，具有良好的实时湿度检测能力，电荷转移过程和微波相互作用是提高湿度灵敏度的重要机理。

经过文献调研发现，受婴儿尿不湿功能与材料成分的启发，假设在纳米材料中引入相同的亲水性聚合物网络可能有助于材料吸收大量的水分子来改善其湿敏性能。为了证明这个假设，将亲水性丙烯酰胺单体衍生的 CDs 与多孔 MOF 衍生物的氧化物 Co_3O_4 相结合，实现了高性能、高灵敏度的湿度传感，这源于零维结构碳点的独特催化性能和金属有机框架衍生物 Co_3O_4 的微孔结构。材料制备的原材料壳聚糖（Chitosan，CS，M=3.4105）和丙烯酰胺（Acrylamide，AAM，99%）分别购自青岛海克瑞特生物技术有限公司和阿拉丁实业公司。分子量为 500Da 的透析袋是从美国 Solarbi 公司购买的。硝酸钴 [$Co(NO_3)_2·6H_2O$，98.5%]、2-甲基咪唑（Hmim，$C_4H_6N_2$，98%）、甲醇（CH_3OH，99.5%）、乙醇（C_2H_5OH，99.5%）均购自阿拉丁化工有限公司。

聚丙烯酰胺（Polyacrylamide，PAM）作为婴儿尿布的主要成分，是一种高吸水性树脂，具有较强的亲水性。受 PAM 吸水性的启发，采用亲水性丙烯酰胺单体（Acrylamide Monomer，AAM）作为 CDs 合成的前驱体。在 AAM 和壳聚糖的聚合过程中，假设合成的 CDs 与水热碳化过程中的中间产物 PAM 具有相同的亲水性。ZIF-67 衍生的 Co_3O_4 具有周期性微孔拓扑结构，具有大空腔和小孔径，有助于使得水分子更容易渗透到传感层中。水溶性 CDs 与多孔 Co_3O_4 复合后，通过羟基（—OH）、羧酸（—COOH）、酰胺（—CONH—）和一级酰胺（—$CONH_2$）等亲水性官能团在 Co_3O_4 颗粒表面物理交联，增强了湿敏的吸水能力。此外，以壳聚糖和不饱和酰胺为原料，采用水热碳化法以较高的产率合成了所用的氮掺杂的碳点，并提高了碳碳双键的数目，从而可以增强水分子和碳键结合的位点，进一步增强湿度传感器的灵敏度。

图 2-32 给出了 CDs、Co_3O_4 和 CDs-Co_3O_4 的合成过程。采用水热碳化法合成氮掺杂的碳点，以壳聚糖和丙烯酰胺为碳点的前驱体。首先，在连续搅拌的情况下，将质量比为 1∶20 的 CS 和 AAM 溶解在 20mL 去离子水中。将混合溶液转移到装有聚四氟乙烯

内衬的不锈钢高压釜中进行水热反应。在 220℃条件下反应 12h 后，以 5000r/min 的条件离心 20min，去除深棕色产物溶液中的沉淀物，棕色上清液经 0.22μm 膜过滤。在去离子水透析后，用冷冻干燥法得到氮掺杂的碳点。用 Co_3O_4 作为共沉淀剂合成 ZIF-67 纳米粒子，先将 2.912g $Co(NO_3)_2 \cdot 6H_2O$ 和 6.568g Hmim 分别溶于 200mL 甲醇中。将两种溶液磁力搅拌 5min，使粉末完全溶解。然后将溶液混合在一起，在室温（25℃）条件下以 200r/min 的速度连续搅拌 1h。经过 24h 反应，收集紫色沉淀，以 6000r/min 的速度离心 10min，用乙醇洗涤 3 次。纯化后的产物在 60℃的烘箱中干燥 12h，得到 ZIF-67 模板。将合成的 ZIF-67 置于陶瓷坩埚中，转移到管式炉中在 400℃下焙烧 1h，室温下的焙烧升温速率为 5℃/min。在高温热解过程中，去除有机残留物，煅烧 ZIF 前驱体，生成 Co_3O_4 金属氧化物产物。

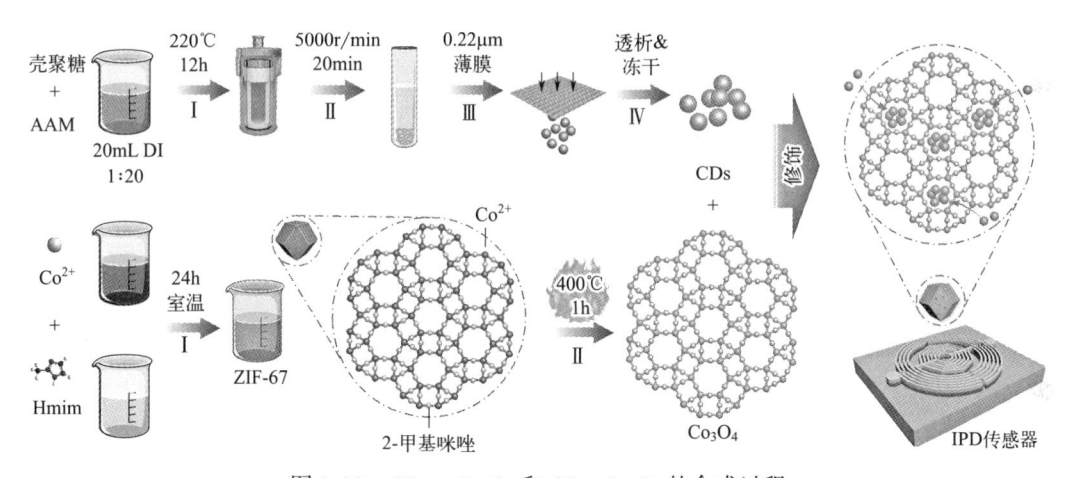

图 2-32　CDs、Co_3O_4 和 CDs-Co_3O_4 的合成过程

将合成的 CDs 和 Co_3O_4 均匀混合于 90% 浓度的乙醇中，经超声处理 1min 后完全分散。采用旋涂法在微波传感器表面沉积了敏感材料。旋涂速度设定为 200r/min，以确保敏感材料均匀分布并覆盖敏感区域。在测量前，将具有敏感层的微波传感器在 70℃下老化 1h 以上以达到器件稳定。

2.4.2　基于金属有机框架的磁性复合材料的特性分析

微波湿度传感中的电磁响应与敏感材料表面的吸水脱水过程密切相关。为了验证这一假设，首先研究了磁性敏感材料的形貌和结构。图 2-33（a）给出了 Co_3O_4 扫描电子显微镜图像，该图像在分辨率较小的范围内表征了 Co_3O_4 的形态。可以看出，在 Co 氧化为 Co_3O_4 的过程中形成了多孔结构，使水分子能够渗透到敏感层内。用 X 射线衍射仪（日本 Rigakud/Max 2500PC）对 CDs-Co_3O_4 进行了 XRD 分析。如图 2-33（b）所示，混合物由无定形碳点和高度结晶的 Co_3O_4 组成。更具体地说，XRD 衍射图中的 19.0°、31.3°、36.9°、44.8°、59.4°

和65.2°处的衍射峰分别来自Co_3O_4的（111）、（220）、（311）、（400）、（511）和（440）平面（JCPDS卡号42-1467）。此外，XRD图中在26°处的较宽的空心峰与碳点的（002）面匹配良好（JCPDS卡号41-1487）。

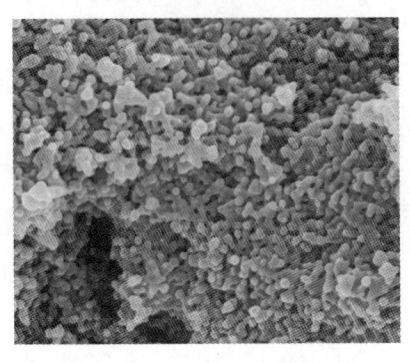

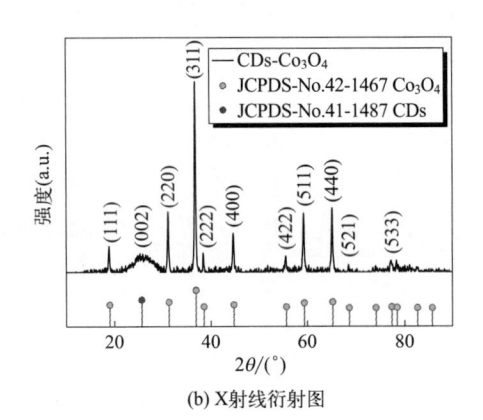

(a) Co_3O_4扫描电子显微镜图像

(b) X射线衍射图

图2-33　CDs-Co_3O_4的形貌特征分析

由于聚丙烯酰胺的水热碳化过程是在相对较低的温度下进行的，导致脱水和碳化过程不完全，产生了无定形碳相。图2-34（a）中的高分辨率透射电子显微镜图像显示了碳点的主要晶相，插图中的快速傅里叶变换图像清楚地显示了晶格条纹的2.32Å间隔，与碳点的（002）面间距非常吻合[28-29]。对于图2-34（b）中的CDs-Co_3O_4，晶格条纹显示的晶面间距为4.66Å、2.85Å和2.32Å，分别与Co_3O_4的（111）和（220）面和碳点的（002）平面的间距相匹配[30]。

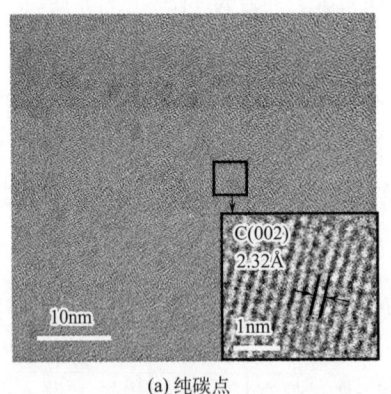

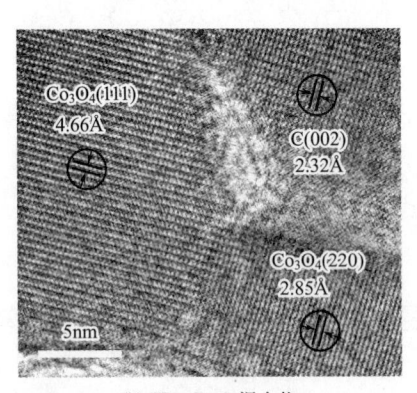

(a) 纯碳点

(b) CDs-Co_3O_4混合物

图2-34　碳点和CDs-Co_3O_4的高分辨率的透射电镜图

如表2-4所示，CDs-Co_3O_4中的C与N的原子摩尔比约为15∶2，与纯碳点的碳氮原子摩尔比相等。同时可以看出，氧原子百分比明显增加，这是因为Co_3O_4的存在增加了氧原子的数量。

表 2-4 碳点、Co_3O_4 和 $CDs-Co_3O_4$ 中的各元素的原子比例

元素	C	N	O	Co
碳点	71.8	7.9	20.2	0
Co_3O_4	0	0	57.1	42.9
$CDs-Co_3O_4$	20.9	2.8	39.6	36.8

用 ESCALAB 250Xi 型 X 射线光电子能谱仪研究了碳点和 Co_3O_4 之间的化学键合状态以及两者之间的相互作用。图 2-35 中给出的 XPS 测量扫描结果表明 $CDs-Co_3O_4$ 由碳、氮、氧和钴元素组成。其中，碳和氮来自碳点，钴来自 Co_3O_4，而碳点和 Co_3O_4 都是氧元素存在的原因。

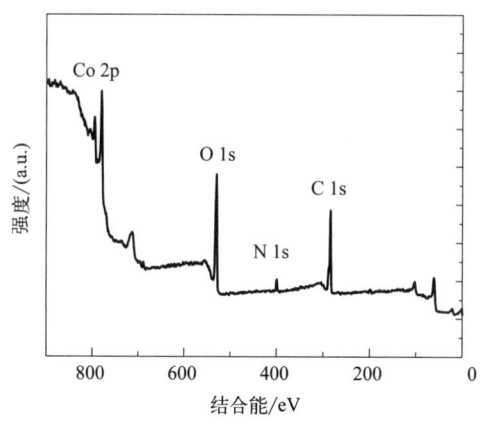

图 2-35 $CDs-Co_3O_4$ 的能谱分析图

用热重分析法评估 $CDs-Co_3O_4$ 的质量比，如图 2-36 所示，在 30～200℃ 范围内材料的质量损失可归因于水分的损失，而 200～400℃ 范围的质量损失则归因于碳点的变化。考虑到 $CDs-Co_3O_4$ 的总重量损失，估算出碳点在 Co_3O_4 表面的质量比为 7.5%（质量分数）。

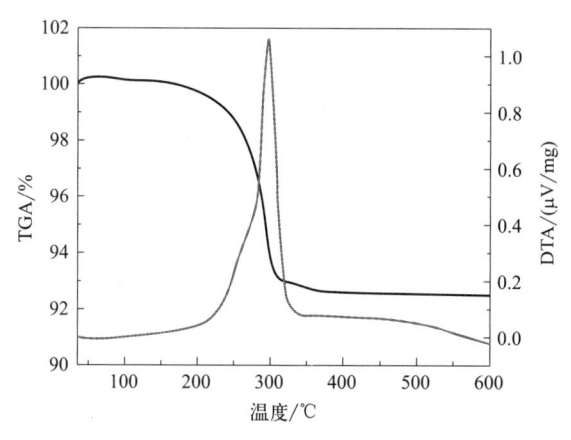

图 2-36 $CDs-Co_3O_4$ 的热重分析

通过分析 XPS 谱中 CDs-Co$_3$O$_4$ 的 C 1s、N 1s、O 1s 和 Co 2p 峰，如图 2-37 所示。在碳区，扩展放大的 C 1s 谱可以反褶积成三个键，分别对应于 C—C/C=C（284.5eV）、C—N/C—OH（285.8eV）和 C=O（288.1eV）[31]。高分辨率的 N 1s 光谱显示出在 399.6eV 和 400.5eV 处的两个峰值，分别对应于 C—N 和 N—H 键[32]。值得一提的是，作为一种氮掺杂的碳材料，碳点富含胺官能团，这为与 Co$_3$O$_4$ 颗粒形成氢键提供了可能性。峰位和相对含量的变化表明 CDs 和 Co$_3$O$_4$ 之间形成了氢键，NH$_2$ 中的氮为 Co 提供了一对孤电子，表现出电子丢失的趋势，从而使 C—N 的结合能从 399.4eV 增加到 399.6eV[33]。根据放大的 O 1s 光谱，CDs-Co$_3$O$_4$ 的 O 1s 核级电子可以在大约 529.8eV 和 532.0eV 处被反褶积成两个峰值，分别由 C=O 和 O—H 产生[34]。对于 Co 2p 光谱所示的反褶积 Co 2p$_{3/2}$（779.4eV 和 781.0eV）和 Co 2p$_{1/2}$（794.8eV 和 796.8eV）剖面说明了 Co^{2+}、Co^{3+} 和卫星峰值的存在[35]。

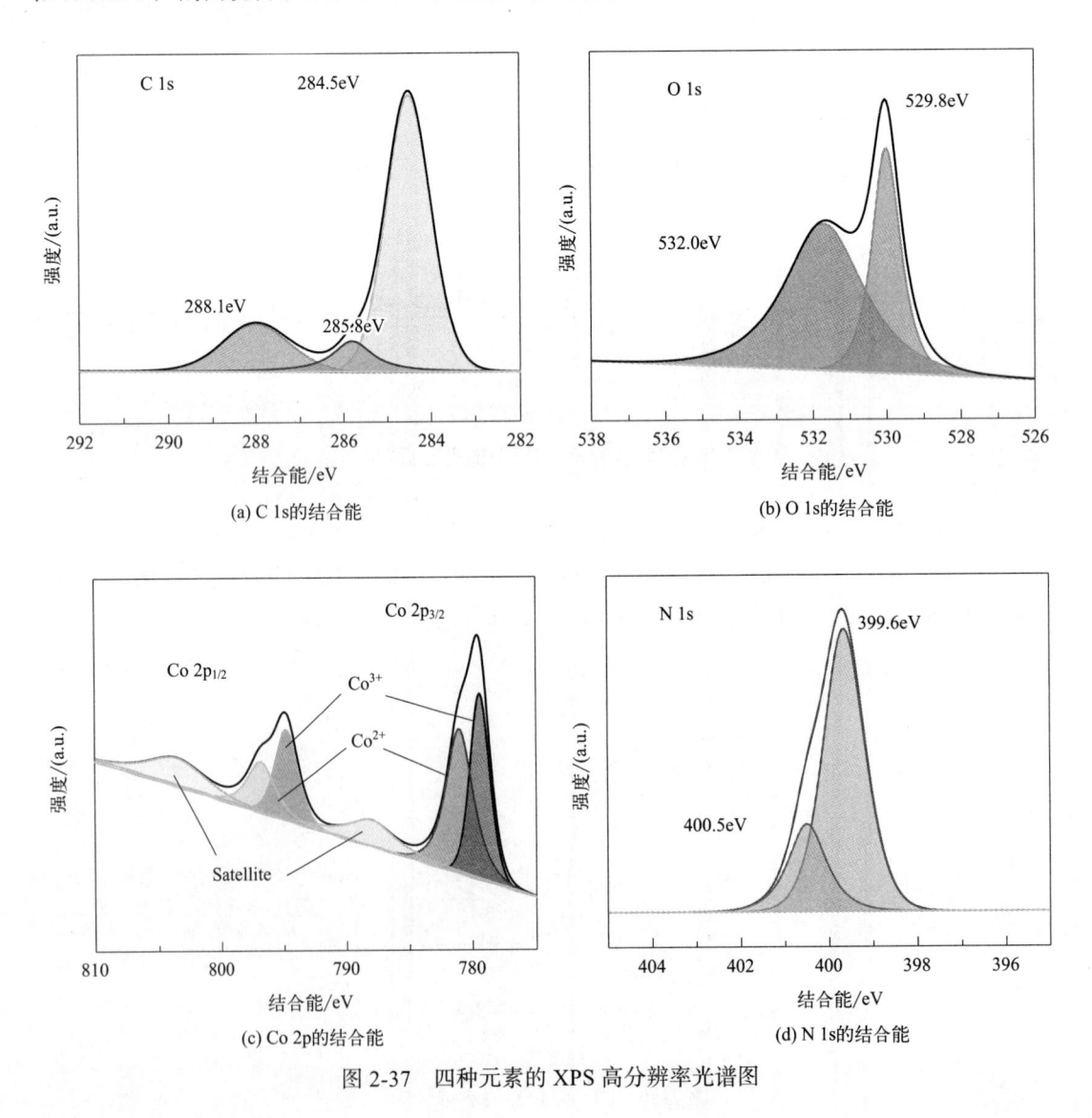

(a) C 1s 的结合能

(b) O 1s 的结合能

(c) Co 2p 的结合能

(d) N 1s 的结合能

图 2-37　四种元素的 XPS 高分辨率光谱图

2.5 复合传感材料案例分析与测试

本节分析了电容式湿度传感器的灵敏度、响应时间和恢复时间、温度依赖性、长期稳定性和重复性等湿敏特性。将传感器放入自制湿度箱中,在测量板上固定电容式湿度传感器。采用 LCR 计(日本 HIOKI 公司 IM3536)与湿度传感器连接,在 LabVIEW 平台上连续记录在整个测量过程中电容的变化,对 MIM 型电容式湿度传感器的性能进行了评估。电容式传感器对湿度变化的灵敏度 S 定义为(10～90)%RH 检测范围内的相对电容变化:

$$S = \frac{C_{90} - C_{10}}{90 - 10} \text{ (pF/\%RH)} \tag{2-2}$$

式中 C_{90}——在 90% 的相对湿度下的电容;
C_{10}——在 10% 的相对湿度下的电容。

每次测量开始前,将湿度测试腔在大气湿度环境中静置 1h,以确保腔室的稳定性。根据图 2-38 所示的吸附、脱附曲线可以得到,在吸附和解吸过程中,湿度传感器的响应与相对湿度呈线性关系。PDMA/ODA/PAN 混合物在(10～90)%RH 检测范围内的灵敏度为 0.54pF/%RH,而 PDMA/ODA/PAN/TiO$_2$ 混合物在(10～90)%RH 检测范围内的灵敏度为 0.94pF/%RH,提升了将近一倍。

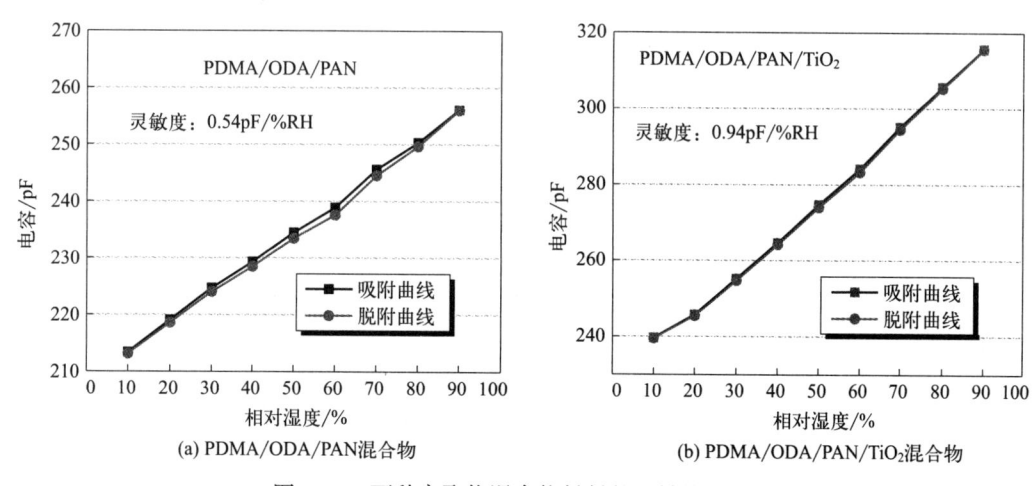

图 2-38 两种高聚物混合物材料的湿敏特性分析

聚合物复合敏感层具有丰富的活性位点和较低的电荷载流子密度,当敏感层暴露在潮湿环境中时,其表面丰富的活性位点对水分子具有显著的吸附作用。在吸附过程中,电子的转移可以降低势垒，提高活化能，从而表现出优良的湿敏性能。将吸附与脱附曲线间的差异定义为湿度传感器的湿滞，湿滞效应会影响测量精度。薄膜传感器的吸附/解吸湿滞特性可表示为：

$$H = \frac{C_r^d - C_r^h}{S} \tag{2-3}$$

式中　C_r^d——脱湿过程中在 r%RH 下测得的电容；

　　　C_r^h——吸湿过程中在 r%RH 下测得的电容。

图 2-39 给出了基于 PDMA/ODA/PAN 和 PDMA/ODA/PAN 与 TiO_2 的传感膜的湿度迟滞结果。对于 PMDA/ODA/PAN 传感器，在 60%RH 下，由于裂纹中的水团簇，最大迟滞为 2.45%RH，解吸过程产生的迟滞过大，甚至会导致聚合物的变形。而在添加小颗粒 TiO_2（粒径为 0.33μm）后，由于比表面积体积比增大，可以明显观察到，PDMA/ODA/PAN/TiO_2 传感器可实现 0.95%RH 的超低迟滞特性，所以加了 TiO_2 的高聚物敏感层的湿敏迟滞特性明显降低，从而提升了传感器的湿度检测性能，进一步证明了添加 TiO_2 的必要性。

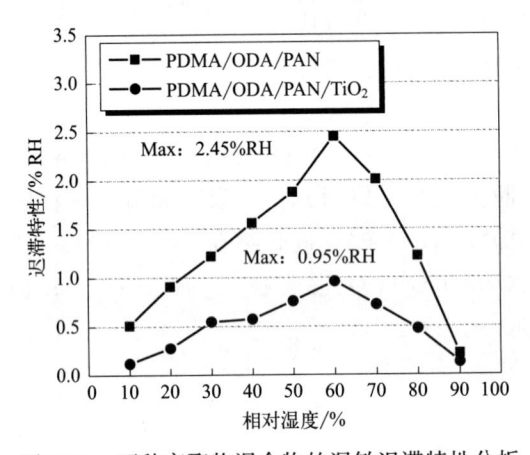

图 2-39　两种高聚物混合物的湿敏迟滞特性分析

为了检测温度变化对传感器的影响，测量了 10℃、23℃ 和 50℃ 三种不同温度下的湿度传感器的电容变化。随着温度的升高，分子的热运动变得更快，从而导致水分子产生更强的极化作用，进一步增加了湿度传感器的电容值。在图 2-40 中，这些曲线的斜率几乎不随温度的变化而变化，这表明电容式湿度传感器具有良好的线性度（$R_{10℃}$=0.997，$R_{23℃}$=0.995，$R_{50℃}$=0.996）。不同温度下斜率因子的高度稳定表明，所制备的传感器可以由实际温度数据进行标定。

为了研究湿度传感器的稳定性，将湿度传感器分别放置在 10%、30%、50%、70% 和 90% 的相对湿度下 120h。在不同湿度条件下，传感器的长期漂移是由电容变化来表征的：

$$D = \frac{C_M - C_0}{S} \tag{2-4}$$

式中　C_M——湿度等级为 10%RH、30%RH、50%RH、70%RH 和 90%RH 时测得的传感器电容；

　　　C_0——室温湿度环境下测得的原始电容。

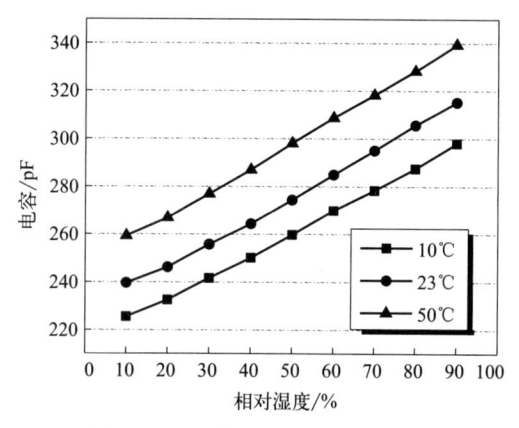

图 2-40 温度对湿敏特性的影响

如图 2-41 所示，测试电容保持在稳定值，在 120h 持续测试下湿度传感器的稳定性的最大误差率为 0.15%RH，证明了功能性聚合物/TiO_2 杂化薄膜修饰湿度传感器优异的长期稳定性。

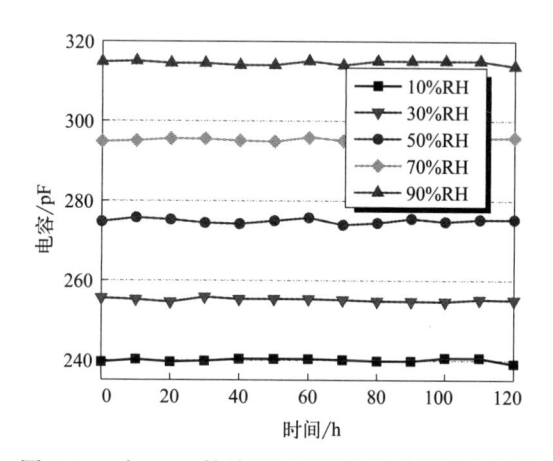

图 2-41 在 120h 持续测试下湿度传感器的稳定性

如图 2-42 所示，通过测量传感器在相对湿度为 10%～90% 环境中的六次交替循环结果，研究了基于功能性聚合物的 MIM 型电容式湿度传感器的重复性。结果表明，电容值在六个循环测试中只表现出轻微的变化，说明其具有较好的重复特性。重复性可定义为：

$$\delta_r = \frac{\Delta C_M}{FS} \times 100\% \tag{2-5}$$

式中 ΔC_M——湿度等级为 10%RH、30%RH、50%RH、70%RH 和 90%RH 时测得的传感器电容；

FS——满标度输出读数。

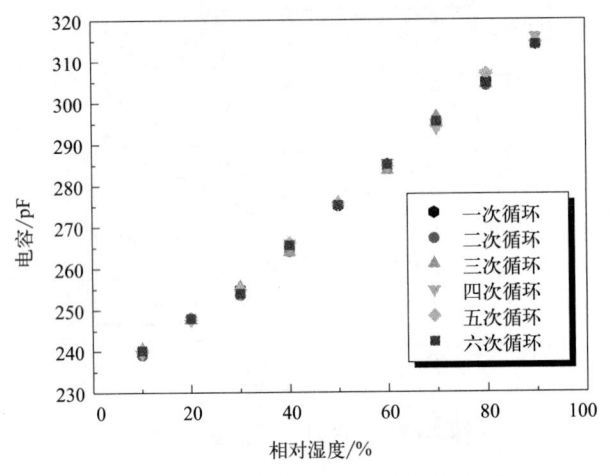

图 2-42　六次交替循环的湿敏测试结果

图 2-43 中的结果表明，该 MIM 电容传感器具有良好的重复性，在 70% 的相对湿度下，重复性偏差最大为 3.66%，该偏差对于大多数商用湿度传感器来说，都在可接受的范围内，在不同的测量周期中，产生的误差与热噪声有关。

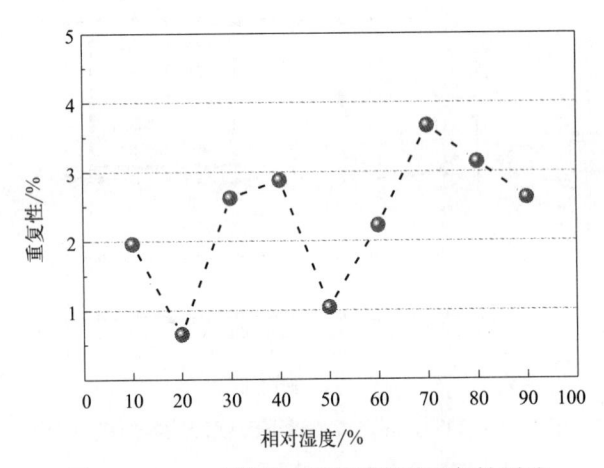

图 2-43　TiO$_2$ 高聚物电容传感器的重复性测试

响应时间是电容式湿度传感器在实际应用中的关键参数，在这里定义为当湿度从 30%RH 变化到 90%RH 时，电容值变化直至达到最终稳态时 90% 变化量所需的时间；而恢复时间则相反，定义为当湿度从 90%RH 变化到 30%RH 时，电容值变化直至达到最终稳态时 90% 变化量所需的时间。从图 2-44 中随时间变化的湿度响应曲线可以计算出，制备的传感器的响应时间和恢复时间分别小于 30s 和 40s。反应时间短的原因是合成的功能材料具有良好的水分子吸附能力，使水蒸气快速扩散到湿敏层中。

表 2-5 比较了采用不同敏感材料的电容式湿度传感器的湿敏特性。从表中可以看出，PMDA/ODA/PAN/TiO$_2$ 膜在（10～90）%RH 的传感范围内具有较高的灵敏度、较低的迟滞和

可以满足工业应用的响应时间。

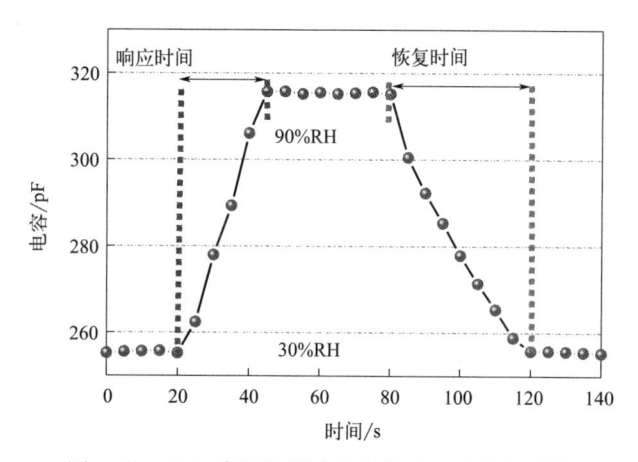

图 2-44 TiO₂ 高聚物混合物材料的响应恢复时间

表 2-5 不同敏感材料湿度传感器的湿敏特性比较

敏感材料	灵敏度 /%RH	迟滞效应 /%RH	响应时间 /s	范围 /%	参考文献
石墨 / 聚苯乙烯	0.005pF	未知	未知	10～98	[36]
气凝胶	0.595pF	1.1	12	20～90	[37]
Kapton	0.0045pF	2.0	367	30～90	[38]
聚酰亚胺	0.506pF	2.05	6	10～90	[39]
PMDA/ODA/PAN/TiO₂	**0.94pF**	**0.95**	**< 40**	**10～90**	**本研究**

此外，五天测量的响应和恢复动力学特性测试结果如图 2-45 所示，基于 TiO₂ 高聚物混合物材料的湿度传感器的响应恢复时间可以保持在一定误差波动范围内，说明该电容式传感器具有响应时间稳定的优势，能够满足低精度商用湿度传感应用的需求。

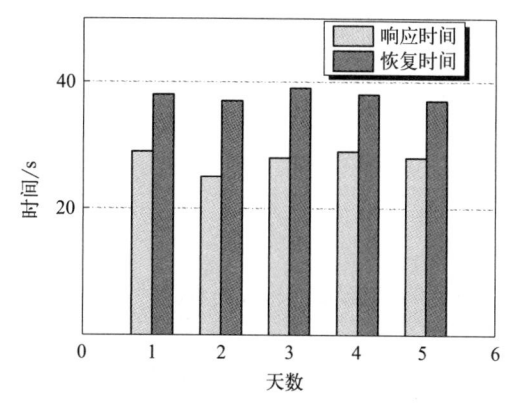

图 2-45 TiO₂ 高聚物混合物材料的长期稳定性分析

图 2-46 给出了在 30%RH 和 90%RH 之间的几个循环下的短期稳定性测试结果，可以看出传感器的响应在两个湿度下比较稳定，并且响应时间都比较迅速，可以证明该湿度传感器具有优异的短期稳定性。

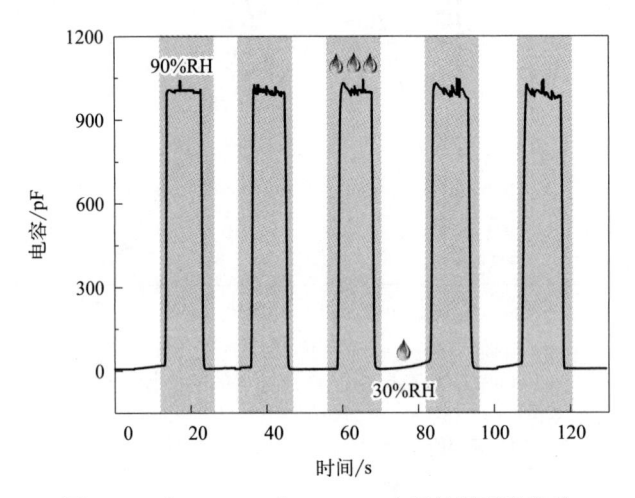

图 2-46　在 30%RH 和 90%RH 之间的循环稳定性

为了研究温度对于传感器的影响，将传感器分别放置于 25℃（室温）、30℃、35℃、40℃、45℃、50℃温度下并记录在相对湿度为 90% 的情况下传感器的电容变化。由图 2-47 看出，当温度升高时，传感器的测量结果基本保持不变，可见该传感器在恶劣环境中工作时，也可以保持原有传感特性。

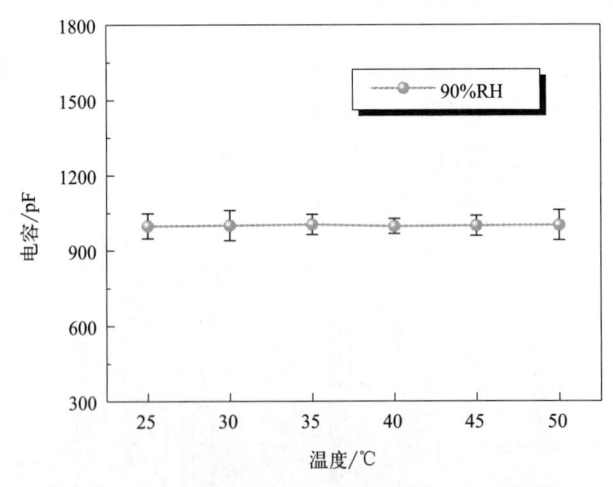

图 2-47　在相对湿度为 90% 时温度对于电容的影响

将传感器暴露于空气中七天，每天记录传感器在 10%RH、30%RH、50%RH、70%RH、90%RH 和 99%RH 的湿度传感器的响应。图 2-48 结果说明，该湿度传感器具有长期稳定性，可以和其他模块系统集成生产商用化湿度传感器。

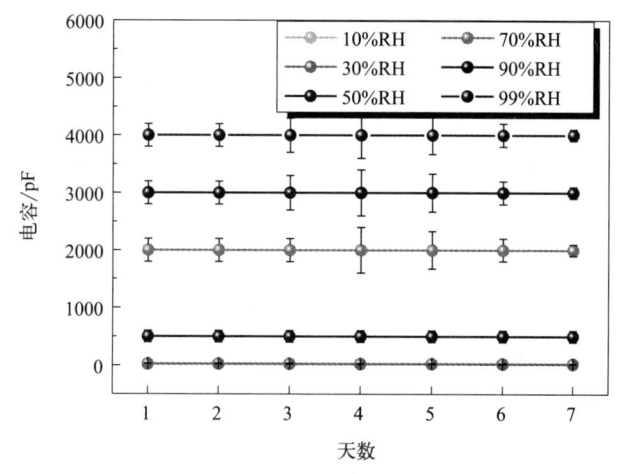

图 2-48　可穿戴湿度传感器的长期稳定性

参 考 文 献

[1] Ren D，Zhang S，Dai J，et al. Sulfur-Functionalized Carbon Nanotubes with Inlaid Nanographene for 3D-Printing Micro-Supercapacitors and a Flexible Self-Powered Sensing System. ACS Nano，2024，18（31）：20706-20715.

[2] He S，Wu J，Liu S，et al. A fully integrated multifunctional flexible sensor based on nitrile rubber/carbon nanotubes/graphene composites for smart tire. Chemical Engineering Journal，2024，486：150104.

[3] Aftab S，Koyyada G，Mukhtar M，et al. Laser-Induced Graphene for Advanced Sensing：Comprehensive Review of Applications，ACS Sensors，2024，9（9）：4536-4554.

[4] Wang Y，Qin Z，Wang D，et al. Microstructure-Reconfigured Graphene Oxide Aerogel Metamaterials for Ultrarobust Directional Sensing at Human-Machine Interfaces. Nano Letters，2024，24（38）：12000-12009.

[5] Wang Y，Wen Y，Su W，et al. Carbon deposition behavior on biochar during chemical vapor deposition process，Chemical Engineering Journal，2024，485：149726.

[6] Pandey P A，Bell G R，Rourke J P，et al. Physical Vapor Deposition of Metal Nanoparticles on Chemically Modified Graphene：Observations on Metal-Graphene Interactions. Small，2011，7（22）：3202-3210.

[7] Cai L，Yu G. Recent Advances in Growth and Modification of Graphene-Based Energy Materials：From Chemical Vapor Deposition to Reduction of Graphene Oxide，Small Methods，2019，3（7）：1900071.

[8] Lei P，Bao Y，Zhang W，et al. Synergy of ZnO Nanowire Arrays and Electrospun Membrane Gradient Wrinkles in Piezoresistive Materials for Wide-Sensing Range and High-Sensitivity Flexible Pressure Sensor，Advanced Fiber Materials，2024，6（2）：414-429.

[9] He Z, Zhao J, Li K, et al. Rational Integration of SnMOF/SnO$_2$ Hybrid on TiO$_2$ Nanotube Arrays: An Effective Strategy for Accelerating Formaldehyde Sensing Performance at Room Temperature. ACS Sensors, 2023, 8 (11): 4189-4197.

[10] Zhang S, Chang X, Zhou L, et al. Stabilizing Single-Atom Pt on Fe$_2$O$_3$ Nanosheets by Constructing Oxygen Vacancies for Ultrafast H$_2$ Sensing. ACS Sensors, 2024, 9 (4): 2101-2109.

[11] Wang Z, Wu J, Wei W, et al. Pt single-atom electrocatalysts at Cu$_2$O nanowires for boosting electrochemical sensing toward glucose. Chemical Engineering Journal, 2024, 495: 153564.

[12] Reyes C G, Lagerwall J P F. Disruption of Electrospinning due to Water Condensation into the Taylor Cone. ACS Applied Materials & Interfaces, 2020, 12 (23): 26566-26576.

[13] Li X, Chen W, Qian Q, et al. Electrospinning-Based Strategies for Battery Materials. Advanced Energy Materials, 2021, 11 (2): 2000845.

[14] Hu J, Zhang S; Tang B. Rational design of nanomaterials for high energy density dielectric capacitors via electrospinning. Energy Storage Materials, 2021, 37: 530-555.

[15] Ashworth C. Metal-organic frameworks: Molten MOFs. Nature Reviews Materials, 2017, 2 (11): 17074.

[16] Zhang S, Song P, Zhang J, et al. In$_2$O$_3$-functionalized MoO$_3$ heterostructure nanobelts with improved gas-sensing performance. RSC Advances, 2016, 6 (56): 50423-50430.

[17] Kaerkitcha N, Chuangchote S, Hachiya K, et al. Influence of the viscosity ratio of polyacrylonitrile/poly (methyl methacrylate) solutions on core-shell fibers prepared by coaxial electrospinning. Polymer Journal, 2017, 49 (6): 497-502.

[18] Zhiteneva D A, Lysenko A A, Astashkina O V, et al. Viscosity of Polyacrylonitrile Solutions Containing Carbon Nanoparticles. Fibre Chemistry, 2015, 47 (4): 244-246.

[19] Poonia E, Mishra P K, Kiran V, et al. Aero-gel assisted synthesis of anatase TiO$_2$ nanoparticles for humidity sensing application. Dalton Transactions, 2018, 47 (18): 6293-6298.

[20] Stefanov B I, Niklasson G A, Granqvist C G, et al. Gas-phase photocatalytic activity of sputter-deposited anatase TiO$_2$ films: Effect of {0 0 1} preferential orientation, surface temperature and humidity. Journal of Catalysis, 2016, 335: 187-196.

[21] Ma X, Kumar P, Mittal N, et al. Zeolitic imidazolate framework membranes made by ligand-induced permselectivation. Science, 2018, 361 (6406): 1008-1011.

[22] Zhao M, Yuan K, Wang Y, et al. Metal-organic frameworks as selectivity regulators for hydrogenation reactions. Nature, 2016, 539 (7627): 76-80.

[23] Kim S, Choi S, Jang J, et al. Innovative Nanosensor for Disease Diagnosis. Accounts of Chemical Research, 2017, 50 (7): 1587-1596.

[24] Kim S, Choi S, Jang J, et al. Exceptional High-Performance of Pt-Based Bimetallic Catalysts for Exclusive Detection of Exhaled Biomarkers. Advanced Materials, 2017, 29 (36): 1700737.

[25] Zhao B, Wang Z, Tan Z A. Deep-blue carbon dots offer high colour purity. Nature photonics, 2020, 14 (3): 130-131.

[26] Baragau I, Power N P, Morgan D J, et al. Continuous hydrothermal flow synthesis of blue-luminescent,

excitation-independent nitrogen-doped carbon quantum dots as nanosensors. Journal of Materials Chemistry A, 2020, 8 (6): 3270-3279.

[27] Yuan F, Wang Y, Sharma G, et al. Bright high-colour-purity deep-blue carbon dot light-emitting diodes via efficient edge amination. Nature Photonics, 2020, 14 (3): 171-176.

[28] Kong W, Zhang X, Liu S, et al. N Doped Carbon Dot Modified WO_3 Nanoflakes for Efficient Photoelectrochemical Water Oxidation. Advanced Materials Interfaces, 2018, 6 (1): 1801653.

[29] Shin J, Guo J, Zhao T, et al. Functionalized Carbon Dots on Graphene as Outstanding Non-Metal Bifunctional Oxygen Electrocatalyst. Small, 2019, 15 (16): 1900296.

[30] Xu J, Li F, Wang D, et al. Co_3O_4 nanostructures on flexible carbon cloth for crystal plane effect of nonenzymatic electrocatalysis for glucose. Biosensors and Bioelectronics, 2019, 123: 25-29.

[31] Holá K, Sudolská M, Kalytchuk S, et al. Graphitic Nitrogen Triggers Red Fluorescence in Carbon Dots. ACS Nano, 2016, 11 (12): 12402-12410.

[32] Mondal S, Yucknovsky A, Akulov K, et al. Efficient Photosensitizing Capabilities and Ultrafast Carrier Dynamics of Doped Carbon Dots. Journal of the American Chemical Society, 2019, 141 (38): 15413-15422.

[33] Wang L, Li B, Li L, et al. Ultrahigh-yield synthesis of N-doped carbon nanodots that down-regulate ROS in zebrafish. Journal of Materials Chemistry B, 2017, 5 (38): 7848-7860.

[34] Xu L, Jiang Q, Xiao Z, et al. Plasma-Engraved Co_3O_4 Nanosheets with Oxygen Vacancies and High Surface Area for the Oxygen Evolution Reaction. Angewandte Chemie International Edition, 2016, 55 (17): 5277-5281.

[35] Adekoya D, Chen H, Hoh H Y, et al. Hierarchical Co_3O_4@N-Doped Carbon Composite as an Advanced Anode Material for Ultrastable Potassium Storage. ACS Nano, 2020, 14 (4): 5027-5035.

[36] Rivadeneyra A, Fernández-Salmerón J, Agudo-Acemel M, et al. A printed capacitive-resistive double sensor for toluene and moisture sensing. Sensors and Actuators B: Chemical, 2015, 210: 542-549.

[37] Chung V P J, Yip M C, Fang W. Resorcinol-formaldehyde aerogels for CMOS-MEMS capacitive humidity Sensor. Sensors and Actuators B: Chemical, 214: 181-188.

[38] Rivadeneyra A, Fernández-Salmerón J, Agudo M, et al. Design and characterization of a low thermal drift capacitive humidity sensor by inkjet-printing. Sensors and Actuators B: Chemical, 2014, 195: 123-131.

[39] Kim I J, Lee J E, Ko J W, et al. Molecularly engineered copolyimide film for capacitive humidity sensor. Materials Letters, 2020, 268: 127565.

第 3 章
可穿戴传感器结构设计与优化

第 3 章 可穿戴传感器结构设计与优化

本章围绕多种传感检测单元的结构设计与性能分析展开，涵盖电阻式、电容式和微波谐振式传感检测单元。在电阻式传感检测单元中，介绍了电阻式可穿戴传感器的设计技巧和原则，包括选择柔性基底材料、优化敏感元件布局等，还列举了多层复合结构、岛 - 桥结构、波浪形结构和微结构阵列等常见结构及其特点，并指出了导电材料和柔性基底材料的选择以及加工测试方法。通过对压阻式压力传感器的性能测试，展示了其在不同压力条件下的出色表现，如超高灵敏度、高线性度、卓越的循环响应、稳定的响应稳定性、极小的迟滞值以及快速的响应恢复能力。电容式传感检测单元部分，针对金属 - 绝缘体 - 金属（MIM）电容式传感单元，介绍了其结构设计，通过对比不同孔径大小和孔径间距的电容式湿度传感器，确定了最优结构以实现高灵敏度湿度响应。微波谐振式传感检测单元是研究重点，在传感检测频点标定中，选用交指电容结构（IDC）的微带电路在不同水分子浓度条件下测量，通过采用非对称开环谐振器结构、优化开口处结构、改变窄带传输线宽度、采用双环结构等方法提升了品质因数和电场强度。然后，介绍了多层射频谐振器结构的设计与优化，论述了多层微型双工结构的设计与优化，以三阶双工器为例，通过优化滤波器等实现了高性能和微型化。最后，在平面并联叉指电容式微波结构设计与优化中，介绍了多种平面微波传感器结构，设计了基于 P-IDC 结构的平面微波传感器，用于测定介电材料的复介电常数，并分析了其结构、原理、参数及性能。总之，本章对不同类型的传感检测单元进行了深入研究，为湿度检测等领域的发展提供了有价值的参考。

3.1
电阻式传感检测单元结构设计与分析

3.1.1 电阻式可穿戴传感器设计技巧和原则

电阻式可穿戴传感器结构设计对于提升传感器的性能至关重要，通过选择柔性材料如导电聚合物或硅胶或凝胶为基底，以确保传感器能够适应人体的动态变化，并提供舒适的佩戴体验。设计时需优化敏感元件的布局，以便在各种身体活动中都能准确测量压力，以提高测量精度和稳定性。另外，需要考虑长期稳定性，选择耐汗、耐磨损的材料，并设计有效的封装，以确保传感器在长期使用中的稳定性和可靠性。以下是几种常见的结构设计及其特点：

① 多层复合结构　这种结构通过将导电材料和绝缘材料交替堆叠，包括压力敏感层、导电层和保护层等，这种设计可以增加传感器的灵敏度、检测范围和耐用性等，因为每层材料在受压时都会产生电阻变化，从而累积形成更大的信号输出[1-2]。

② 岛 - 桥结构　在柔性基底上形成导电材料的岛和桥，通过外部压力改变岛和桥之间的接触，从而改变电阻[3-4]。这种结构的优势在于它可以在保持导电路径的同时，允许基底材料有较大的形变，从而提高传感器的灵活性和灵敏度。然而，这种设计也存在"岛效应"问题，

即弹性体基质与刚性组件之间模量不匹配,可能导致裂纹的产生。

③ 波浪形结构　采用波浪形设计的导电层,可以在受到压力时增加导电路径的变化,提高灵敏度。这种结构特别适合制造高灵敏度的应变传感器,因为波浪形的波谷在拉伸过程中可以集中应力,导致更大的电阻变化[5-6]。

④ 微结构阵列　在传感器表面形成微米或纳米级别的结构阵列,以增强压力分布的均匀性和灵敏度。这些微结构可以是金字塔形、微柱形、微球形、仿生结构、褶皱结构等,它们通过在微小压力下易变形的特性,显著增加接触面积,从而提高传感器的灵敏度[7-8]。

在设计电阻式可穿戴传感器过程中,需要选择合适的导电材料和柔性基底材料,如碳纳米管、石墨烯、导电聚合物和硅橡胶等。可以借助有限元模拟和人工智能算法,优化传感器的微观导电网络结构和介观层状结构,以提高传感性能。加工时采用微加工技术、薄膜技术和厚膜技术等,精确控制传感器的几何尺寸和微观结构,通过拉伸、压缩等实验,测试传感器的灵敏度、检测范围、稳定性和可靠性。

3.1.2　压阻式压力传感器性能测试

以 2.1.1 小节中设计的 PCMS 压阻传感器为例,相对电阻变化 - 压力曲线如图 3-1 所示,PCMS 压力传感器在低于 72.7Pa 的压力下表现出 147.74kPa^{-1} 的超高灵敏度,该特性保证了传感器对脉冲跳动等微小信号的高精度检测。此外,所有检测范围内的线性度均保持在较高水平($R^2 > 0.981$),表明了其卓越的传感可靠性。

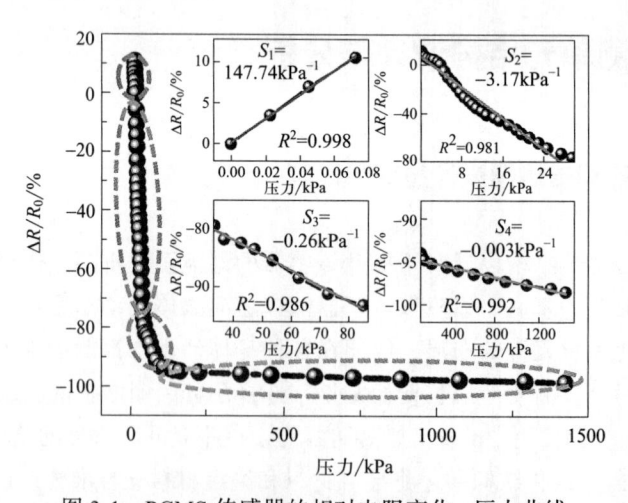

图 3-1　PCMS 传感器的相对电阻变化 - 压力曲线

如图 3-2 所示,该部分逐次施加了 5 个不同水平的压力,随着压力负载的增加,PCMS 压力传感器的电阻变化也相应增加。在没有负载的情况下,电阻立即恢复到其初始值。这一特性表明 PCMS 压力传感器具有出色的循环响应,这一特性对于人体运动检测中的实际应用至关重要。

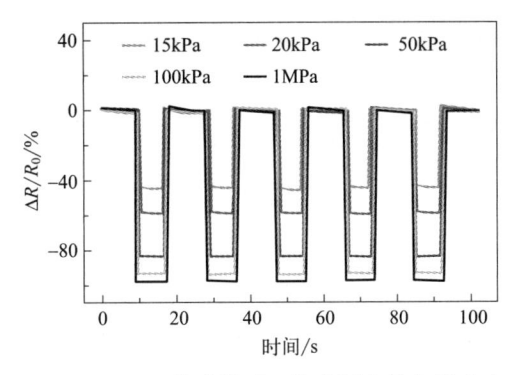

图 3-2　PCMS 传感器对于较小压力的电阻响应

如图 3-3 所示，PCMS 传感器即使在受到较大压力后，对较小压力的响应也仍保持不变，进一步证明了 PCMS 传感器的响应稳定性。

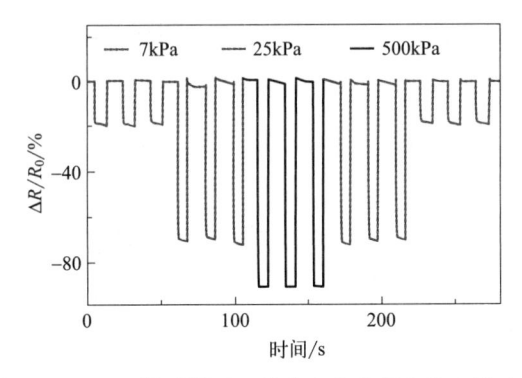

图 3-3　PCMS 传感器对于较小和较大压力的电阻响应

如图 3-4 所示，PCMS 压力传感器以 1.42MPa 的压力极限反复加载，并以相同的测试速度释放。不同循环下的电阻曲线具有相同的波形并几乎重叠，说明了压力传感器的鲁棒稳定性和可恢复性。此外，计算出的迟滞值为 3.4%，表明压缩过程中的能量损失极小，证明了传感材料与海绵骨架的牢固结合以及本研究提出的海绵结构的优越性。

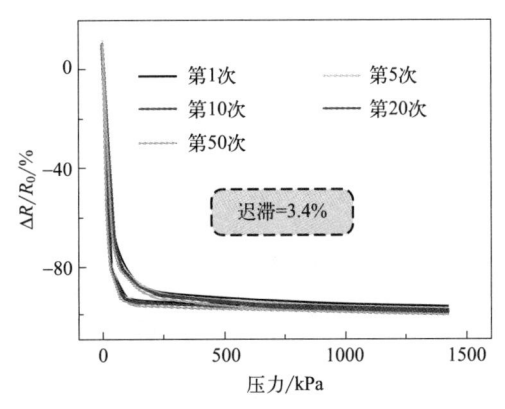

图 3-4　PCMS 传感器对于不同加载/卸载循环下的迟滞曲线

如图 3-5 所示，在不同的压力水平下，电流曲线表现出极高的线性度和出色的欧姆特性。

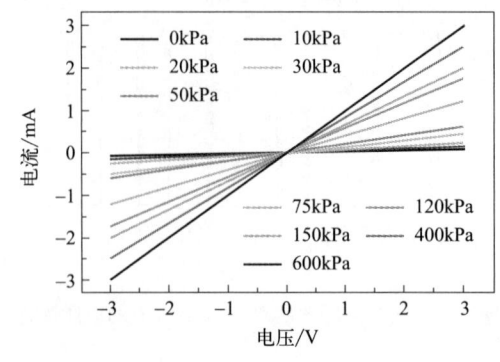

图 3-5　PCMS 传感器对于不同压力下的电流 - 电压曲线

如图 3-6 所示，在 12kPa 的相同测试压力下，在不同频率下对传感器进行了测试，信号的循环数与施加的频率完全对应，且不同频率下的电阻变化幅值维持不变，表明 PCMS 压力传感器的稳定循环响应与测试频率无关。

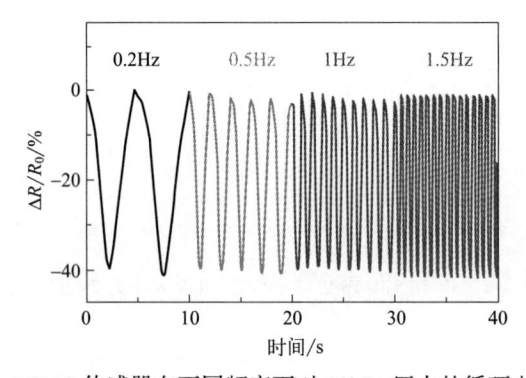

图 3-6　PCMS 传感器在不同频率下对 12kPa 压力的循环电阻响应

如图 3-7 所示，对 PCMS 压力传感器进行了 3000 次循环的加载释放测试，传感器可以稳定响应而不会出现波形和幅度的明显波动，充分体现了材料结合的稳定性和海绵结构的抗压性。

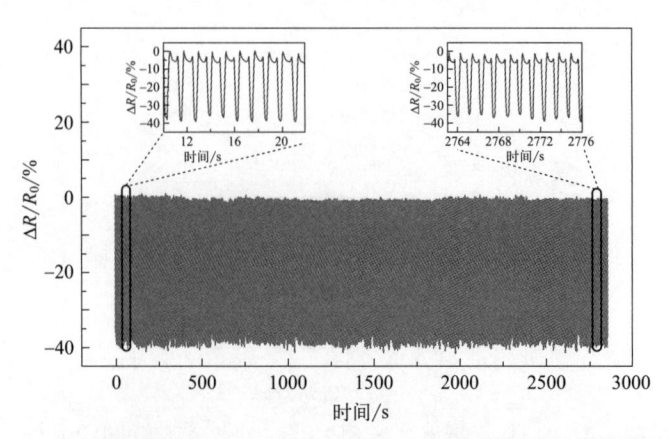

图 3-7　PCMS 传感器在 12kPa 压力下进行 3000 次循环的长期稳定性测试

如图 3-8 所示，定义传感器的响应时间和恢复时间为达到稳定值 90% 所需要的时间，在此计算出响应时间和恢复时间分别为 100ms 和 65ms。快速的响应恢复能力能够确保传感器在动态响应下及时采集信号。

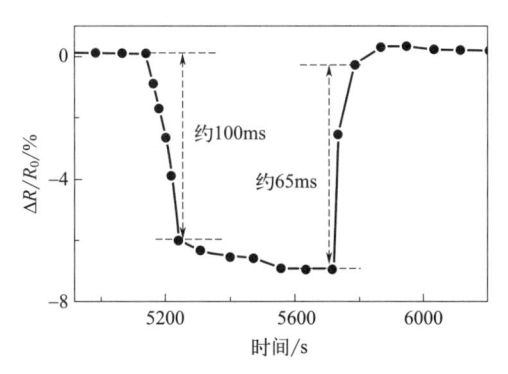

图 3-8　PCMS 传感器的响应恢复时间

3.2 电容式传感检测单元结构设计与分析

3.2.1　MIM 电容式传感单元结构设计

对于金属-绝缘体-金属（Metal-Insulator-Metal）MIM 电容式传感检测单元，该多孔 MIM 型电容式传感器由玻璃基板、底部电极、作为传感层的功能性聚合物膜和带孔的顶部电极组成，其尺寸为 4mm×5mm。图 3-9 给出了电容式湿度传感器的多孔结构示意图。在顶部电极中设计多孔结构是为了增加水分子和功能性感湿层的接触面积，从而增强了水汽向功能性聚合物传感层的扩散。

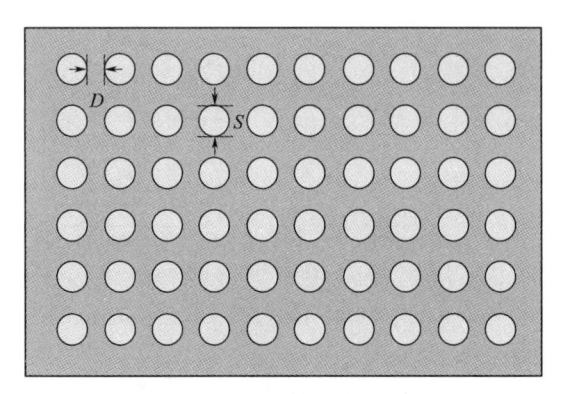

图 3-9　金属-绝缘体-金属电容传感检测单元结构设计图

3.2.2 MIM 电容式传感器性能测试

通过对比不同的孔径大小和孔径间距的电容式湿度传感器，找到最优 MIM 电容湿度传感器的结构，以实现高灵敏度湿度响应。图 3-10 给出了孔直径（D）为 20～100μm 的 MIM 电容湿度传感器的湿度测试结果，在保证其他变量不变的条件下，孔间距设定为 40μm。从图中可以看出，较小孔径的 MIM 电容传感器可以实现更高的湿度检测灵敏度，因为相同面积的顶部电极上存在更多的孔，增大了聚合物与水蒸气的接触面积，从而得到了高灵敏度响应。

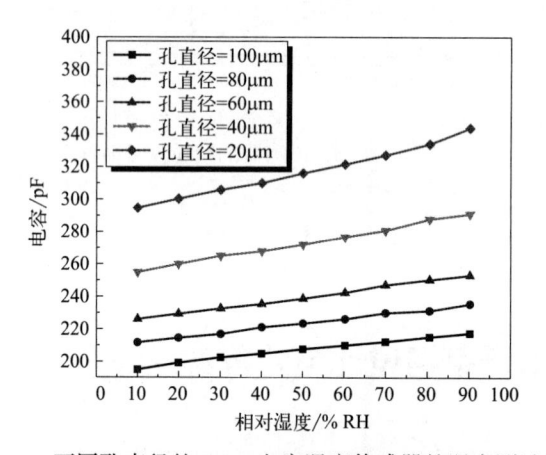

图 3-10 不同孔直径的 MIM 电容湿度传感器的湿度测试结果

图 3-11 给出了孔间距（S）为 10～50μm 的 MIM 电容湿度传感器的灵敏度的湿度测试结果，在保证其他变量不变的条件下，孔直径设定为 20μm。

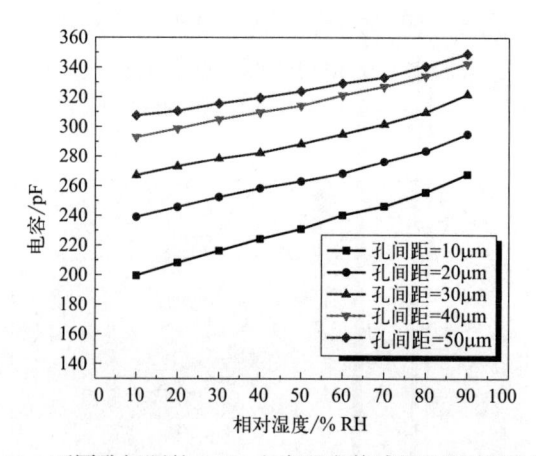

图 3-11 不同孔间距的 MIM 电容湿度传感器的湿度测试结果

从结果得出，孔间距越小，电极顶部的孔分布越多，增大的接触面积使更多的水分子被吸附在传感器上，形成冷凝水的多层结构，从而提高了湿度传感器的灵敏度性能。最终确定了孔径为20μm、孔间距为10μm的MIM电容湿度传感器的传感性能最优，顶部金属和孔之比约为5∶3。

3.3 微波谐振式传感检测单元结构设计与分析

虽然电阻或电容检测技术在湿度检测应用层面已获得很大进展，但是灵敏度和湿滞问题仍需改进。另外，低频电阻电容式湿度传感器会受到白噪声的影响，存在结果抖动的问题，适用于低精度、低成本的常规工业化湿度检测应用场景，其可靠性与灵敏度仍需提高。对于高精度、高集成度、可量产程度高的宽范围湿度检测应用场景，需要采用微型化高频微波湿度传感器来实现，但目前关于微波湿度检测的研究仍处于初级阶段，主要面临的问题在以下四个方面尤为突出：

第一，现有微波传感器中微波器件的谐振频率脱离了水汽检测所对应的最佳检测频率，并且湿敏材料的选择也没有考虑在电磁场作用下的材料特性，这限制了微波器件在特定检测频率下配合湿敏材料优势的充分发挥。水汽在不同频段会存在差异化的敏感响应，如未能实现敏感检测频率和湿敏材料的最优选择方案，将导致水分子与湿敏材料表面作用时，难以实现最大限度的吸附和脱附，从而限制了检测灵敏度的提升，导致整个湿度传感器的性能受到影响。

第二，缺乏理想的湿敏材料，现有微波湿度传感器中湿敏材料仅局限于多孔陶瓷或有机聚合物等传统材料。实际上，不同晶体结构与材料特性的湿敏材料，例如贵金属纳米粒子表面修饰以及与不同维度材料的复合所形成的异质结结构，能显著提升湿度传感器的检测灵敏度。然而，在微波湿度检测领域中，对上述内容的相关研究工作尚未见诸报道。

第三，在湿度传感器中，传感单元的设计是决定检测灵敏度指标的另一个重要因素。对于电容式湿度传感器，尚未有从电容结构优化来改善传感器性能的报道，并且也未见微波器件设计层面上对检测灵敏度优化的相关研究工作，无论是基于全波电磁仿真的微波器件的谐振特性分析，还是基于器件的加工工艺实现微型化研究。尤为重要的是，高浓度和低浓度的湿度微波检测技术的实现需要综合考虑微波器件敏感检测频率、湿敏材料以及微波器件设计与加工等方面的系统级优化方案以及彼此间的相互关联。

第四，目前尚未见有人探索微波湿度传感器是否可以实现和电容或电阻湿度传感器类似的面向人体应用的体征监测功能。人体呼吸环境的高度复杂性（例如呼出挥发性有机化合物的干扰），是造成检测误差的因素之一。对于如何提高对微波湿度检测系统稳定性尚未提出行之有效的解决方案；同时，微波检测机理也是重要的一环，检测过程中微波材料介电常数的变化以及对湿敏材料的电磁特性分析，也尚未有检索结果。

3.3.1 传感检测最优敏感频点标定

以湿度传感单元为例，敏感微波检测频点的标定方法大致可以分成三类：一是使用相应频带的天线在不同气体浓度的条件下用 VNA 测量 S_{11}，其变化幅度最大的频段就是该水汽的敏感频段；二是使用电感电容振荡回路在不同浓度条件下使用 VNA 测量 S_{21}，其变化幅度最大的频段就是水分子的敏感频段；三是使用交指电容结构（Interdigital Capacitor，IDC）的微带电路在不同水分子浓度条件下使用 VNA 测量 S_{21}，其变化幅度最大的频段就是最优敏感频段。

这里选用的是第三种方法，具体原因如下：经过相关文献查阅，把测量频段定在 2～12GHz 这个范围内，在这个比较宽的频率范围内，如果采用前两种方法则需要多个天线或者多个振荡回路才能完成测试，而 IDC 结构的微带电路可以在较宽的频段内实现比较低的损耗，有利于方便地确定水汽的敏感频段；另外，IDC 结构微带电路的加工相较天线和电感电容振荡回路较为简单，可以节约加工时间和成本。

这里选用了聚四氟乙烯材料作为 IDC 结构微带电路的基板，基板的厚度 h=0.54mm，介电常数 ε_r=2.52，损耗角正切 $\tan\delta$=0.002，利用 CST 上的传输线阻抗计算器计算得到，传输线的线宽应为 1.5mm。

根据测量带宽以及测试需要，确定了 IDC 的参数指标，其谐振频率在 2GHz 以上，带宽为 2～12GHz，在 2～12GHz 测试频段内插入损耗小于 −3dB，在谐振频点处大于 −30dB。图 3-12 给出了相对湿度为 30%、60% 环境下 IDC 器件测量结果，图中内嵌为 IDC 结构设计图。图 3-13 给出了相对湿度 30%、80% 的环境下 IDC 器件测量结果，图中内嵌为 IDC 结构设计图。对比两个湿度条件下 IDC 的谐振结果，根据插入损耗 S_{21} 的变化来分析水汽的最优谐振点。采用两种相对湿度变化范围对比是为了在较宽的湿度检测范围内找到最优谐振频点，从而为后续湿度传感器的研究提供了更高的设计灵活度。

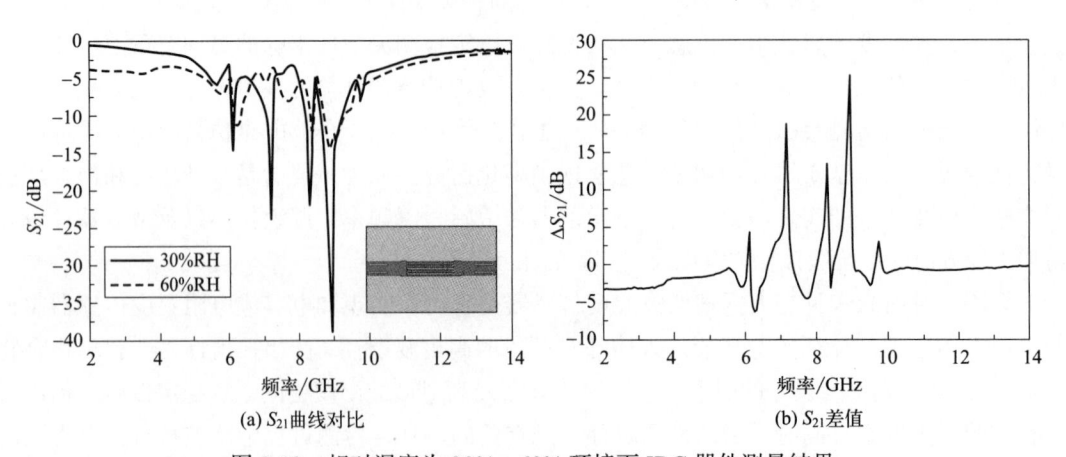

(a) S_{21} 曲线对比

(b) S_{21} 差值

图 3-12　相对湿度为 30%、60% 环境下 IDC 器件测量结果

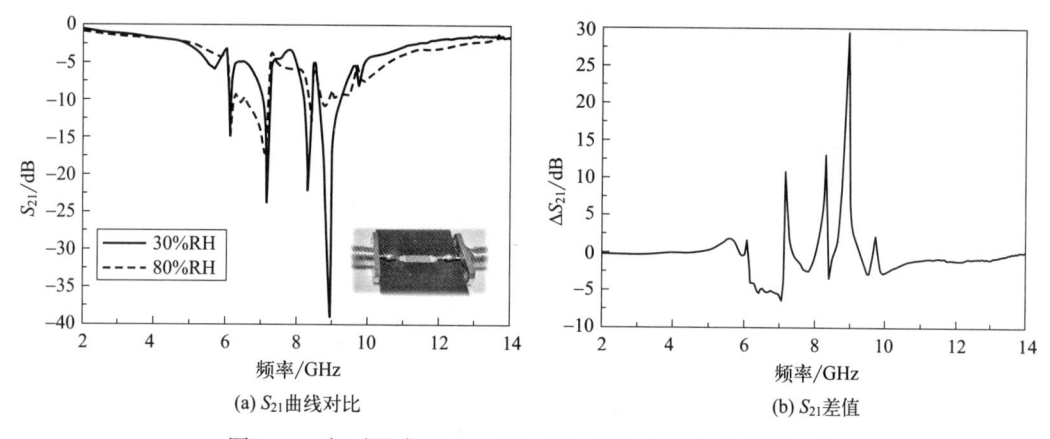

图 3-13 相对湿度 30%、80% 的环境下 IDC 器件测量结果

从以上两组数据中可以看出在这三个湿度变化的范围中，9.1GHz 处的 S_{21} 变化最大，其 S_{21} 差值的绝对值基本在 15dB 以上；不仅如此，7.3GHz 处的 S_{21} 变化也非常明显，其 S_{21} 差值的绝对值基本在 10dB 以上。综上所述，可以认为水汽在 2～12GHz 频率范围内的敏感频点为 7.3GHz 和 9.1GHz。

3.3.2 单层微波检测单元设计与优化

上述结果得到了水汽在 2～12GHz 范围内水汽的敏感频段为 7.3GHz 和 9.1GHz，其中 9.1GHz 的 S_{21} 变化幅度最大，所以先以 9.1GHz 作为谐振点进行单频带阻滤波器的设计。非对称开口环的品质因数通常要高于对称结构的品质因数，所以采用非对称开环谐振器结构为基础进行结构优化。在微带电路中，宽度较窄的传输线阻抗会较高。与此同时，也会更多地呈现出电感的特性，导致窄带部分的电场相较匹配的传输线更强，与开环回路形成更强耦合，从而达到提升品质因数的效果。所以在设计中采用窄带传输线与开环回路进行耦合，在电磁场耦合作用下，设计的开环谐振器的谐振频率可由式（3-1）求得。L 是等效电感，C 是等效电容。

$$f = \frac{1}{2\pi\sqrt{LC}} \quad (3\text{-}1)$$

为了计算 LC 振荡电路的等效电感，假设所有的电磁场能量都存储在开环中，不考虑电磁损耗，可以表示为：

$$\frac{1}{2}I^2 L = \int_{vd}\frac{1}{2}\mu_0 H^2 dv = \frac{1}{2}\mu_0\left(\frac{I}{D}\right)^2 D^2 b \quad (3\text{-}2)$$

H 和 D 分别是磁场强度和开口环谐振器的深度。通过简单推导可获得等效电感：

$$L = \mu_0 a \quad (3\text{-}3)$$

由于开口宽度g比开口环a的长度小得多,相对于开口宽度g,长度a可视为无穷大。因此,通过求解两个无限大的金属板之间的电场,可以计算出两条金属线之间电场形成的等效电容。

$$\psi \approx \mathrm{Re}\left[\frac{\varepsilon_0 V}{\pi}\ln\left(\frac{g+2a}{g}\right)\right] \approx \frac{\varepsilon_0 V}{\pi}\ln\left(\frac{2a}{g}\right) \tag{3-4}$$

金属板的两面都会产生感应电流,因此总电容中应考虑上下两面的磁通量。对位于空间(ε_0,μ_0)的金属板,其总电荷等于两个金属板之间的电压和电容的乘积。因此,开口环的等效电容的表达式可推导为:

$$C = \frac{2\varepsilon_0 a}{\pi}\ln\left(\frac{2a}{d}\right) \tag{3-5}$$

该结构的相关尺寸为:正方形开口环边长 a=3.27mm,环宽度 w_1=0.2mm,环离传输线距离 h=0.2mm,环开口宽度为 d=0.2mm,窄带传输线宽 w_2=0.7mm,窄带传输线线长 l_1=5mm,匹配传输线宽 w_3=1.5mm,匹配传输线线长 l_2=2.5mm。该单频带阻滤波器结构仿真所得 S_{21} 曲线谐振点在 9.116GHz,谐振振幅为 18.11dB。除了谐振点频率与振幅,还需关注该结构的品质因数 Q 值,Q 值的计算可以使用下式进行计算:

$$Q = f_0/\Delta f \tag{3-6}$$

式中 f_0——谐振频率;

Δf——谐振幅度为峰值的一半时的频率带宽。

通过计算可以得到该结构的 Q 值为 539.41。在此结构上,对其结构进行进一步的优化,以期望能够提升 Q 值和在开口处的电场强度。为了提升开口处的电场强度,考虑在开口处采用尖形结构。导体的尖端电荷相较其他平滑的区域更为集中,电场强度也更强,加入了尖形结构后的单频带阻滤波器如图 3-14 所示。由图可知,初始结构的电场场强最强在开口中间,数值为 1.20×10^6 V/m;而尖形结构电场场强最强在尖端,数值为 1.27×10^6 V/m,开口处的电场场强得到了增强。

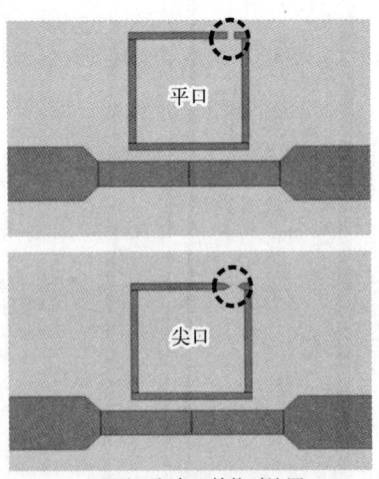

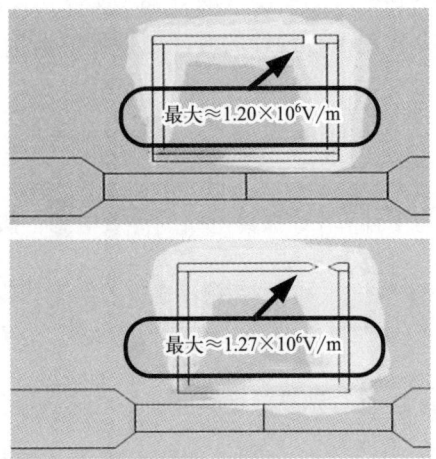

(a) 平口和尖口结构对比图　　(b) 两种结构在开口处电场场强仿真结果

图 3-14　平口结构和尖形结构在开口处仿真分析

除此之外，采用更窄的窄带传输线来进行耦合也能提高 Q 值。把窄带传输线的线宽进一步变小时，它的电感特性就愈加明显，能够储存的电磁能量也就更多，对谐振振幅的提升有一定的帮助。这里将窄带传输线的线宽 w_2 由 0.7mm 更改为 0.2mm，采用更窄的窄带传输线的单频带阻滤波器，插入损耗仿真结果如图 3-15 所示。可以看出，窄带传输线的单频带阻滤波器的谐振特性更尖锐，更容易实现微小变化的高灵敏度检测。

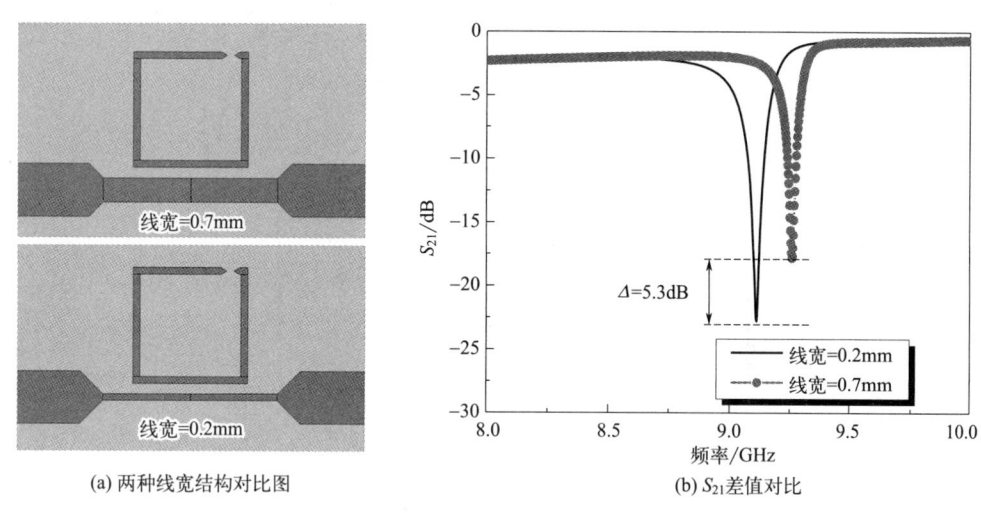

(a) 两种线宽结构对比图　　(b) S_{21} 差值对比

图 3-15　不同线宽结构对比以及插入损耗仿真结果

经过仿真发现，双环结构可以再次加强传输线与开环回路的耦合，能够进一步提升振幅和 Q 值，双环结构如图 3-16 所示，两个完全相同的开环回路分别放置于传输线两侧。经过仿真可以得到该结构 S_{21} 曲线图，该结构在谐振点的振幅为 23.37dB，经过计算后可以得到它的 Q 值为 552.45，较上一个结构有了一定提升。相比于单环结构，双环结构虽然有一定的频偏，但是在 S_{21} 曲线图谐振点处有 5.3dB 的提高，从而改善了 Q 值，借此可以提高传感器的灵敏度。

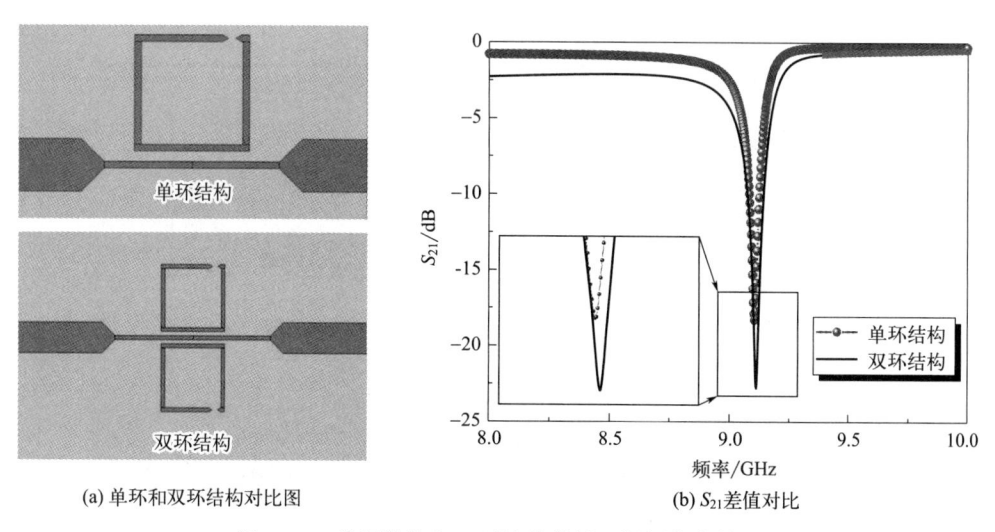

(a) 单环和双环结构对比图　　(b) S_{21} 差值对比

图 3-16　单环结构和双环结构的插入损耗仿真结果

双频带阻滤波器可以看作是两个单频带阻滤波器的串联，因此可以采用单频带阻滤波器的结构，在此基础上进行两个单频带阻滤波器的串联，组合出所需要的双频带阻滤波器。图 3-17 所示的插入损耗仿真结果说明双环结构产生两个谐振点都可以用来表征传感器的特性，相比于单一谐振点具有更多表征数据。

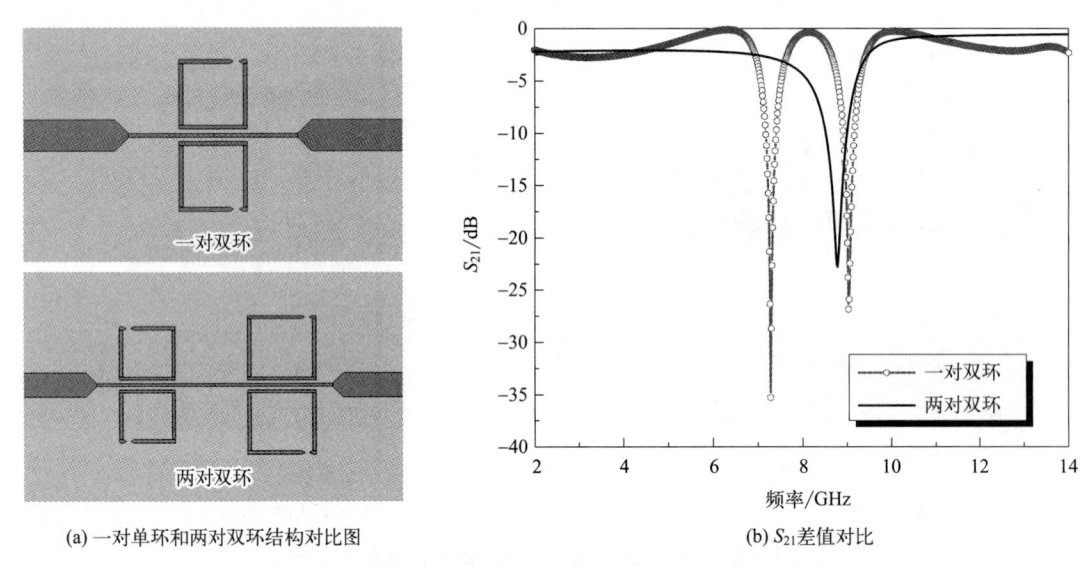

(a) 一对单环和两对双环结构对比图

(b) S_{21}差值对比

图 3-17 一对双环结构和两对双环结构的插入损耗仿真结果

经过参数的调整，确定了双频带阻滤波器的最终结构以及尺寸。为了防止两个开口环发生耦合，需要把它们分离得尽量远。该双频带阻滤波器的设计结构见图 3-18，仿真所得的 S_{21} 曲线见图 3-19。可以得出，两个谐振点谐振频率分别为 7.3GHz 及 9.1GHz，尺寸参数见表 3-1。

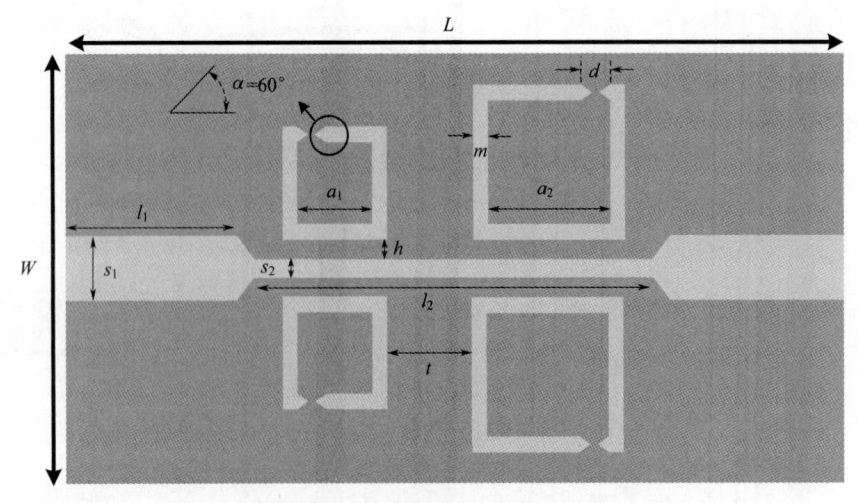

图 3-18 双频带阻滤波器的设计结构

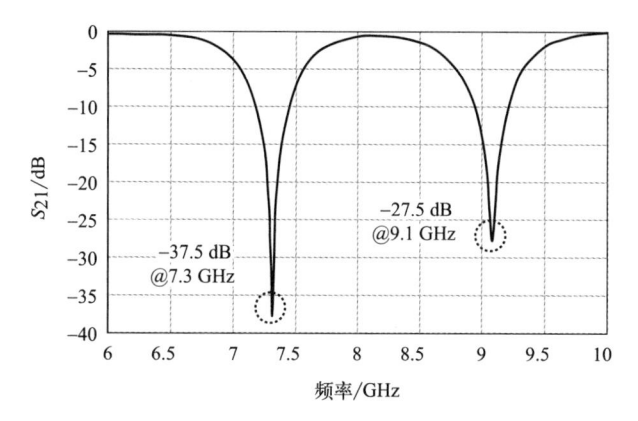

图 3-19 双频带阻滤波器的仿真所得的 S_{21} 曲线

表 3-1 带阻滤波器湿度传感器的结构参数

参数	数值 /mm	参数	数值 /mm	参数	数值 /mm
W	15	l_1	4.35	d	0.596
L	24	l_2	14	t	4.35
a_1	2.9	s_1	1.5	h	0.2
a_2	3.6	s_2	0.2	m	0.2

此处有一点需要说明的是，此结构可能会有两个开环回路互感的情况出现，因此需要对其电场分布进行仿真来证实是否存在互感。图 3-20 和图 3-21 是在 7.3GHz、9.1GHz 下的电场分布图，可以清楚地看到，图 3-20 电场最大值出现在尺寸较大的开环回路的开口上，而尺寸较小的开环回路上电场强度与自由空间的电场强度基本一致；而图 3-21 正好相反，场最大值出现在尺寸较小的开环回路的开口上，而尺寸较大的开环回路上电场强度与自由空间的电场强度基本一致。因此两个开环回路是独立工作的，它们之间不存在相互干扰的情况。

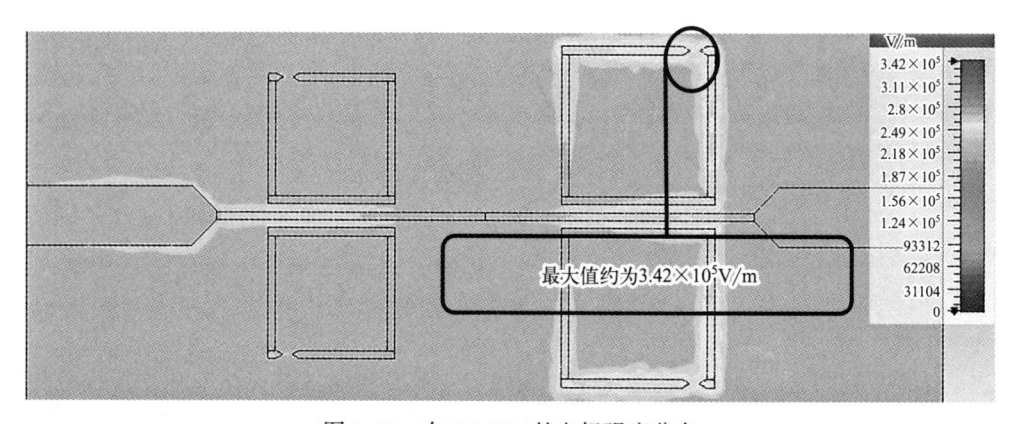

图 3-20 在 7.3GHz 的电场强度分布

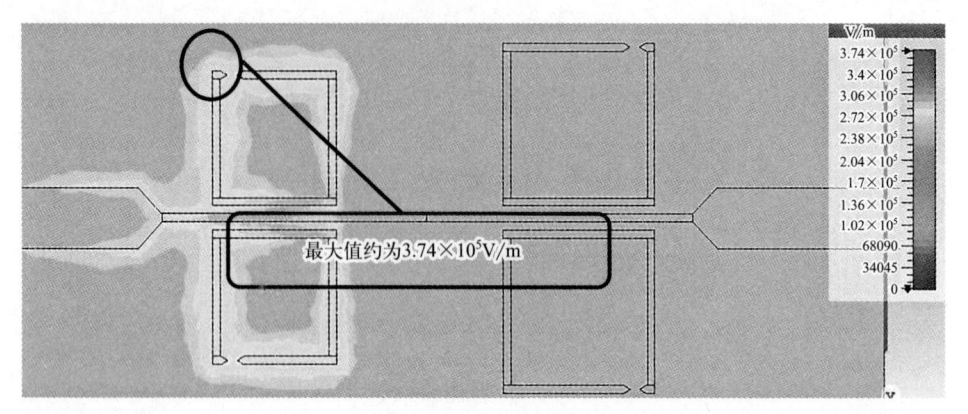

图 3-21 在 9.1GHz 的电场强度分布

综上所述，该结构为最终确定的双频带阻滤波器结构。设计完成之后，在 CST 中导出相关结构后就可以进行实物的制备了，实物制备需要经过曝光、蚀刻、光刻胶去除等几个工艺步骤。实物加工完成后，需要进行实物测试来找出水汽的敏感频段。为了制备敏感层，将煅烧后的产物分散在无水乙醇中，超声处理 5min，形成分散良好的糊状物。通过使用微量移液管，将悬浮液滴涂到设计的双频带阻滤波器的电场最强的四个敏感点上以提高灵敏度。将制备完成的传感器在 60℃烘箱中下干燥 2h 以确保乙醇的完全蒸发，如图 3-22 所示。使用的待测器件的加工批次和测试环境一致，以保证实验过程中的单一变量。

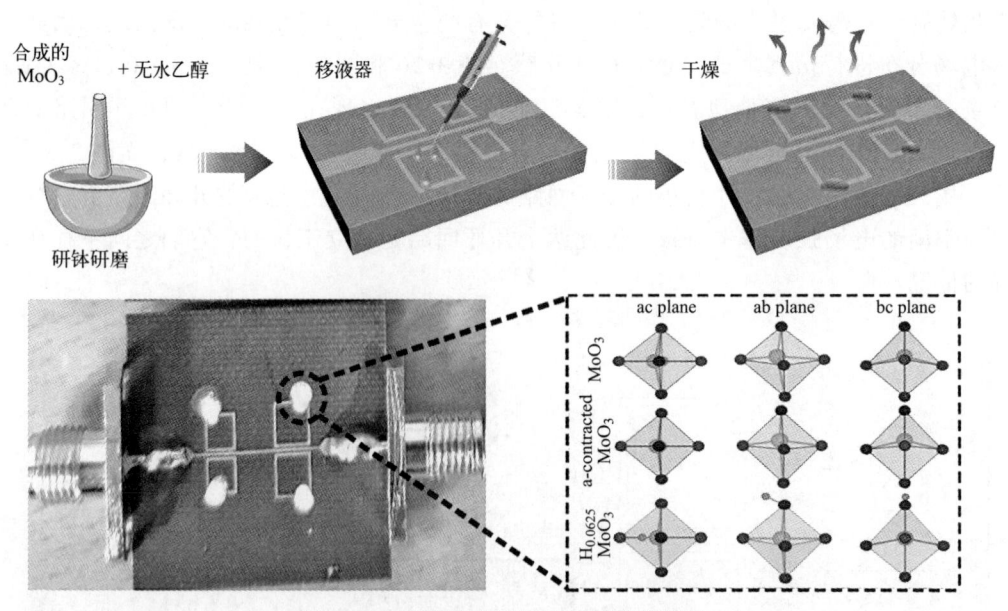

图 3-22 修饰纳米材料的过程及器件图

这里选择了饱和盐溶液法来构建一个较为稳定的湿度环境。图 3-23 给出了湿度检测实验平台搭建示意图，微波双频带阻滤波器置于湿度测试腔体中，通过电缆连接到 VNA 上进行测试，通过质量流量计调配 N_2 与水汽的比例，控制检测的相对湿度，然后将 VNA 测得的数据导出进行数据处理。

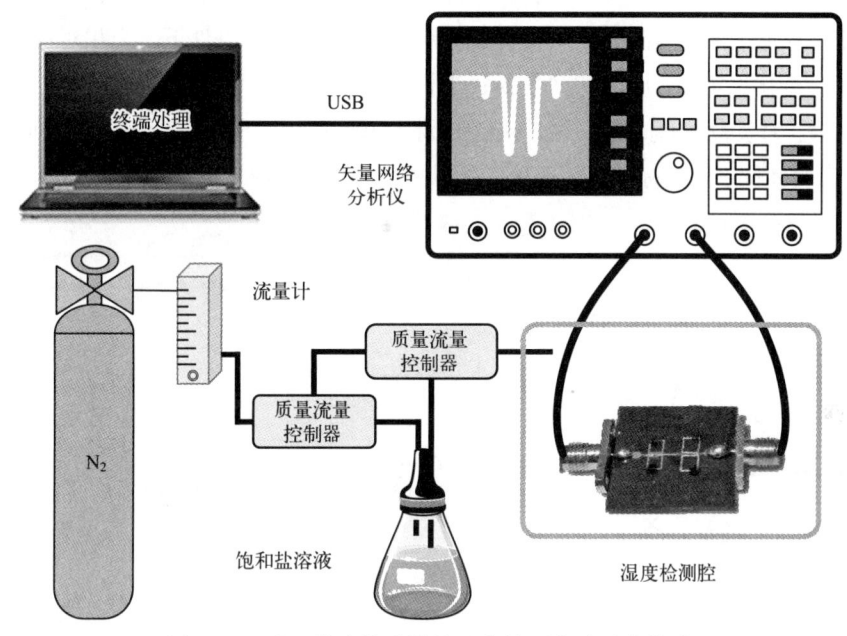

图 3-23 基于微波传感器的湿度检测实验平台搭建

谐振器的空载谐振频率为 7.3GHz 和 9.1GHz，图 3-24 是实测所得的 S_{21} 曲线。可以看到在四个湿度环境下，谐振频率的变化以及两个谐振点处 S_{21} 振幅幅值的变化。可以从图中看出，与单频结构一样，两个谐振频率都未发生明显变化，而它们的 S_{21} 变化较为明显，当湿度从 27%RH 变化到 80%RH 时，7.3GHz 处的 S_{21} 从 32dB 变化到了 27.5dB，平均每 1%RH 变化 0.085dB；9.1GHz 处的 S_{21} 从 28.8dB 变化到了 25.4dB，平均每 1%RH 变化了 0.064dB，而且两个谐振点的相对湿度与幅值都呈较好的线性关系。

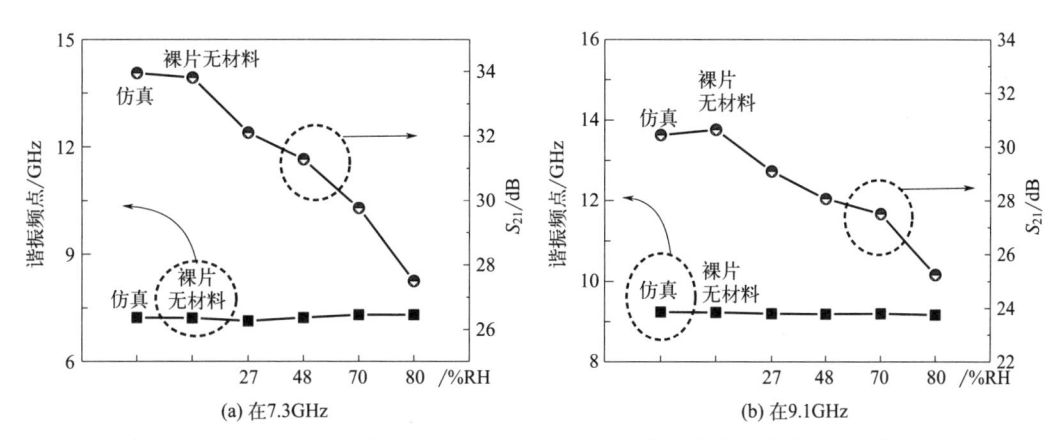

图 3-24 在四个湿度环境下在 7.3GHz 和 9.1GHz 的谐振频率变化及 S_{21} 的变化

图 3-25 是当相对湿度从 30% 变化到 80% 和从 80% 变化到 30% 时器件两个谐振点处 S_{21} 变化完成的总耗时，即传感器的响应恢复时间。从图中可以看出，在谐振频点为 7.3GHz 的条件下，当相对湿度 30% 变化到 80% 时，S_{21} 变化稳定后，响应时间为 5s；当相对湿度从 80% 变化到 30% 时，S_{21} 变化稳定后，恢复时间为 4s。而在谐振频点为 9.1GHz 的条件下，当相对湿度 30% 变化到 80% 时，S_{21} 变化稳定后，响应时间为 2s；当相对湿度从 80% 变化到 30% 时，S_{21} 变化稳定后，恢复时间为 3s。对于商业传感器来说，响应时间在 30s 之内即可满足工业需求，所研究的微波传感器的响应时间优于该指标，可用于医疗领域中实现快速实时诊断的应用场景。

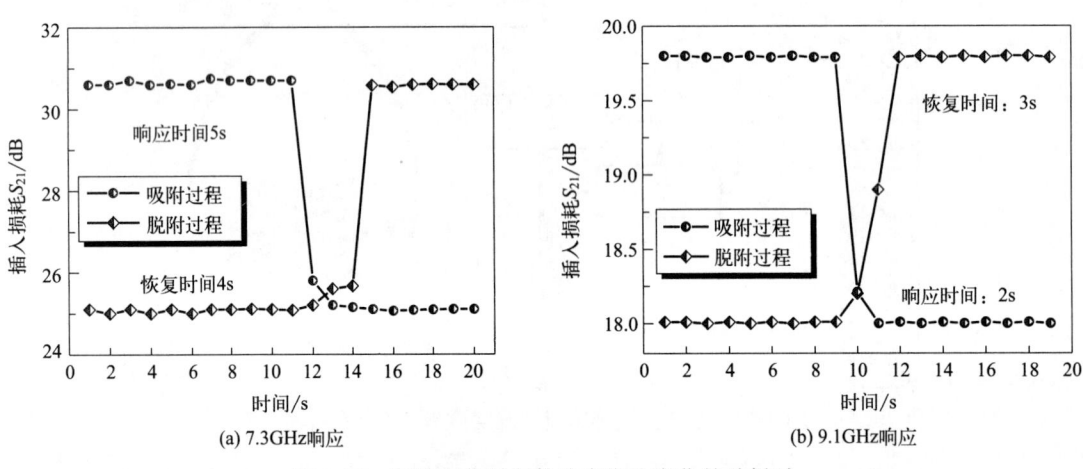

图 3-25 湿度变化时器件响应发生变化的总耗时

综上，根据 7.3GHz 和 9.1GHz 两个水汽敏感频点设计了以矩形开环谐振器为结构基础的感湿元件，并在非对称结构的基础上进行了优化。所设计的双频带阻滤波器结构，仿真所得谐振频率为 7.3GHz 和 9.1GHz。在此基础上，将所制备的 MoO_3 纳米材料修饰在微波湿度传感器上，并在空载（裸片无材料）、27%RH、48%RH、70%RH、80%RH 五个环境条件下对 S_{21} 参数进行测量。测量结果表示，当湿度改变时，所有器件的谐振频率并未发生变化，而修饰了 MoO_3 纳米材料器件的 S_{21} 的变化较为明显。当湿度从 27%RH 变化到 80%RH 时，双频带阻滤波器结构的感湿元件在 7.3GHz 处的 S_{21} 从 32dB 变化到了 27.5dB，平均每 1%RH 变化 0.085dB；9.1GHz 处的 S_{21} 从 28.8dB 变化到了 25.4dB，平均每 1%RH 变化 0.064dB，并且所有器件 S_{21} 完全变化的耗时都在 5s 以下。图 3-26 为两个谐振频率下对应的湿滞参数分析曲线，当传感器响应达到稳定值时，所设计的微波湿度传感器在两个频点下的最大湿滞参数均小于 0.25/%RH，该湿滞参数满足实际应用需求。

3.3.3 多层射频谐振器结构设计与优化

许多前沿研究通过引入新的加工技术（如气溶胶沉积、静电纺丝、Hummer 方法）等，获

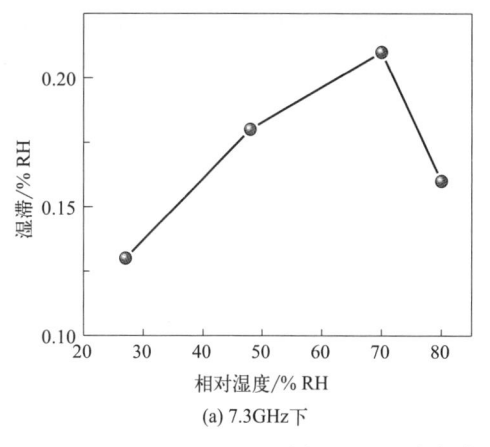

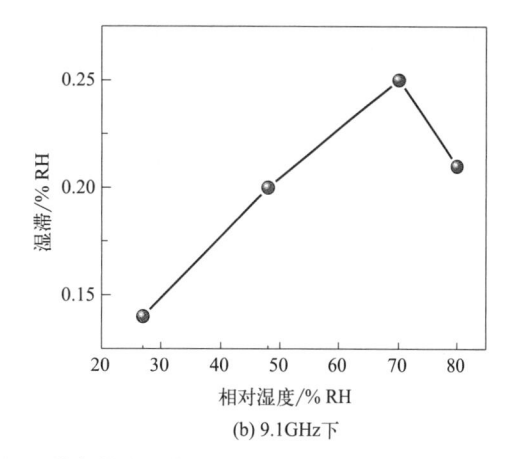

图 3-26 两个频率下的湿滞参数分析曲线

得了优异的湿度传感性能。然而，大多数方法与传统的工业加工工艺不兼容。作为一种开创性的技术，薄膜集成无源器件（Integrated Passive Device，IPD）加工技术是在标准半导体加工基础上发展起来的一种新工艺，在当前的工业条件下可加工出性能优异的器件。不仅在传统的加工工艺基础上提供了一些改进，具有更小的芯片面积、更低的功耗和更低的成本，而且与有源器件工艺更好的兼容性。此外，IPD 允许在芯片上集成标准互补金属氧化物半导体工艺。IPD 加工技术可集成不同的无源元件，包括薄膜电阻、螺旋电感和金属 - 绝缘体 - 金属电容器，具有线宽小、衬底控制精度高、集成度高、寄生效应少等特点，对于实现易于集成和大规模生产的实用化至关重要。IPD 加工的微波传感器将湿度检测所需的敏感材料量降至最低，这是因为与电阻式或电容式传感器相比，敏感区域不仅可以实现微型化，而且器件具有较高的可靠性。对于高性能湿度传感器的工业生产，必须保证所采用的加工工艺与目前的工业批量生产工艺相兼容，而这种加工技术的稳定性和精确性使其成为商用湿度传感器的加工过程中重要的手段。基于 IPD 的加工参数，在 Agilent 先进设计系统（Advanced Design System，ADS）平台上设计并优化了微波湿度传感器。采用 ADS 仿真平台进行 Momentum 仿真设计，设计的 4 款微波谐振器版图如图 3-27 所示，这 4 款微波谐振器是由外围螺旋电感加交指电容所构成的微波谐振回路。

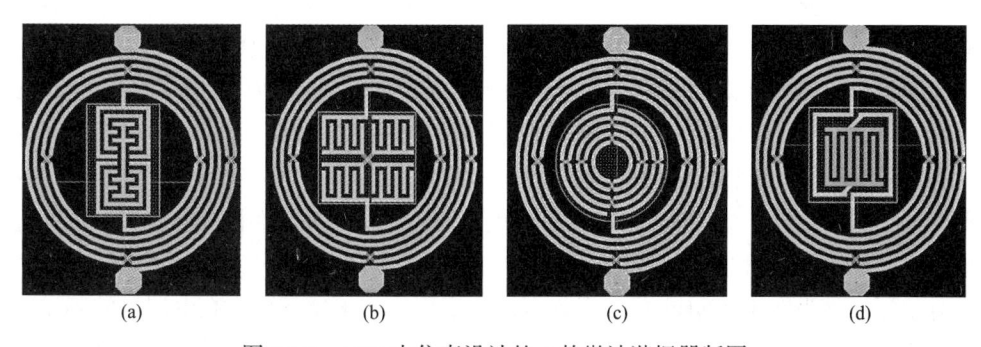

图 3-27 ADS 中仿真设计的 4 款微波谐振器版图

通过优化仿真得到了散射参数结果,由图 3-28 可以看出,所设计的微波谐振器的谐振频点都在 2GHz 左右,并且谐振特性良好,适合作为湿度传感器。

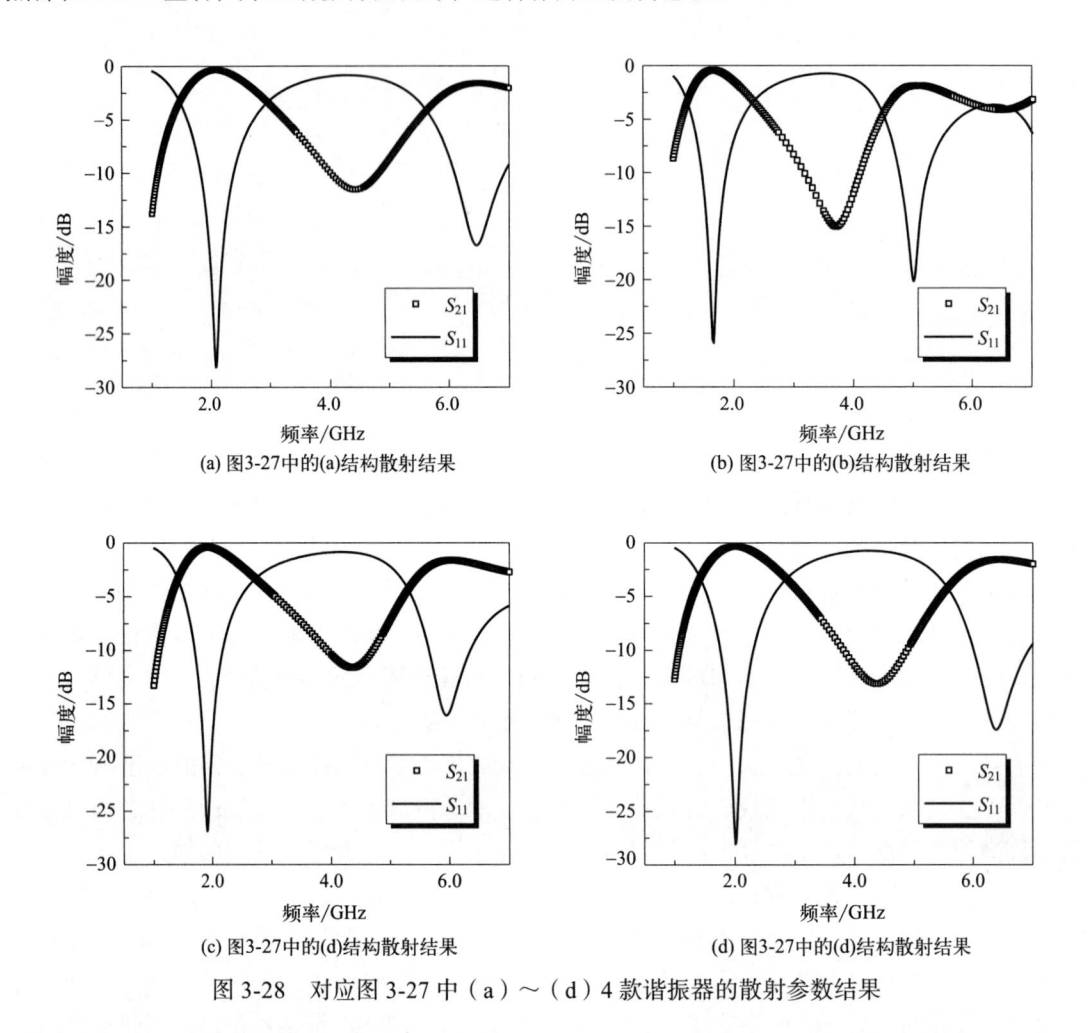

(a) 图3-27中的(a)结构散射结果

(b) 图3-27中的(b)结构散射结果

(c) 图3-27中的(d)结构散射结果

(d) 图3-27中的(d)结构散射结果

图 3-28　对应图 3-27 中（a）～（d）4 款谐振器的散射参数结果

图 3-29 给出了采用 IPD 技术设计的微波湿度传感器的三维布局以及相应的电阻、电感和电容为主的等效电路。其中空气桥的设计是为了在后期修饰纳米材料后,水分子更容易进入微波电磁场强的区域,进一步增大了灵敏度。

该紧凑型平面谐振器采用了相对介电常数为 12.85,损耗正切为 0.006,厚度为 200μm 的 GaAs 衬底。六角形的交指电容位于圆形螺旋电感器内,产生电感-电容谐振电路。衬底和金属图案层之间的寄生电容和电阻的诱导效应可分别表示为 C_p 和 R_p。忽略边缘效应和电阻损耗,圆形螺旋电感器的电感（L）和交指电容器的电容（C）的定义可查相关资料获取。通过优化谐振电路的尺寸参数,例如螺旋线圈的数量和线宽或线间距,在水分子检测的敏感频率范围内,将谐振器优化为在 1.57GHz 频点上具有高品质因数的敏感元件。在电磁场的刺激下,水分子与敏感层之间的相互作用会显著改变波的传播介质的介电特性,而这种介电特性会被微波传输信号反映出来。微波传感器谐振频率可用下式计算出来:

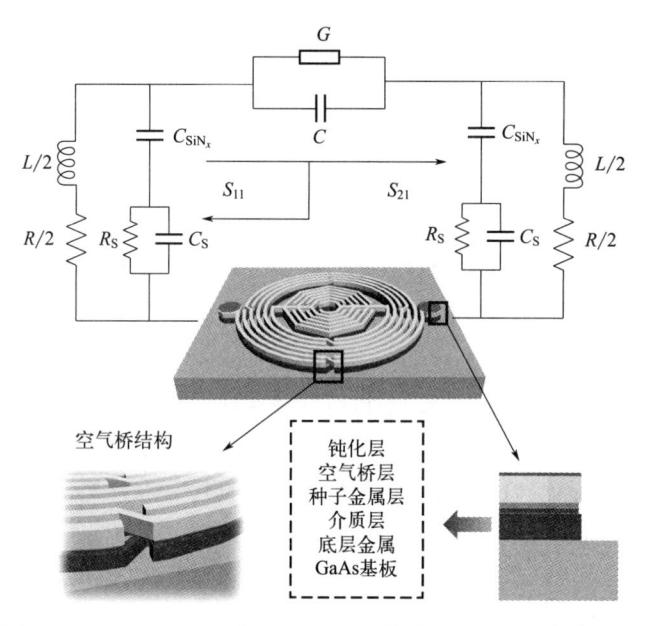

图 3-29　基于 GaAs 基板的微波湿度传感器的版图及等效电路

$$f_r = \frac{1}{2\pi\sqrt{LC}} \tag{3-7}$$

式中　f_r——微波传感器的谐振频率；
　　　C——谐振回路的总电容；
　　　L——谐振回路的总电感。

该微波传感器在基板上设计了 5 层掩模层，包括钝化层、空气桥金属层、种子金属层、介质层和顶层金属层，其线宽和线间距为 15cm。图 3-30 给出了每个掩模层的具体设计结构，在螺旋电感中引入了空气桥结构，增加了互感，减小了电感信号的传输损耗，从而增加了系统整体的能量利用率。

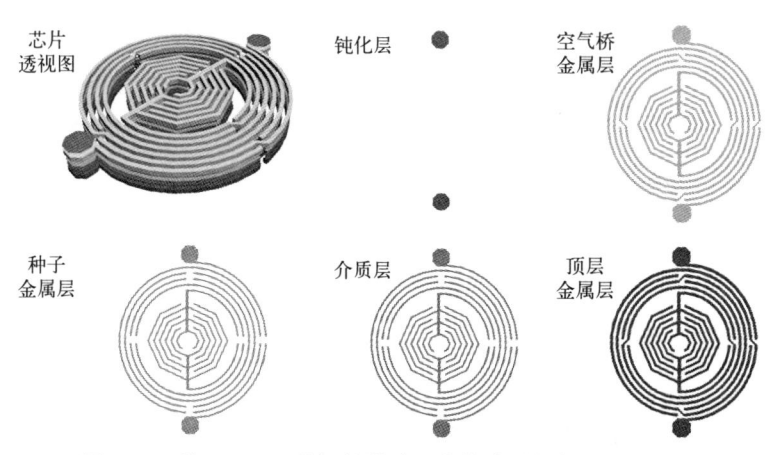

图 3-30　基于 GaAs 基板的微波湿度传感器的各层基板设计

3.3.4 多层微型双工结构设计与优化

为了提高传感器的性能同时实现微型化，采用了集成无源微纳加工技术来设计微波湿度传感器，这种工艺不仅可以实现微波谐振器的微型化，而且加工完的器件的稳定性也更高。由于我们设计的微波湿度传感器为多层结构，而每层结构的流片过程费用较高，所以为了寻找最优的加工技术参数，同时降低前期优化过程中流片的整体费用，这里采用三阶双工器作为 IPD 微纳加工工艺的研究实例，对该工艺展开进一步的分析和优化。对于双工器来说，其接收频带和发射频带信号应相互隔离，不得有任何干扰。接收机和发射机之间的高隔离度可以减少发射机能量漏入接收机，防止接收机信号进入发射机。过大的插入损耗会降低系统的噪声系数，进而抑制信噪比性能。双工器的设计核心目标是保证高通滤波器的通带能落入低通滤波器的阻带，或者低通滤波器的通带能落入高通滤波器的阻带。

首先使用 650μm 抛光 GaAs 基板，经由薄膜 IPD 微纳加工技术的制造出微型化三阶椭圆函数双工器，通过优化螺旋电感和金属-绝缘体-金属电容器，可获得高品质因数和良好的稳定性的紧凑型砷化镓双工器，其整体电路尺寸仅为 1.9mm×0.8mm，厚度为 0.2mm。该 IPD 射频双工器由一个低通滤波器和一个高通滤波器组成，在 0.79GHz 和 1.74GHz 的两个谐振频段，给出了插入损耗（0.5dB 和 0.5dB）、回波损耗（16dB 和 20dB）以及隔离度（优于 30dB）的测量结果，所设计的 IPD 双工器为解决射频无源器件系统级尺寸微型化的限制问题提供了很好的解决方案。双工器的两个输出端口的高频段和低频段须相互隔离，以便接收和发射同时正常工作。双工器的基本原型由一个低通滤波器和一个高功率滤波器组成，标准化元素值为 g_0，g_1，$\cdots$，g_n 的椭圆函数三阶低通原型滤波器可查阅获得。采用截止频率 Ω_c 为 1、通带纹波 L_{Ar} 为 0.1dB、阻带最小插入损耗 L_{As} 为 30.5dB 的样机对双工器进行分析。电正感和电容的集总元件值可分别由以下两式计算。

$$L_n = \frac{\Omega_c \gamma_0 g_n}{\omega_c} \tag{3-8}$$

$$C_n = \frac{\Omega_c g_n}{\omega_c \gamma_0} \tag{3-9}$$

采用阻抗标度法对单元进行变换，得到高通滤波器电感公式（3-10）和电容公式（3-11）。

$$L_n = \frac{\gamma_0}{\omega_c \Omega_c g_n} \tag{3-10}$$

$$C_n = \frac{1}{\omega_c \Omega_c \gamma_0 g_n} \tag{3-11}$$

螺旋电感器的电感由几个变量决定，包括匝数、空间宽度、螺旋电感器的内径和外径，并且取决于自感和互感。根据以上计算出的集总元件参数，在 ADS 软件中进行仿真，观察负载阻抗为 50Ω 的低通滤波器和高通滤波器的插入损耗和回波损耗。为了实现双工器在两个工作频段之间的高隔离度，需要设计具有不同传输零点和传输极点的滤波器。双工器中只有当高通滤波器或低通滤波器的传输极点落入低通滤波器或高通滤波器的传输零点时，才能实现端口之间的最大隔离以防止相互干扰。传输零点的频率可通过下式计算：

$$f_{TZ} = \frac{1}{2\pi\sqrt{LC}} = f_c\sqrt{\frac{1}{gg'}} \tag{3-12}$$

式中 f_c——截止频率。

所设计的两个滤波器，可用于双工器的进一步设计和分析。根据所选双工器的目标频段 0.79GHz 和 1.74GHz，根据图 3-31 分析低通滤波器和高通滤波器的仿真结果，为了同时满足高通和低通滤波器的需求，选用 Ω_s 为 1.69 的低通滤波器和 Ω_s 为 2.0 的高通滤波器来进行双工器的设计。

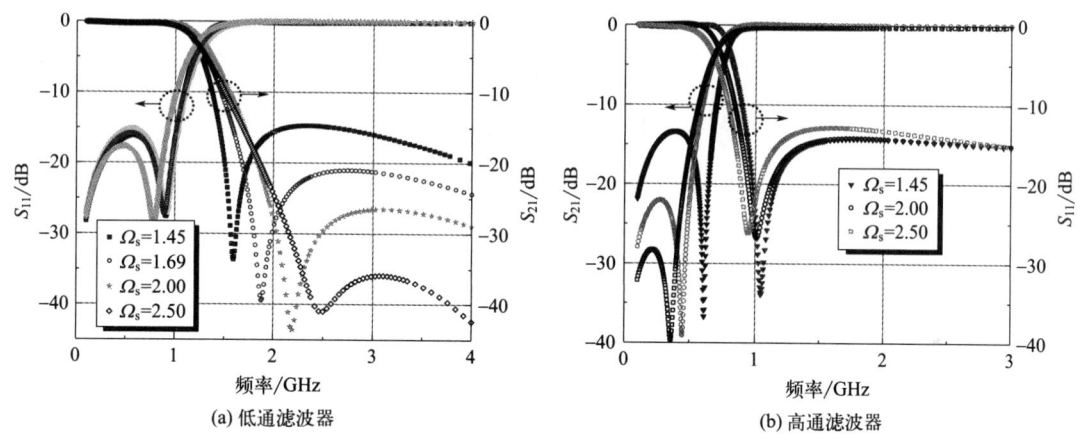

图 3-31 选用不同截止频率的滤波器的仿真结果

所设计的双工器由工作在 0.79GHz 和 1.74GHz 频率下的高通滤波器和低通滤波器组成，三个端口是由地-源-地（Ground-Source-Ground，GSG）结构的共面波导馈电。所提出的三阶双工器的低通滤波器与高功率滤波器相结合的等效电路如图 3-32 所示，在低通滤波器设计中，在并联电容电感谐振电路的串联支路上增加了一个附加电感器，可以隔离高频信号进入低通滤波器电路，保证两个端口之间的隔离度更高。

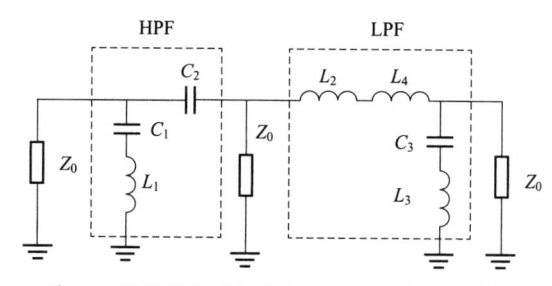

图 3-32 三阶双工器的低通滤波器与高功率滤波器相结合的等效电路

根据等效电路，需要对电磁仿真从示意图到结构布局进行进一步精确的转换，对于方形电感器的一般表达式如下：

$$L(\text{nH}) = 7.98n^2 D_{av}(13\rho^2 + 18\rho - 100\ln\rho + 72.75) \tag{3-13}$$

$$\rho = \frac{D_o - D_i}{D_o + D_i} \tag{3-14}$$

式中　n——螺旋圈数；
　　　ρ——填充率；
　　　D_{av}——感应器的平均直径。

$$D_{av} = \frac{1}{2}(D_o + D_i) \tag{3-15}$$

式中　D_i——螺旋线圈的内径；
　　　D_o——螺旋线圈的外径。

采用圆形螺旋电感器，相关系数 c 的参数可从文献中查阅获取。对于 MIM 电容器，电容 C 以 pF 为单位，由式（3-16）表示，W、L、t_{in} 以 μm 为单位：

$$C = \frac{\varepsilon_0 \varepsilon_{in} WL}{t_{in}} \tag{3-16}$$

式中　ε_0——自由空间介电常数，$\varepsilon_0 = 8.85\times10^{-12} f/m$；
　　　t_{in}——SiN$_x$ 介质层的厚度，$t_{in} = 0.2\mu m$；
　　　ε_{in}——SiN$_x$ 介质板的介电常数，$\varepsilon_{in} = 7.5$。

实际上，电容的计算应根据上下金属间的有效面积，即金属间的长度 L 乘以金属间的宽度 W。应用式（3-13）～式（3-16），可以得到电感器和电容器的详细尺寸。这里设计、加工并测试了一个 $D_o = 400\mu m$，$D_i = 150\mu m$ 的 4.5 匝电感器和一个 $65\mu m\times100\mu m$ 的电容器，如图 3-33 所示。电感和电容的计算值、仿真值和测量值分别为 7.31nH、6.75nH 和 7.18nH，以及 2.53pF、2.45pF 和 2.40pF。仿真和实测的螺旋电感器的品质因数分别为 29.93 和 19.26。测试结果与仿真结果之间的差异可能是由于焊接到器件上的连接器的加工公差、引线键合效应和连接方向造成的，如图 3-33 所示。

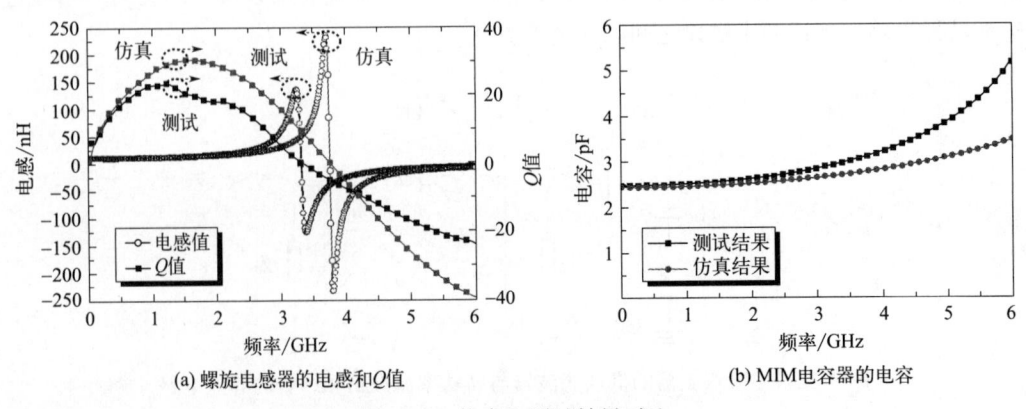

(a) 螺旋电感器的电感和Q值

(b) MIM电容器的电容

图 3-33　仿真和测试结果对比

最后，使用优化后的高通滤波器和低通滤波器设计的紧凑型双工器如图 3-34 所示。为了更好地观察所设计的双工器结构，利用扫描电子显微镜图像给出了电感器的空气桥结构和 MIM 电容器的局部放大结构。

(a) GSG结构双工器俯视图

(b) 双工器的显微镜图像

(c) 双工器的局部放大结构

(d) 空气桥结构的扫描电镜图

(e) MIM电容器的扫描电镜图

(f) 放大的空气桥扫描电镜图

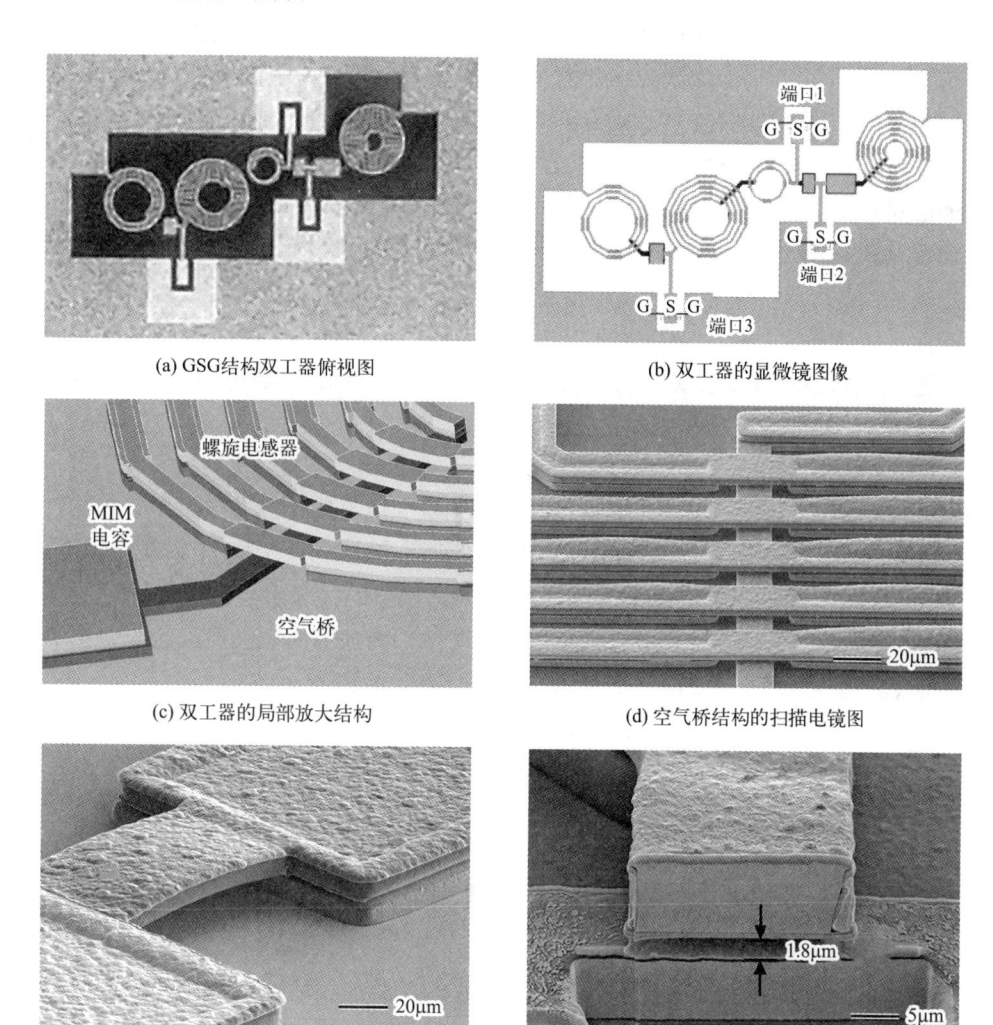

图 3-34 双工器的结构分析图

3.3.5 平面并联叉指电容式微波结构设计与优化

平面微波传感器可通过使用不同的结构来设计，如分裂环谐振器（SRR）、互补分裂环谐振器（CSRR）、共面波导（CPW）和基底集成波导（SIW）[9-11]，这些结构具有结构紧凑、易于相互连接和与集成元件电路连接等优点[12]。在平面微波传感器中，场相互作用会导致传感器共振频率的变化，从而揭示固体材料的特性[13]。在这种传感器中，样品位置需要一个高强度电场和磁场区域，以显示介电率和磁导率的特性。然而，固体材料的介电特性可以通过使用具有最大电场的结构来实现，传感器在强电场的作用下会表现出高灵敏度[14]。

在平面微波传感器中，可以通过使用带状微带线（microstripline，MSL）和叉指结构来增强场强。通过在显示强场的带状线之间使用叉指结构，可以实现高耦合。利用这种技术，可以通过在带状线之间留出间隙来进一步增强电场，从而使所有这些间隙与带状线耦合，实现强电场。基于 SRR 的平面微波传感器因其建立强电场、易于制造、成本低和设计坚固而得到广泛应用。叉指结构与 SRR 和螺旋结构的结合被用来增强场，进而增强传感器的灵敏度，因为这种排列方式最大限度地增强了传感器与样品之间的协作。在文献[15]中，利用双 SRR 之间的间隙可以最大限度地增强电场。通过将样品放置在最大电场位置，可产生高相互作用场，从而提高灵敏度。SRR 阵列、MSL 和叉指结构可用于最大化电场，因为在这些结构中，带状线之间的间隙会产生高耦合和高场相互作用[16]。还有研究人员基于超材料谐振微波传感器，用于演示液体样品介电性质的测试[17-20]。

从上述论点可以推断，要确定未知材料的介电常数，就必须对固体材料进行精确的电学表征。双宽间隙谐振器与并联数字间电容器（P-IDC）结构的简单方法用于产生高强度电场。P-IDC 结构的指间间隙会产生高电场，从而增强耦合和场相互作用，提高灵敏度。本小节设计了一种基于 P-IDC 结构的平面微波传感器，用于测定介电材料的复介电常数。P-IDC 结构是在厚度为 0.76mm 的 RF-35 衬底（ε_r=3.5）上制作的。

如图 3-35（a）所示，数字间结构与宽双间隙谐振器的并联组合是所提传感器的基本部分。在平面微带谐振器中起基本作用的两个重要参数是谐振频率和品质因数。一个简单的谐振器可以通过一个建模的 RLC 电路来表示，其谐振频率如下：

$$f_r = \frac{1}{2\pi\sqrt{LC}} \tag{3-17}$$

式中　　L——电感；

　　　　C——谐振器的电容。

电容值决定谐振频率，因此被用作谐振器的介电常数感应部分。如图 3-35（b）所示，所提设计的核心基于数字间电容器（IDC）的并联组合，并嵌入谐振器的宽双间隙，电路模型确定了耦合电容和 IDC 并行组合的变化对参数的影响，叠加元件参数为 R_c=294Ω，L_c=1.5nH，C_c=6.5pF，C_p=2.5pF，C_s=0.7pF。

总耦合电容和 IDC 类型结构的并联组合可通过式（3-18）和式（3-19）进行评估。其中，l 表示 IDC 电极的耦合长度，N_E 表示指的总数，ε_{SUB} 定义了衬底介电常数，F_W 表示指的宽度，F_G 定义了指的间隙，K 是第一椭圆积分，C_p 和 C_s 分别代表 IDC 结构的并联电容器和串联电容器。

$$C_c = \varepsilon_0 \varepsilon_c 4 \times \frac{Kk'}{Kk} \tag{3-18}$$

$$C_{IDC} = \left[\varepsilon_0 \varepsilon_c \left(\varepsilon_s + \frac{1}{2}\right) \times \left(\frac{K(\sqrt{K^2+1})}{K(m)}\right) + \frac{F_W}{F_G}(\varepsilon_0 \varepsilon_{sub})\right] l(N_E - 1) \tag{3-19}$$

(a) 三维俯视图   (b) 等效电路图

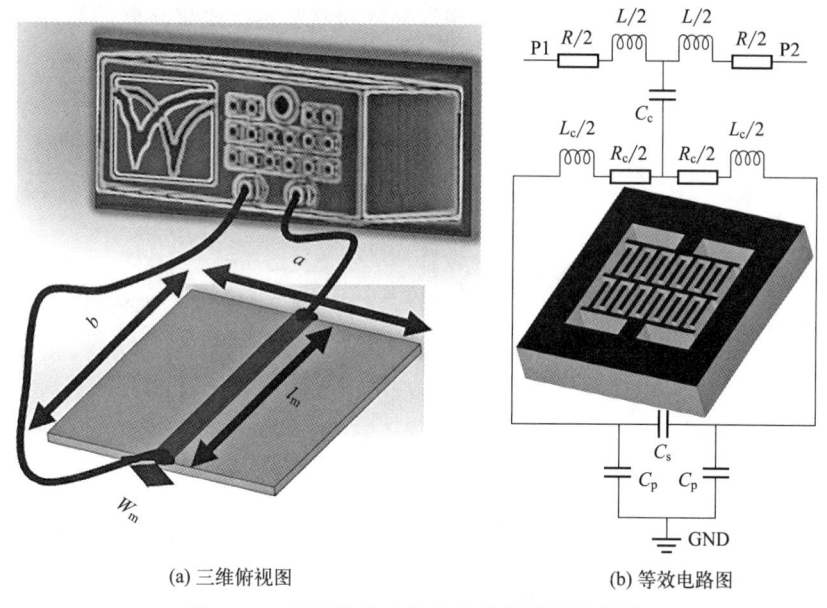

图 3-35 平面并联叉指电容式微波结构设计

利用高频仿真软件 HFSS 为传感器结构设计了一个电路模型，布局结构的仿真传输系数（S_{21}）与电路模型之间存在良好的一致性，如图 3-36 所示。

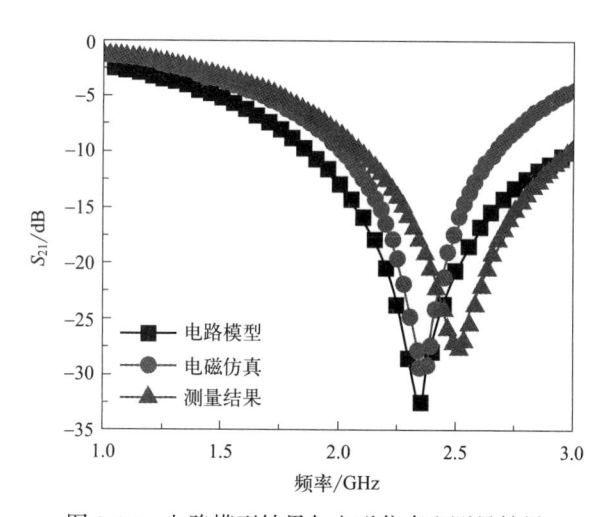

图 3-36 电路模型结果与电磁仿真和测量结果

设计结构分析非常重要，它基于用于固体材料介电特性分析的电极间宽面积的数字间结构。此类结构在测试样品表面提供周期性电动势，并测量电场线电容。如图 3-37 所示，数字间电容结构的工作原理与传统的平行板电容相同，数字间电容器电极的主要优势在于其开放区域，由于相邻电极之间的距离较宽，样品中的总电场面积会增大。当样品放置在间隙较大的 IDC 指状电极上时，由于这种结构的电场面积较大，通过反射可以更准确地检测到材料内部的物理变化,因此可以高灵敏度地检测到样品的接近程度。电极之间的间隙越大,相互作用的电场面积就越大,这意味着更多的相互作用层将穿透待测物体表面[21]。

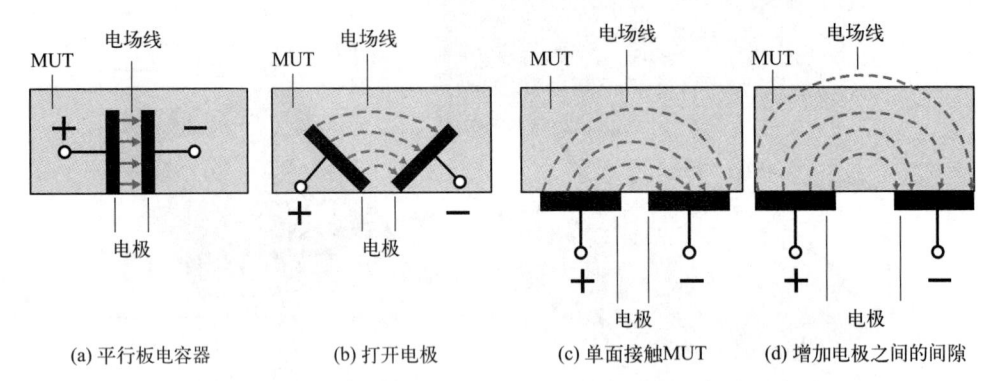

(a) 平行板电容器　(b) 打开电极　(c) 单面接触MUT　(d) 增加电极之间的间隙

图 3-37　用于检测介电 MUT 的数字间结构中的电场线示意图

所提设计的传感区基于 IDC 型结构与宽间隙谐振器的平行组合。IDC 型结构的不同参数如表 3-2 所示。IDC 型结构的耦合电容和并联组合取决于 F_W 和 F_G。这种结构的电容可以通过调整 F_W 和 F_G 来改变,因此这种设计会产生高电场。P-IDC-1 和 P-IDC-2 的指间间隙分别为 0.3mm 和 0.5mm。由于 P-IDC-2 结构的指间间隙较小,这种结构的共振频率向下移动,因为这种结构通过电场线检测 MUT 的接近程度,而电场线能更准确地穿透固体材料,因此灵敏度较高。

表 3-2　单元结构参数

缩写	参数	P-IDC-1	P-IDC-2
F_L	指的长度	4.07mm	3.57mm
F_W	指的宽度	0.3mm	0.5mm
F_G	指的间隙	0.3mm	0.5mm
N_E	指的数量	21×2	12×2
h	基底高度	0.76mm	0.76mm
ε_{sub}	基底的介电常数	3.5	3.5

当设计结构暴露在测试介电材料附近时,设计传感器的共振频率会向下移动。测试介质样品的有效介电常数会影响电容,并干扰样品的电场,从而扰乱设计结构的场分布强度,该强度可根据下式进行计算:

$$\frac{\Delta f_r}{f_r} = \frac{\int_{v_s}(\Delta\varepsilon E_1 E_0)\mathrm{d}v}{\int_{v_c}(\varepsilon_0 |E_0|^2)\mathrm{d}v} \tag{3-20}$$

式中　Δf_r——在传感器感应点上放置介电材料样本时谐振器共振频率的偏移;

f_r——未加载样本时谐振器的共振频率；

ε_0——自由空间介电常数；

$\Delta\varepsilon$——分别定义变化介电常数；

E_0——未加载 MUT 样品时的电场；

E_1——在谐振器强场区域加载 MUT 时的电场。这表明，在最大电场位置加载电介质样本，会扰乱电场分布，从而导致谐振频率和品质因数发生变化。

高电场强度的结构会增强与测试样本的耦合和场相互作用，当它位于设计传感器的感应区域时，就会产生高灵敏度。设计传感器的灵敏度可通过下式计算得出[22]：

$$S = \frac{1}{\Delta\varepsilon_r}\left(\frac{f_{\text{Unloaded}} - f_{\text{Loaded}}}{f_{\text{Unloaded}}}\right)(\%) \tag{3-21}$$

在式（3-21）中，设计结构传感区域上未加载样品和加载样品的谐振频率与测试介质材料介电常数变化的比值。

图 3-38（a）给出了 SRR 传感器结构设计的尺寸，图 3-38（b）显示了 SRR 作为传输系数的仿真（1.41GHz）和测量（1.43GHz）共振频率。图 3-38（c）显示 SRR 共振频率时接地层上的电场大小为 1.5×10^4V/m。电场强度在铜的 SRR 槽中得到体现，这种条件是表征介电材料介电常数所必需的。

(a) SRR结构的几何形状和三维视图

(b) SRR的共振频率

(c) 电场分布(1.5×10^4V/m)

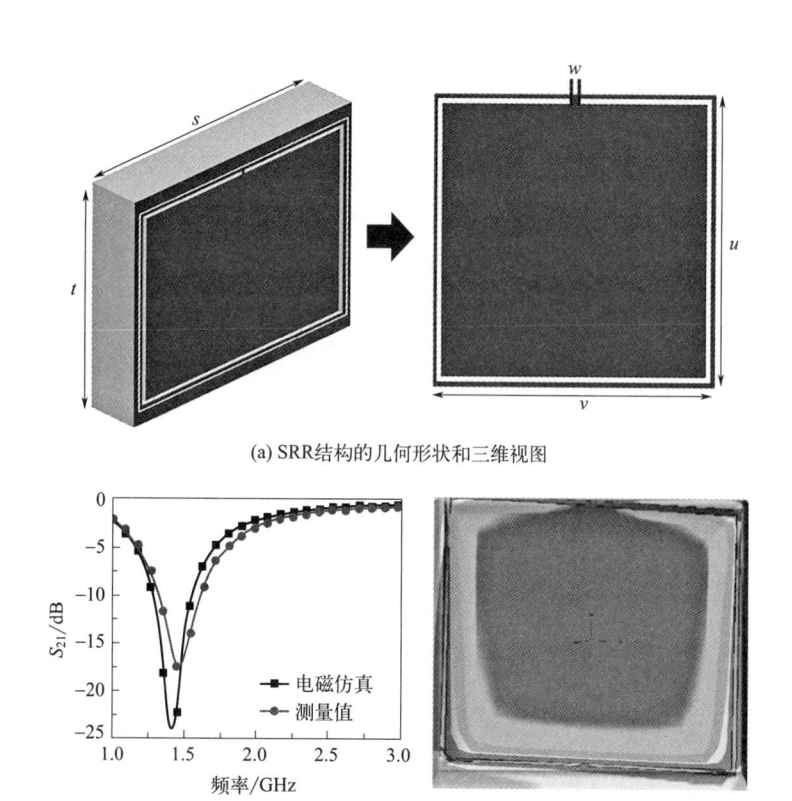

图 3-38 SRR 结构设计视图与电磁特性

所提出的 P-IDC-1 传感器是在介电常数为 ε_r=3.5 的 RF-35 衬底上，利用计算机三维仿真技术 CST2019 软件包设计的，电场在 SRR 槽中的局部很小，为了增加谐振器的电场，可以使用 IDC 型结构和双宽间隙谐振器。P-IDC-1 就是通过 IDC 结构与双宽间隙谐振器的平行组合来增加电场区域的。图 3-39（a）给出了 P-IDC-1 的尺寸。图 3-39（b）显示了 P-IDC-1 结构的仿真（1.72GHz）和测量（1.8GHz）谐振频率。P-IDC-1 在共振频率时，地平面上的电场幅值为 $1.0×10^5$ V/m。由于 P-IDC-1 与宽双间隙谐振器的连接，电场区域增大，如图 3-39（c）所示。P-IDC-1 的手指和它们之间的间隙增强了电场。P-IDC-1 指长为 4.07mm，指宽和指间间隙分别为 0.30mm，其中 j=20mm，k=22mm，l=m=2.0mm，n=11mm，o=9.63mm，p=4.07mm，q=r=0.3mm。

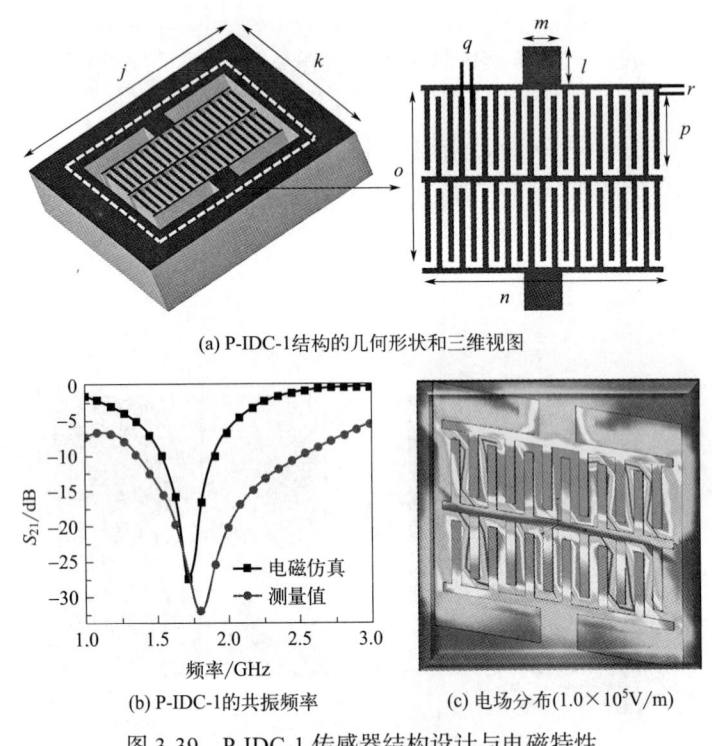

(a) P-IDC-1 结构的几何形状和三维视图

(b) P-IDC-1 的共振频率

(c) 电场分布($1.0×10^5$V/m)

图 3-39　P-IDC-1 传感器结构设计与电磁特性

所设计传感器的微带线宽度和长度分别为 w_m=1.68mm 和 l_m=22mm，以获得 50Ω 匹配特性输入阻抗。所设计的传感器基于 P-IDC 与蚀刻在地层上的宽双间隙谐振器的组合，以最大限度地提高结构的电场。由于 P-IDC 结构的手指和它们之间的间隙耦合为一条支线，增强了耦合和场相互作用，提高了灵敏度，最初设计 SRR 时，在微带线的地平面上蚀刻了 0.3mm 的间隙。

与 P-IDC-1 相比，所提设计中通过增加指隙和指宽，进一步增强了电场区。采用最大电场区结构可以更准确地表征介电材料的介电常数。图 3-40（a）给出了 P-IDC-2 结构的尺寸，其中 a=20mm，b=22mm，c=d=2.0mm，e=11mm，f=9.63mm，g=3.57mm，i=i_1=0.5mm。图 3-40（b）对设计结构的仿真和测量结果进行了比较以验证电路模型，将 P-IDC-2 设计传输系数表示为谐振频率（仿真频率为 2.4GHz，实测频率为 2.51GHz），结果显示两者吻合良好。与 SRR 和 P-IDC-1 相比，P-IDC-2 结构的电场区增大了，这是因为指状结构及其间隙的宽度增加了。在这种结构中，所有手指和它们之间的间隙都耦合成一条正激线，从而产生了最大电场。仿真结果表明，在未加载样品的情况下，所提设计在 2.35GHz 处产生了一个振幅为 -30dB 的峰值。图 3-40（c）中 P-IDC-2 的电场大小为 1.3×10^5 V/m，高电场增强了与样品之间的耦合和场相互作用。当样品位置靠近最大电场区时，共振频率和品质因数会发生变化，这揭示了固体材料的介电特性。

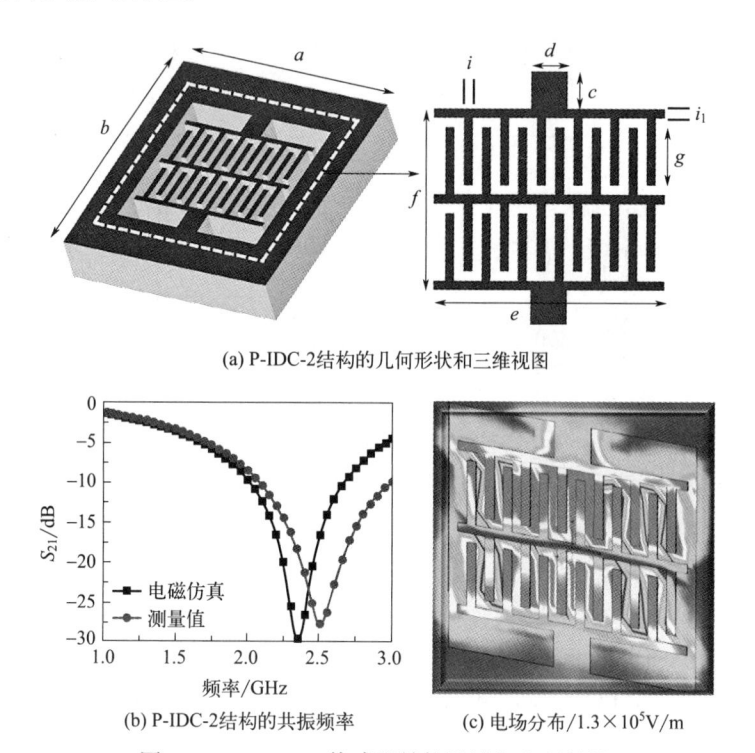

(a) P-IDC-2结构的几何形状和三维视图

(b) P-IDC-2结构的共振频率

(c) 电场分布/1.3×10^5V/m

图 3-40　P-IDC-2 传感器结构设计与电磁特性

图 3-41 展示了 SRR 和 P-IDC-1 的共振频率随固体材料介电常数的变化而线性变化。可以

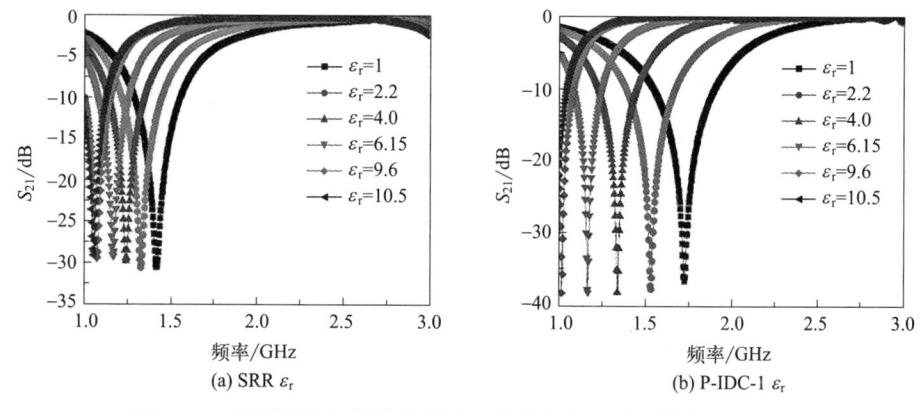

(a) SRR ε_r

(b) P-IDC-1 ε_r

图 3-41　将不同介电常数样品置于最大电场区域时传感器的响应

看出，对于两种结构设计，当介电常数增大时，谐振频率降低。图 3-42 分别表示当 $\tan\delta=0$ 和 $\varepsilon_r=1$ 时，电损耗正切和实际介电常数的不同值对 P-IDC 设计传感器的响应。

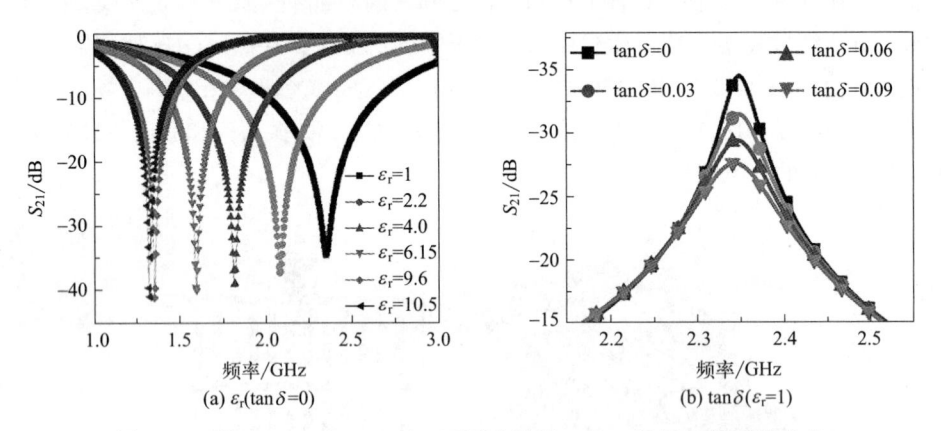

图 3-42　当 $\tan\delta=0$ 和 $\varepsilon_r=1$ 时，不同参数的 P-IDC 设计的传感器响应

固体材料的实导率和虚导率可以从下式中得到证明：

$$\varepsilon_r = \varepsilon_r' + j\varepsilon_r'' \tag{3-22}$$

由于共振频率 f_r 揭示了固体材料的介电常数，因此利用数值建模找到了样品介电常数与设计传感器共振频率之间的关系。通过精确切割五个不同的样品，使其位于所设计传感器的最大电场点上，每个样品的厚度为 1.5mm。在所提的设计中，P-IDC 结构与宽双间隙谐振器相连接，以最大限度地扩大电场区域，因为手指之间的间隙增强了耦合和场相互作用，从而提高了灵敏度。将样品放置在最大电场位置上，可以观察到共振频率的移动，灵敏度很高。共振频率的移动是由于样品的介电常数变化造成的，用 Δf_r 表示。

随着样品介电常数的增加，共振频率发生了很大的变化。多项式曲线拟合用于显示测量数据点的图形和实际介电常数的推导方程。如图 3-43 所示，P-IDC 设计的数值公式（3-23）可以通过实际介电常数的图形表示出来。

$$\varepsilon_{r(P\text{-}IDC\text{-}1)}' = -1.4914\Delta f_r^2 + 21.83455\Delta f_r - 1.35037 \tag{3-23a}$$

$$\varepsilon_{r(P\text{-}IDC\text{-}2)}' = -6.29292\Delta f_r^2 + 22.23987\Delta f_r - 4.72039 \tag{3-23b}$$

设计的 P-IDC 传感器的品质因数受实际介电常数和电损耗正切的影响。品质因数 Q 可根据下式得出 [其中 f_r 为共振频率，$\Delta f_r(f_{upper} - f_{lower})$ 定义了 3dB 带宽]。

$$Q = \frac{f_r}{\Delta f_r(f_{upper} - f_{lower})} \tag{3-24}$$

要找到 Q 的倒数与损耗正切之间的截距点，需要使用 n 次阶为 1 的多项式曲线拟合。加载/卸载设计的品质因数可通过式（3-25）得出，这种分析方法已用于固体材料的各种实际介电常数值。在改变 P-IDC 设计的实际介电常数时，需要计算一组不同的方程：

$$Q_{P\text{-}IDC\text{-}1}^{-1} = S(\tan\delta) + 8.21\times10^{-3} \tag{3-25a}$$

$$Q_{\text{P-IDC-2}}^{-1} = S(\tan\delta) + 1.808 \times 10^{-2} \tag{3-25b}$$

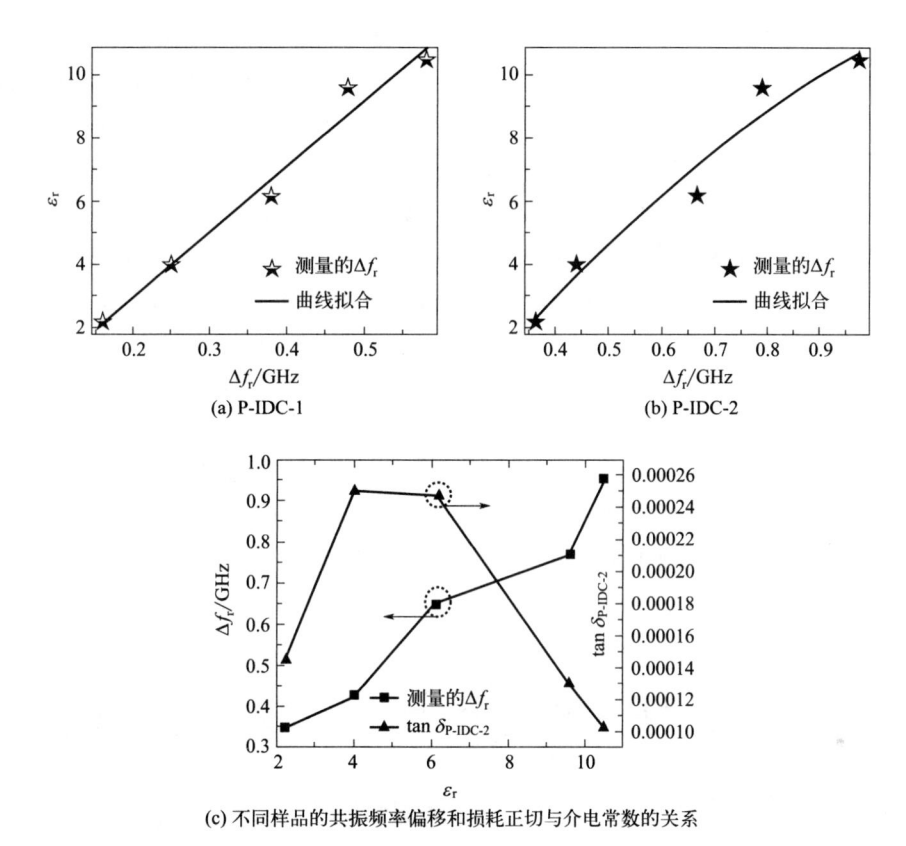

(a) P-IDC-1

(b) P-IDC-2

(c) 不同样品的共振频率偏移和损耗正切与介电常数的关系

图 3-43 MUT 的相对介电常数（实部）和损耗正切与共振频率变化的函数关系

斜率随实际介电常数的变化由下式确定，多项式曲线拟合用于找出斜率与实际介电常数之间的关系：

$$S_{\text{P-IDC-1}} = 1.321 \times 10^{-2}(\varepsilon_{\text{r(P-IDC-1)}}) - 0.14494 \tag{3-26a}$$

$$S_{\text{P-IDC-2}} = -0.1249(\varepsilon_{\text{r(P-IDC-2)}}) + 0.76257 \tag{3-26b}$$

如下式所示，在 P-IDC 设计中，可以使用与样品的不同介电常数有关的斜率值来估算损耗正切值：

$$\tan\delta_{\text{P-IDC-1}} = \frac{|Q^{-1} - 8.21 \times 10^{-3}|}{1.321 \times 10^{-2}(\varepsilon_{\text{r(P-IDC-1)}}) - 0.14494} \tag{3-27a}$$

$$\tan\delta_{\text{P-IDC-2}} = \frac{|Q^{-1} - 1.808 \times 10^{-2}|}{-0.1249(\varepsilon_{\text{r(P-IDC-2)}}) - 0.76257} \tag{3-27b}$$

该设计结构的介电常数的虚部可由下式得出：

$$\tan\delta = \frac{j\varepsilon_r''}{\varepsilon_r'} \tag{3-28}$$

P-IDC-1 的谐振频率和品质因数可以通过在一个结构的最大电场区域上加载一个采样位置来估计。不同样品的实际介电常数可以通过式（3-23a）的共振频率来确定，P-IDC-1 的实部传感精度为 99.4%。利用式（3-27a）可以从品质因数中得到介电常数的虚部（电损耗切线），并如图 3-43（a）所示，P-IDC-1 的虚部感知精度为 87.6%。P-IDC-2 的谐振频率和品质因数可以通过在一个结构的最大电场区域加载一个样本来估计。用式（3-23b）测量的共振频率确定了测试介电材料的真实介电常数，P-IDC-2 实部精度为 99.9%。使用式（3-27b）计算电损耗切线，如图 3-43（b）所示，P-IDC-2 虚部的感知精度为 99.7%。如图 3-43（c）所示，为减小固体介电材料和谐振器敏感区域之间的潜在空气造成的介电测量误差，测试样品和传感器的边缘使用夹具夹紧。通过计算对单个样品进行一式三份分析的相对标准偏差（RSD），评估了夹持方法的准确性。

所提的传感器是在介电常数为 ε_r=3.5 的 RF-35 衬底上制作的，制作的传感器图像如图 3-44 所示，SMA 连接器用于激励微带线。所设计的传感器基于 P-IDC 结构，该结构与宽双间隙谐振器连接，以增加所提结构中电场置的强度，高电场结构用于增强耦合和场相互作用，从而提高灵敏度。

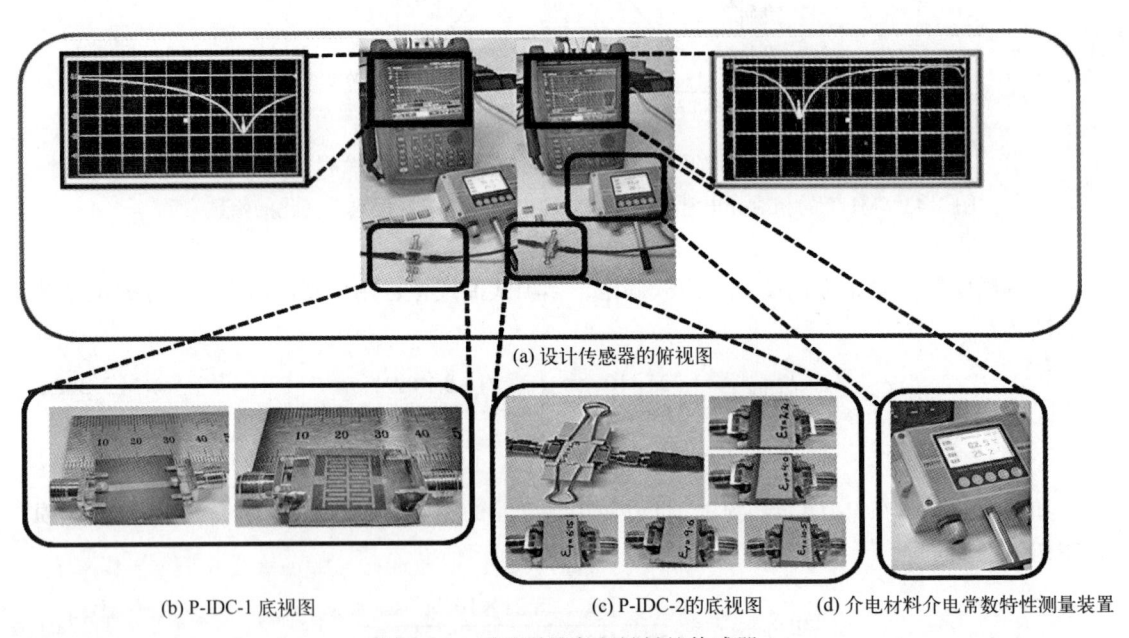

(a) 设计传感器的俯视图

(b) P-IDC-1 底视图　　(c) P-IDC-2的底视图　　(d) 介电材料介电常数特性测量装置

图 3-44　用于测量介电材料的传感器

表 3-3 给出了使用 P-IDC 传感器测量的五种不同样品（如 F4BM、F4BTM、F4BTM$_1$、TP 和 TP$_1$）的拟合实介电常数，TP$_1$ 样品的 RSD 为 0.49%，其他测试样品（F4BM、F4BTM、F4BTM$_1$ 和 TP）的 RSD 为零，这表明我们开发的介电常数传感器具有出色的重现性，气隙造

成的误差可以忽略不计。表 3-4 则汇总了虚介电常数。为了确定未知材料的介电特性，在最大电场区采用了五种不同的样品进行设计。每个样品的厚度都设定为恒定，因为磁场与样品的相互作用达到饱和，超过一定厚度后传感器的响应变化不大。在所提的设计中，每个样品的厚度设定为 1.5mm，以减少厚度的影响，曲线拟合技术用于解释介电常数的实部和虚部与归一化共振频率的函数关系。

表 3-3　固体材料的实介电常数特性

材料	频移（P-IDC-1）Δf_r/GHz±RSD/%	频移（P-IDC-2）Δf_r/GHz±RSD/%	ε_{real}（真实值）	$\varepsilon_{P-IDC-1}$（拟合值）	$\varepsilon_{P-IDC-2}$（拟合值）
F4BM	0.16（±0.59%）	0.35（±0%）	2.2	2.104	2.292
F4BTM	0.25（±0.37%）	0.43（±0%）	4.0	4.015	4.076
F4BTM$_1$	0.38（±0%）	0.65（±0%）	6.15	6.731	7.076
TP	0.48（±0%）	0.77（±0%）	9.6	8.786	9.073
TP$_1$	0.58（±0.8%）	0.95±0.49%	10.5	10.81	10.728

表 3-4　固体材料的虚介电常数特性

材料	真实 $\tan\delta$	拟合 $\tan\delta$（P-IDC-1）	虚介电常数（P-IDC-1）	拟合 $\tan\delta$（P-IDC-2）	虚介电常数（P-IDC-2）
F4BM	0.0001	0.000112	0.000235	0.000144	0.000330
F4BTM	0.00025	0.000272	0.001092	0.000250	0.001019
F4BTM$_1$	0.00025	0.000247	0.001662	0.000247	0.001747
TP	0.0001	0.000169	0.001484	0.000131	0.001188
TP$_1$	0.0001	0.000130	0.001405	0.000102	0.001094

将样品放置在设计传感器附近的最大电场区时，可观察到共振频率和品质因数的变化。为了评估所提传感器的介电常数传感性能，使用了五个不同的样品，其中 F4BM（ε_r）=2.2、F4BTM（ε_r）=4.0、F4BTM$_1$（ε_r）=6.15、TP（ε_r）=9.6 和 TP$_1$（ε_r）=10.5。每个样品的厚度为 1.5mm，每个样品都经过适当切割，以明确其在最大电场区的位置。Keysight FieldFox 微波分析仪（N9916A）采用短路、开路、加载、通过（SOLT）技术进行校准，以确保准确性，并在恒定频率范围（1～3GHz）内测量传感器的 S 参数。所有测量均在室温 [25℃（±0.01%）] 和湿度（62%±0.02%）条件下进行。如图 3-45 和图 3-46 所示，P-IDC-1 和 P-IDC-2 在加载/卸载样品条件下的测量结果通过传输系数和共振频率来表示。

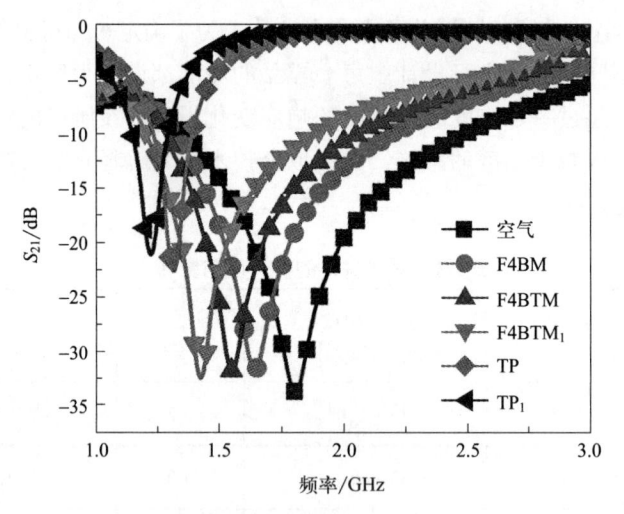

图 3-45 在传感区域放置不同样品时 P-IDC-1 的 $|S_{21}|$ 测量结果

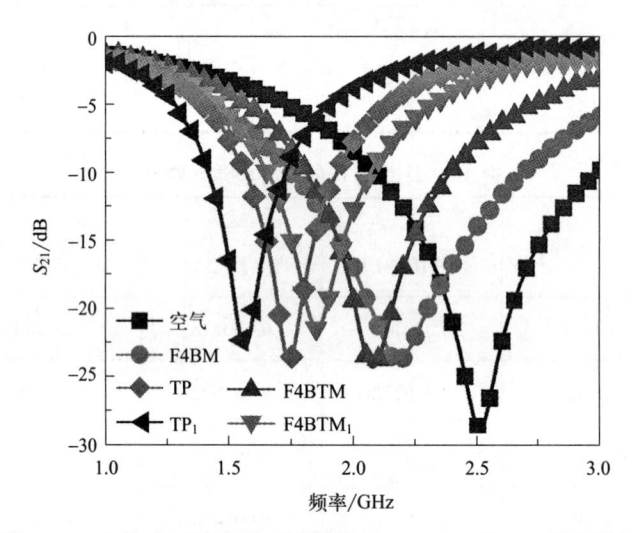

图 3-46 在传感区域放置不同样品时 P-IDC-2 的 $|S_{21}|$ 测量结果

在未加载样品的情况下，所提设计的谐振频率为 2.51GHz。如图 3-46 所示，在所提设计的传感区域上方加载 TP_1（高介电常数样品）后，共振频率将移至 1.56GHz。共振频率的变化是由于在传感区域上方对样品进行扰动时，所提设计的场分布产生了干扰。共振频率的这种变化揭示了固体材料的介电特性。共振频率偏移用下式计算：

$$\Delta f_r = f_{r(\text{unloaded})} - f_{r(\text{loaded})} \tag{3-29}$$

频率检测分辨率（FDR）是对每个单独样品的灵敏度度量，表示为共振频率随介电常数变化的变化，使用下式计算所有测试的介电样品。

$$\text{FDR} = \frac{f_1 - f_2}{\Delta \varepsilon_r} \tag{3-30}$$

式中　f_1 和 f_2——检测频率的上限和下限；

　　　　$\Delta\varepsilon_r$——被测样品引起的介电常数变化。

当测试材料的介电常数变化 2.2 时，所提出的传感器的 FDR 为 0.29GHz，与之前工作的 FDR（FDR=0.17GHz）[22] 相比明显提高。表 3-5 中比较了所研发的传感器与最近报道的几种传感器的性能特征，结果表明所研发的传感器具有更高的分辨率和灵敏度。

表 3-5　本工作与最新技术比较

FS[①]/MHz	FDR[②]/GHz	灵敏度/%	传感元件	参考文献
450	0.17	3.25	MLM	[22]
727	N/A	3.3	LC 共振器	[23]
557	N/A	1.2	SIR	[24]
732	N/A	3.59	LC 共振器	[25]
300	N/A	1.7	CSRR	[26]
900	N/A	2.1	SIR	[27]
450	N/A	0.59	MTM	[28]
243	N/A	0.169	DSRR	[29]
1681	N/A	1.5	SRR	[30]
950	0.29	3.98	P-IDC	该工作

① FS= 频率偏移；

② FDR= 频率检测分辨率。

图 3-47 显示了通过 P-IDC-1 实现的所提传感器的共振频率、频率偏移、频率检测分辨率以及灵敏度。基于 P-IDC-2 的所提传感器对高介电常数样（ε_r=10.5）的共振频率变化率为 3.98%，明显高于使用基于 P-IDC-1 的传感器获得的共振频率变化率（3.39%）。基于 P-IDC-1 和 P-IDC-2 的传感器对所有测试样品的灵敏度见图 3-47（d），从参考样本（ε_r=10.5）的对比表 3-5 中可以看出，此传感器产生的响应（3.98%）明显高于其他研究（文献 [22] 为 3.25%，文献 [25] 为 3.59%），至少比最近报道的几个类似研究高出 1.5 倍。

为了校准传感器，对不同介电常数的测试样品和测量到的谐振频率（f_c）进行了回归分析，结果表明两者之间存在线性关系，相关系数（r^2=0.95309）非常高，回归方程如下：

$$f_c = -0.06758\chi_\varepsilon + 2.31861 \tag{3-31}$$

式中　χ_ε——样品的介电常数。

为了评估所提出的传感器（P-IDC-1 和 P-IDC-2）的再现性和分辨率，对每个介电样品进行了一式三份的测量和分析。TP_1 样品（ε_r=10.5）的最大 RSD 为 0.49%，如图 3-48 所示。

(a) 共振频率(GHz)

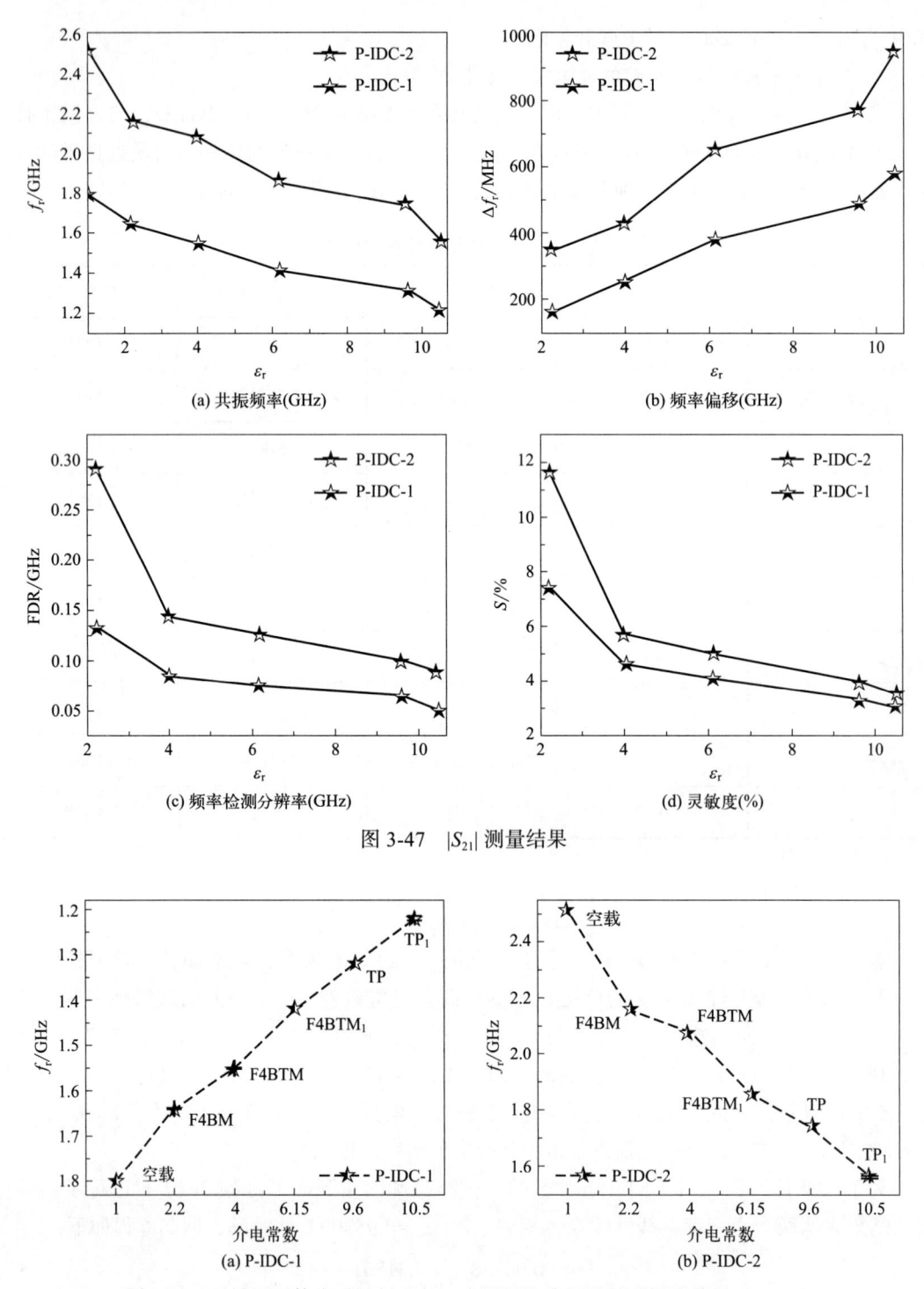

(b) 频率偏移(GHz)

(c) 频率检测分辨率(GHz)

(d) 灵敏度(%)

图 3-47 $|S_{21}|$ 测量结果

(a) P-IDC-1

(b) P-IDC-2

图 3-48 对被测固体介质材料进行三次测量和分析及相对标准偏差（RSD）

由于使用了 N9916A 型微波分析仪，可以精确测量低至 5kHz 的共振频率偏移，因此这种出色的再现性也是意料之中的。分辨率表示传感器精确测量固体材料介电常数最小变化的能力，使用三重测量的最大标准偏差（0.0047）与灵敏度（0.06758）之比计算得出[31]，基于 P-IDC-2 的传感器的分辨率为 0.069547。如公式（3-32）所示，误差可定义为测量和模拟的样品谐振频率与未加载谐振频率之差的比值：

$$\text{error} = \frac{F_m - F_s}{F_u}(\%) \tag{3-32}$$

如果仿真结果和测量结果之间的差异较小，则表示误差较小。测量结果表明，所设计的传感器可用于检测固体材料的复介电常数。表 3-6 列出了所提传感器对五种不同样品的误差百分比。

表 3-6　P-IDC-1 和 P-IDC-2 在误差基础上的比较

样品序号	材料	ε_r	P-IDC-1 误差	P-IDC-2 误差
1	F4BM	2.2	0.061	0.029
2	F4BTM	4.0	0.111	0.074
3	F4BTM$_1$	6.15	0.166	0.079
4	TP	9.6	0.170	0.090
5	TP$_1$	10.5	0.180	0.152

综上，这种基于 P-IDC 的高性价比微波传感器，可以用于测量固体材料的复介电常数，具有高精度和更高的灵敏度。利用与材料有关的共振频率偏移，利用具有 P-IDC 结构的宽双间隙谐振器来感应复介电常数，从而提高了传感器的灵敏度。具有 P-IDC 结构的宽双间隙谐振器通过接地连接的电位差产生了高强度的感应电场，进而使感应电场与被测材料之间产生了有效的相互作用。实验结果表明，该方法具有出色的分辨率（0.06758）、较大的响应（ε_r=10.5 时共振频率偏移 3.98%）和更高的灵敏度（每单位实际介电常数变化的灵敏度为 67.58MHz）。此外，实介电常数和虚介电常数的传感精度分别为 99.9% 和 99.7%。因此，与已报道的几种微波介电常数传感器相比，我们开发的传感器具有更高的灵敏度和更好的分辨率。此外，几种固体材料的复介电常数测量值与数值模拟值之间的曲线拟合效果极佳，这表明所开发的传感器具有良好的精度。

参 考 文 献

[1] Wang X, Yue O, Liu X, et al. A novel bio-inspired multi-functional collagen aggregate based flexible sensor with multi-layer and internal 3D network structure. Chemical Engineering Journal, 2020, 392: 123672.

[2] Wang M, Wang G, Zheng M, et al. High-performance flexible piezoresistive pressure sensor based on multi-layer interlocking microstructures. J. Mater. Chem. A, 2024, 12: 22931-22944.

[3] Zhang D, Sun H, Huang M, et al. Construction of "island-bridge" microstructured conductive coating for

enhanced impedance response of organohydrogel strain sensor. Chemical Engineering Journal, 2024, 496: 153752.

[4] Kang M, Qu R, Sun X, et al. Self-Powered Temperature Electronic Skin Based on Island-Bridge Structure and Bi-Te Micro-Thermoelectric Generator for Distributed Mini-Region Sensing. Advanced Materials, 2023, 35: 2309629.

[5] Dou W, Wang H, Liu J, et al. Three-dimensional flexible structures forminiature sensing and energy-harvesting devices. Applied Energy, 2025, 377: 124455.

[6] Bao X, Meng J, Tan Z, et al. Direct-ink-write 3D printing of highly-stretchable polyaniline gel with hierarchical conducting network for customized wearable strain sensors. Chemical Engineering Journal, 2024, 491: 151918.

[7] Zheng X, Chen L, Xiao S, et al. High-performance flexible pressure sensor based on ordered double-level nanopillar array films: Design, development, and modeling. Composites Science and Technology, 2023, 241: 110157.

[8] Xu Q, Wang Z, Zhong J, et al. Construction of Flexible Piezoceramic Array with Ultrahigh Piezoelectricity via a Hierarchical.Advanced Functional Materials, 2023, 41 (33): 2304402.

[9] Horestani A K, Naqui J, Abbott D, et al. Two dimensional displacement and alignment sensor based on reflection coefficients of open microstrip lines loaded with split ring resonators. Electron. Lett., 2014, 50 (8): 620-622.

[10] Ebrahimi A, Withayachumnankul W, Sarawi S A, et al. High-sensitivity metamaterial-inspired sensor for microfluidic dielectric characterization. IEEE Sensors J., 2014, 14 (5): 1345-1351.

[11] McKeown M S, Julrat S, Trabelsi S, et al. Open transverse-slot substrate-integrated waveguide sensor for biomass permittivity determination. IEEE Trans. Instrum. Meas., 2017, 66 (8): 2181-2188.

[12] Saghati A P, Batra J S, Kameoka J, et al. A meta-material inspired wideband microwave interferometry sensor for dielectric spectroscopy of liquid chemicals. IEEE Trans. Microw. Theory Techn., 2017, 65 (7): 2558-2571.

[13] Shafi K T M, Jha A K, Akhtar M J. Improved planar resonant RF sensor for retrieval of permittivity and permeability of materials. IEEE Sensors J., 2017, 17 (17): 5479-5486.

[14] Rusni I M, Ismail A, Alhawari A R H, et al. An aligned-gap and centered-gap rectangular multiple split ring resonator for dielectric sensing applications. Sensors, 2014, 14 (7): 13134-13148.

[15] Benkhaoua L, Benhabiles M T, Mouissat S, et al. Miniaturized quasi-lumped resonator for dielectric characterization of liquid mixtures. IEEE Sensors J., 2016, 16 (6): 1603-1610.

[16] Lee H J, Lee J H, Moon H S, et al. A planar split-ring resonator-based microwave biosensor for label-free detection of biomolecules. Sens. Actuators B-Chem., 2012, 169: 26-31.

[17] Chuma E L, Iano Y, Fontgalland G, et al. Microwave sensor for liquid dielectric characterization based on metamaterial complementary split ring resonator. IEEE Sensors J., 2018, 18 (24): 9978-9983.

[18] Jang C, Park J K, Lee H J, et al. Non-invasive fluidic glucose detection based on dual microwave complementary split ring resonators with a switching circuit for environmental effect elimination, IEEE

Sensors J., 2020, 20 (15): 8520-8527.

[19] Morales H L, Choi J H, Lee H, et al. Compact dielectric-permittivity sensors of liquid samples based on substrate-integrated-waveguide with negative-order-resonance. IEEE Sensors J., 2019, 19 (19): 8694-8699.

[20] Chuma E L, Iano Y, Fontgalland G, et al. PCB-integrated non-destructive microwave sensor for liquid dielectric spectroscopy based on planar metamaterial resonator. Sens. Actuators A-Phys., 2020, 312.

[21] Nurage N, Su K. Perovskite ferroelectric nanomaterials. Nano., 2020, 5: 8752-8780.

[22] Kiani S, Rezaei P, Navaei M, et al. Microwave sensor for detection of solid material permittivity in single/multilayer samples with high quality factor. IEEE Sensors J., 2018, 18 (24): 9971-9977.

[23] Ebrahimi A, Scott J, Ghorbani K. Transmission lines terminated with LC resonators for differential permittivity sensing. IEEE Microw. and Wireless Compon. Lett., 2018, 28 (12): 1149-1151.

[24] Su L, Mata-Contreras J, Vélez P, et al. Configurations of splitter/combiner microstrip sections loaded with stepped impedance resonators (SIRs) for sensing applications. Sensors, 2016, 16 (12): 1066-1-11.

[25] Ebrahimi A, Beziuk G, Scott J, et al. Microwave differential frequency splitting sensor using magnetic-LC resonators. Sensors, 2020, 20 (4): 1066.

[26] Su L, Mata-Contreras J, Vélez P, et al. Splitter/combiner microstrip sections loaded with pairs of complementary split ring resonators (CSRRs): Modeling and optimization for differential sensing applications. IEEE Trans. Microw. Theory Techn., 2016, 64 (12): 4362-4370.

[27] Naqui J, Damm C, Wiens A, et al. Transmission lines loaded with pairs of stepped impedance resonators: Modeling and application to differential permittivity measurements. IEEE Trans. Microw. Theory Techn., 2016, 64 (11): 3864-3877.

[28] Abdolrazzaghi M, Daneshmand M, Lyer A K. Strongly enhanced sensitivity in planar microwave sensors based on metamaterial coupling. IEEE Trans. Microw. Theory Techn., 2018, 66 (04): 1843-1855.

[29] Abdolrazzaghi M, Daneshmand M. Exploiting sensitivity enhancement in microwave planar sensors using intermodulation products with phase noise analysis. IEEE Trans. On Circuits and Syst. I: Regular papers., 2020: 1-14.

[30] Sharafadinzadeh N, Abdolrazzaghi M, Daneshmand M. Investigation on planar microwave sensors with enhanced sensitivity from microfluidic integration. Sens. Actuators A-Phys., 2020, 301.

[31] Adhikari K K, Wang C, Qian T, et al. Polyimide-derived laser-induced porous graphene-incorporated microwave resonator for high-performance humidity sensing. Appl. Phys. Express, 2019, 12 (10): 106501-1-5.

第 4 章
可穿戴传感单元加工工艺与技术

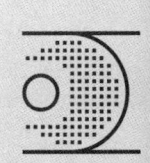

第4章 可穿戴传感单元加工工艺与技术

本章详细介绍可穿戴传感单元的加工工艺与技术，涵盖了微纳加工技术和柔性电子加工技术两大类。微纳加工技术主要利用微纳光刻工艺，通过光刻掩模、曝光、显影蚀刻等步骤，将图案转移到光敏性材料表面，最终形成微纳米尺度结构。这种技术具有高分辨率、高精度和高复现性等优点，广泛应用于集成电路、光子学器件、MEMS 等领域。电容式传感器和微波式传感器是两种常见的可穿戴传感器类型，本章分别介绍了它们的加工技术和工艺优化案例。以聚合物感湿层电容式传感器为例，通过分析不同蚀刻方法对传感器灵敏度的影响。对于微波式传感器介绍了 IPD 微纳加工技术，并与传统 PCB 和 LTCC 技术进行了比较，突出了 IPD 技术在微波器件微型化设计方面的优势。此外，还分析了溅射蚀刻工艺和退火工艺对电感和 SiN_x 薄膜性能的影响，并通过优化工艺参数提高了器件的性能和稳定性。柔性电子加工技术则涵盖了多种工艺，包括打印转移工艺、物理涂层工艺、激光光刻工艺、化学沉积工艺和磁控溅射工艺等。打印转移工艺包括 3D 打印、喷墨打印、转移打印和卷对卷打印等，具有精确、快速、扩展性强的特点，广泛应用于柔性电子设备的制造。物理涂层工艺包括旋转涂层、喷涂涂层和浸涂涂层等，将材料涂覆在柔性基板上形成固态连续膜，适用于各种尺寸的衬底，成本低廉。激光光刻工艺利用激光的热效应或光化学效应对柔性基材进行微细加工，加工精度高，无接触，适用于各种材料。化学沉积工艺包括电化学沉积、聚合和水/溶剂热法等，通过化学反应修饰天然材料，提高电子器件的电化学性能。磁控溅射工艺利用磁场控制溅射靶材生成的电浆轨道，实现对沉积膜层的控制，可以沉积多种材料，在柔性可穿戴传感材料方面应用广泛。通过多个案例分析，本章内容为可穿戴传感器的研发和加工工艺提供了重要的参考。

4.1 微纳加工技术

4.1.1 微纳光刻工艺

相比于印制电路板（Printed Circuit Board，PCB），微纳光刻工艺是一种用于制造微纳米尺度结构的关键技术，通常应用于集成电路、光子学器件、MEMS（微型电子机械系统）等领域[1-2]。该工艺利用光刻技术将图案转移到光敏性材料表面，然后通过化学蚀刻、沉积等步骤将图案转移至基片上，形成所需的微纳结构。微纳光刻工艺具有高分辨率、高精度和高复现性等优点，是制备微纳米尺度结构的重要工艺之一，在微电子、光子学和生物医学等领域有着广泛的应用[3-4]，其加工工艺的主要步骤如下：

① 掩模制备　首先通过计算机辅助设计（CAD）软件设计所需的图案，然后使用掩模制备技术，在光刻掩模上形成与设计图案相匹配的透明区域和屏蔽区域。

② 光刻曝光　将掩模覆盖在光敏性材料（如光刻胶）表面，然后使用紫外光或电子束等能量源对掩模进行曝光，将图案投射到光敏性材料表面上。

③ 显影蚀刻　经过光刻曝光后，对光敏性材料进行显影处理，使暴露在光下的部分材料发生化学变化，然后进行蚀刻，将未被光照射到的区域去除，形成所需的图案。

④ 清洗和检验　清洗去除残留的光刻胶和显影剂等化学物质，然后对制备的微纳结构进行表面检查和尺寸测量，确保其质量和准确性。

4.1.2　电容式传感器加工技术及工艺优化案例分析

（1）基于聚合物感湿层的电容式传感器加工过程

采用尺寸为 4mm×5mm 的 MIM 型电容器，利用 PMDA/ODA/PAN/TiO_2 敏感膜作为底部和顶部金属之间的介电层来制备湿度传感器，在上层金属表面开孔来增加敏感层和水分子之间的接触面积。采用 6 英寸❶的玻璃晶片作为 MIM 型电容器的衬底，图 4-1 所示电容式湿度传感器的加工过程如下所述：

① 首先用丙酮、异丙醇和去离子水在室温条件的 5MPa 压力下对晶圆进行清洗。

② 底部金属沉积：底部电极是通过电子束蒸发的 Ti/Pt 层在 1000/2000 Å 下沉积而成。

③ 底层金属 Ar 等离子体蚀刻：由于直接涂覆的聚合物薄膜与金属的附着力较低，因此在底层金属上进行 Ar 离子蚀刻，可以增加表面粗糙度，增强它们之间的附着力。

④ 聚合物涂层：在底电极表面高速旋转涂覆 1.5μm 厚度的聚合物。为了保证高速涂层下聚合物的预期厚度，采用 40% 的 PAN 添加剂来提高复合聚合物溶液的密度。

⑤ N_2 气氛下的硬烘烤和冷却：对于热固性聚合物，热处理可以诱导交联反应，使聚合物从液态转变为固态。在此过程中，交联反应可以架起聚合物链之间的连接，从而形成致密、不溶、密集的聚合物网络。这种效应可以用来提高传感器的力学性能，以及防止离子溶解，从而加强对基底的黏附。在这里，硬烘焙过程是在 100℃下运行 10min，在 210℃下运行 30min。

⑥ 用于聚合物形成的光刻胶图案：将 4.8μm 厚的负性光致抗蚀剂 DNR-L300-40（东进半化学制品有限公司，韩国首尔）以 3000r/min 的速度旋转 40s 到聚合物层表面上。在用铬掩模曝光后，图案被转移到光刻胶上，由 AZ300MIF 开发商（美国新泽西州 AZ300MIF 电子材料公司）开发，并通过 O_2/N_2H_2 等离子除尘步骤进行清洁。

⑦ 聚合物蚀刻：聚合物在电感耦合等离子体（Inductive Coupled Plasma，ICP）灰化器中用 O_2 蚀刻聚合物，氧气流量为 250sccm，ICP 功率为 900W，室压为 80mtorr，室温为 81℃。这一步旨在增加聚合物和水蒸气之间的接触面积，使水分子能够进入功能敏感层。

⑧ 光刻胶去除：使用丙酮液去除光刻胶的过程。

⑨ 顶层金属光刻胶图案：2μm 厚的正性光致抗蚀剂 GXR601（AZ electronic materials Korea,

---

❶　1 英寸等于 2.54 厘米。

Seoul，Korea）以 4500r/min 的转速旋转到聚合物层表面，然后将光刻胶图案化以形成孔，在 2.38% 显影剂中显影，并通过 O_2/N_2H_2 等离子体除渣预处理步骤进行清洁。

⑩ 顶部金属沉积：电子束蒸发形成 1000/1000/3000Å 厚度的 Ti/Pt/Au 金属层作为上电极。

⑪ 光刻胶去除：最后，利用剥离工艺在所述图案化光致抗蚀剂层的基础上加工上电极。

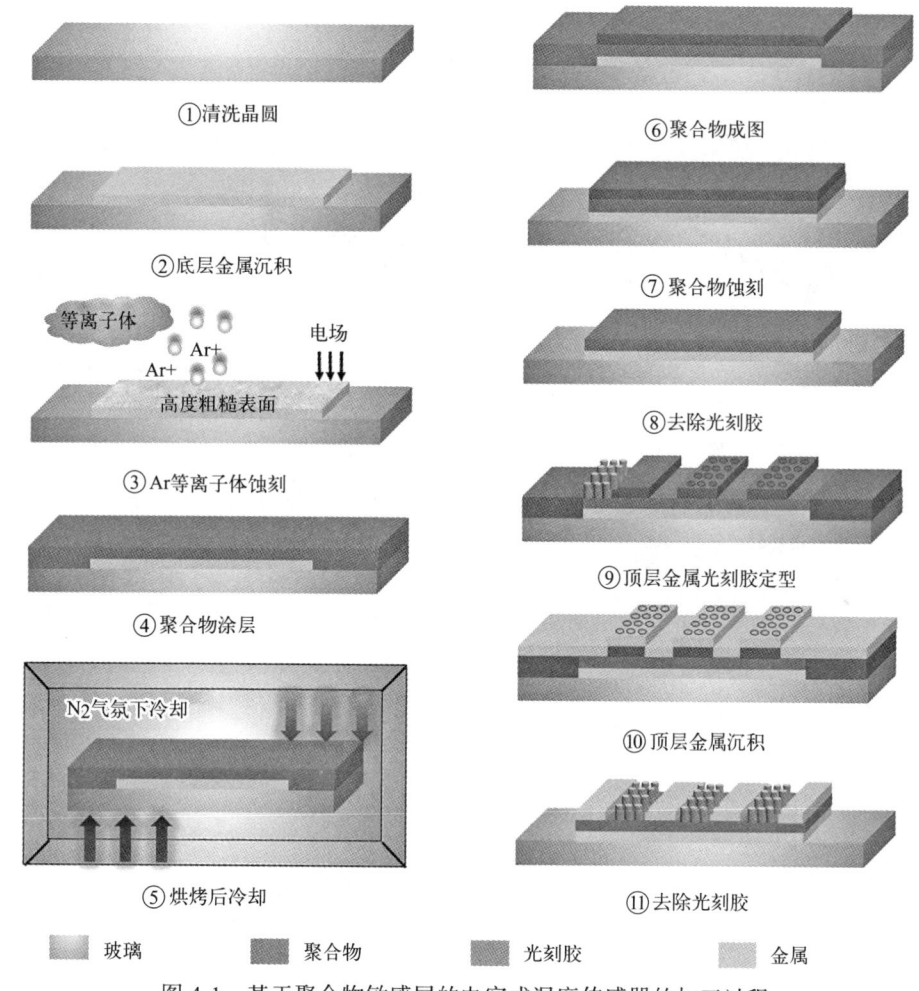

图 4-1 基于聚合物敏感层的电容式湿度传感器的加工过程

（2）优化聚合物感湿层的不同蚀刻方法优化

在前文加工过程的步骤⑦中，采用了不同蚀刻方法去处理聚合物表面，图 4-2 展示了几种处理方法下的原子力显微镜（AFM）图像。包括沉积态，O_2 加 ICP 蚀刻，O_2 加 1min 的反应离子蚀刻（Reactive Ion Etching，RIE），O_2 加 1min ICP 和 RIE，O_2 加 2min ICP 和 RIE，O_2 加 3min ICP 和 RIE，它们的表面粗糙度有效值分别为 0.51nm、1.37nm、2.25nm、5.22nm、23.77nm 和 32.36nm。图 4-3 的对比结果显示，虽然 O_2 加 3min ICP 和 RIE 的处理结果表面粗糙度最高，但是过度蚀刻导致表面的聚合物性能发生变化，传感器的灵敏度下降。

(a) 沉积态　　　　　　(b) O$_2$+ICP　　　　　　(c) O$_2$+RIE(1min)

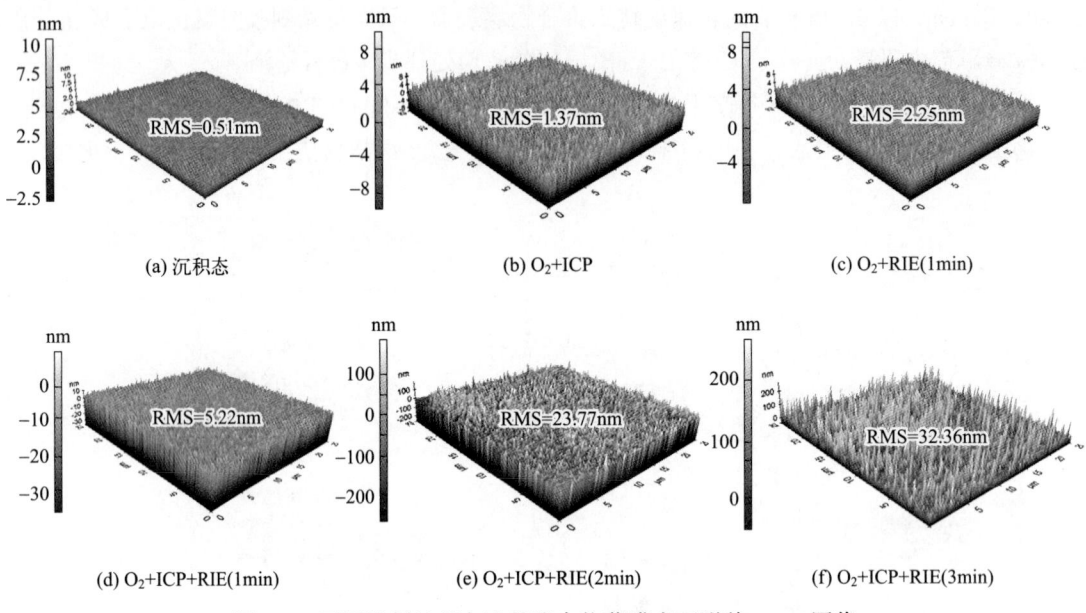

(d) O$_2$+ICP+RIE(1min)　　(e) O$_2$+ICP+RIE(2min)　　(f) O$_2$+ICP+RIE(3min)

图 4-2　不同蚀刻处理方法的聚合物薄膜表面形貌 AFM 图像

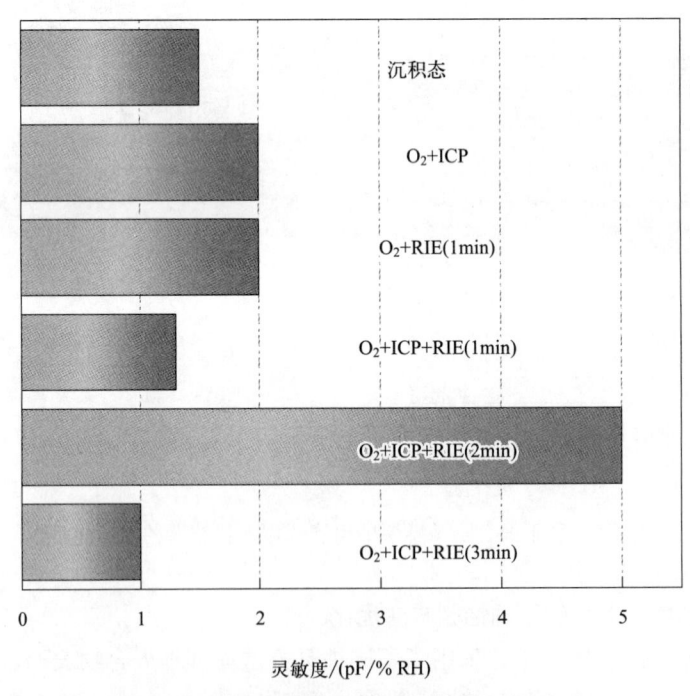

图 4-3　不同处理方法的灵敏度对比分析

综上得出结论，O$_2$ 加 2min ICP 蚀刻加 RIE 处理的功能性聚合物薄膜，具有最高的灵敏度。利用上述工艺对电容式湿度传感器进行加工封装，图 4-4 给出了带有敏感层加工后的 6 英寸晶圆的照片以及电容器封装成可插入测量板上的湿度传感器的加工成品图。

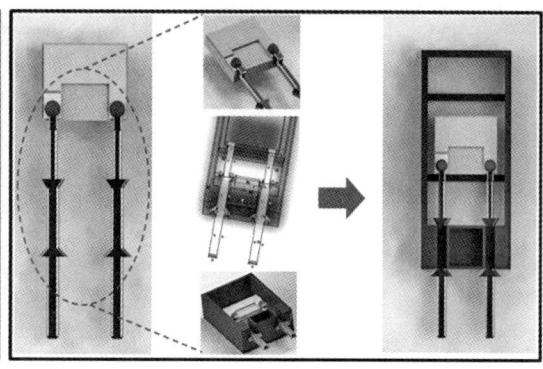

图 4-4 带有敏感层的湿度传感器的加工成品

4.1.3 微波式传感器加工技术及工艺优化案例分析

传统且经济的加工方法是印制电路板（PCB）技术。然而，体积庞大的 PCB 电路仍然是微波器件微型化的潜在问题。低温共烧陶瓷（Low Temperature Co-fired Ceramic，LTCC）技术为多层三维结构无源元件的垂直设计提供了可能，并成为新集成封装技术的解决方案，但是其印刷工艺的线宽和间距的有限分辨率将进一步限制器件微型化和尺寸精度的射频器件。同时，烧结致密化速度与 LTCC 工艺易出现不匹配，导致基板表面分布不均匀。

为了解决这些问题，集成了不同无源元件（包括薄膜电阻、螺旋电感器和 MIM 电容器）的薄膜 IPD 微纳加工技术近几年逐渐得到认可，其具有线宽小、精确基板控制能力和可高度集成射频模块的特点，并且寄生效应更小[5-6]。使用 IPD 微纳加工技术的无源器件，如功分器、滤波器、巴伦和耦合器等，更易于与其他电路进行系统级集成。这种微纳加工工艺的高设计灵活性，使得通过改变螺旋电感器线圈的数量就能改变其电感值，通过改变薄膜电阻单位面积的电阻就能改变其电阻值，通过改变中间电介质的介电常数/厚度以及重叠的顶部和底部金属区域大小，就可以将 MIM 电容调制到所需的电容值，而无须从金属的结构设计上进行任何改变，并且易于集成以实现紧凑结构。

表 4-1 给出了每个掩模层的详细信息，从表中看出，顶层金属层、空气桥层以及种子金属层采用的是负胶，钝化层和介质层采用的是正胶，金属层采用的是镀了一层 Au 的金属材料。正胶经紫外线曝光后，可溶于显影蚀刻液，而负胶经紫外线曝光后，不溶于显影蚀刻液，正胶的光刻工艺要比负胶的光刻工艺精度高，同时价格更贵一些。

表 4-1 掩模层的详细信息

层	顶层金属层	空气桥层	种子金属层	钝化层	介质层
光刻胶	负胶	负胶	负胶	正胶	正胶
厚度	4.5/0.5μm	4.5/0.5μm	20/80nm	0.2μm（过孔）	0.2μm（过孔）
材料	Cu/Au	Cu/Au	Ti/Au	SiN_x	SiN_x

基于 GaAs 基板的微波湿度传感器的集成无源器件的加工流程如图 4-5 所示。主要分为以下步骤：

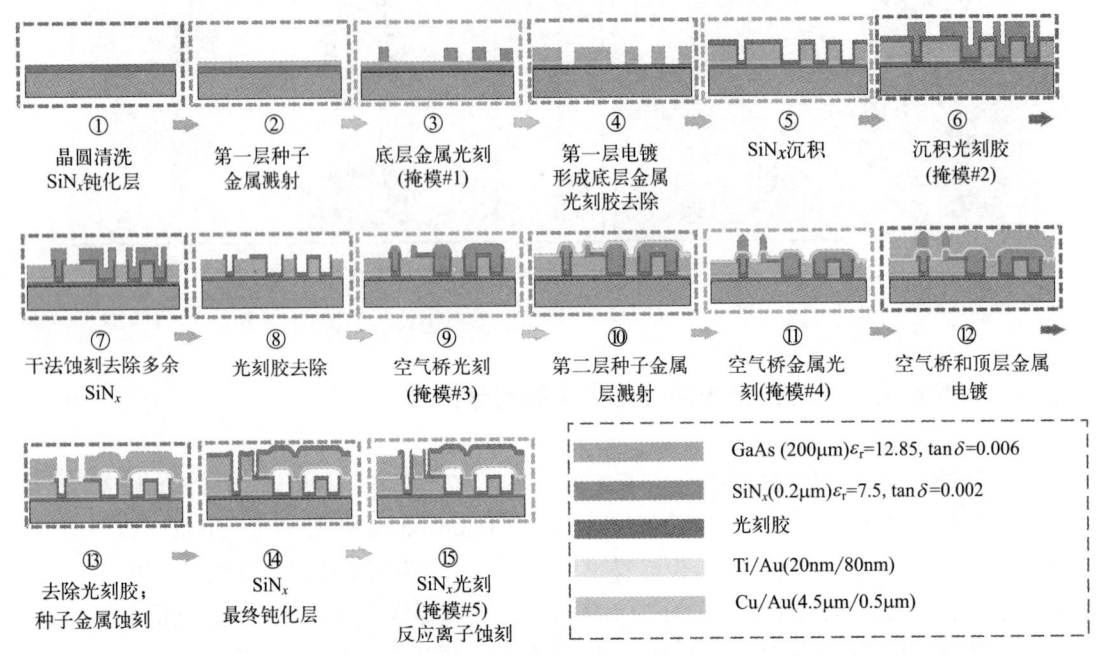

图 4-5　基于 GaAs 基板的微波湿度传感器的集成无源器件加工流程

① 用丙酮清洗砷化镓晶圆（GaAs，200μm，ε_r=12.85, tanδ=0.006）去除表面污染物，然后用等离子体增强化学气相沉积（PECVD）沉积厚度为 0.2μm 氮化硅 (SiN$_x$，0.2μm，ε_r=7.5, tanδ=0.002) 钝化层。

② 用溅射法在 SiN$_x$ 层上沉积厚度为 20nm/80nm 的第一层种子金属 Ti/Au，以增强基板与底层金属之间的黏附性。

③ 利用负性光刻胶与光掩模（1 号）来实现底层金属的图案光刻。

④ 进行第一层电镀，形成 4.5μm/0.5μm 的 Cu/Au 底层金属。电镀后，用丙酮剥离光刻胶，从而形成所需的金属图案，并用感应耦合等离子体蚀刻机通过反应离子蚀刻（RIE）去除多余的第一层种子金属以避免不必要的连接造成的短路问题。

⑤ 用 PECVD 再次沉积 0.2μm SiN$_x$ 以保护底层金属的侧壁，并用作 MIM 电容器的介电层。

⑥ 利用光掩模（2 号）通过光刻法沉积光刻胶，以保护所需部分免受 SiN$_x$ 蚀刻的影响。

⑦ 采用干法蚀刻 RIE 工艺去除表面残留的 SiN$_x$。

⑧ 过量的光刻胶用丙酮去除。

⑨ 用光掩模（3 号）进行空气桥柱的光刻工艺，然后通过硬烘烤进行回流工艺处理。

⑩ 用溅射法再次沉积 20nm/80nm 的第二层种子金属 Ti/Au。

⑪ 采用光掩模 (4 号) 用于空气桥金属的光刻过程。

⑫ 在非对称差分电感器和空气桥增强电容器的金属引线周围的断开线圈路径上电镀厚度

为 4.5μm/0.5μm 的 Cu/Au 作为顶层金属和空气桥。

⑬ 过量的光刻胶用丙酮去除，通过 RIE 工艺蚀刻多余的第二层种子金属。

⑭ 最后再沉积一层 SiN_x 钝化层以保护所有金属层免受氧化和腐蚀。

⑮ 用光掩模（5 号）的光刻和反应离子蚀刻工艺打开 SiN_x 最终钝化层的指定区域。进行背面研磨和抛光以获得所需的基板厚度，切割分离每个芯片并用金线键合工艺引出跳线，以进行直流和射频测试来检查所制造器件的性能。

以 IPD 工艺加工双工器的步骤如下：

① 采用 6 英寸 GaAs 晶元作为衬底，并使用丙酮、异丙醇和去离子水依次清洗。这一步的目的是去除 GaAs 表面的杂质，增加沉积层与表面的附着力。

② 利用等离子体增强化学气相沉积方式，在 650μm GaAs 衬底上沉积第一层钝化层 SiN_x，其相对介电常数为 7.5。

③ 用溅射法沉积第一种金属钛/金（20nm/80nm），然后进行光刻。晶圆被光致抗蚀剂遮蔽，以确定第一金属层所需的图案。采用电镀工艺制备出厚度为 4.5μm/0.5μm 的铜/金复合金属片，用于制作螺旋电感线圈和 MIM 电容的底层金属，具有高导电性和低成本的特点。电镀后，用丙酮剥离光刻胶。

④ 采用等离子体增强化学气相沉积工艺沉积 0.2μm SiN_x 作为 MIM 电容中间的绝缘介质层。用感应耦合等离子体蚀刻机通过 RIE 工艺去除过量的不需要的 SiN_x。

⑤ 第二层种子金属沉积之后是空气桥后光刻工艺，然后电镀 4.5μm/0.5μm 的铜/金材料的空气桥金属层作为 MIM 电容的顶层金属，并将其作为电感的气桥互连。电镀后，用丙酮溶液剥离气桥掩模光刻胶层。采用 RIE 工艺去除种子金属，防止 SF_6/O_2 等离子体短路。

⑥ 除焊盘区域外，在整个表面沉积 SiN_x 最终钝化层。钝化层的作用是将金属表面转化为不易氧化的状态，保护金属层不受腐蚀。

采用 GaAs 基板，可以实现螺旋电感器和平行板电容器高频下的高品质因数，导电衬底的寄生电容和电感效应最小。图 4-6 给出了采用 IPD 微纳加工的三阶椭圆函数双工器的每层结构的材质及不同层的厚度信息。

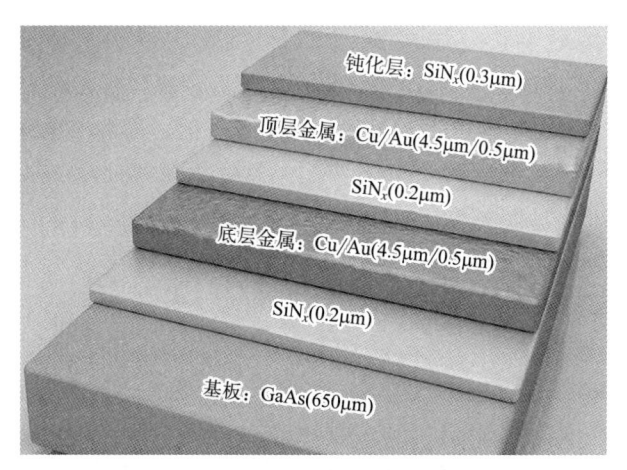

图 4-6 IPD 工艺加工双工器的层厚信息

图 4-7 给出了具有空气桥结构的螺旋电感器和由顶部金属层和底部金属层定义的 MIM 电容的三阶椭圆函数双工器的横截面图。在芯片的实际加工制造过程中，如果设计的芯片上只包含薄膜电阻和 MIM 电容，则两层金属化的厚度可达到 2μm，但是对于装有螺旋电感器的系统，如果金属层厚度小于 7μm，则会导致螺旋电感器的品质因数大大降低。所以，只要螺旋电感线圈的绝缘层足够厚，就可以降低损耗，从而保证其正常工作。

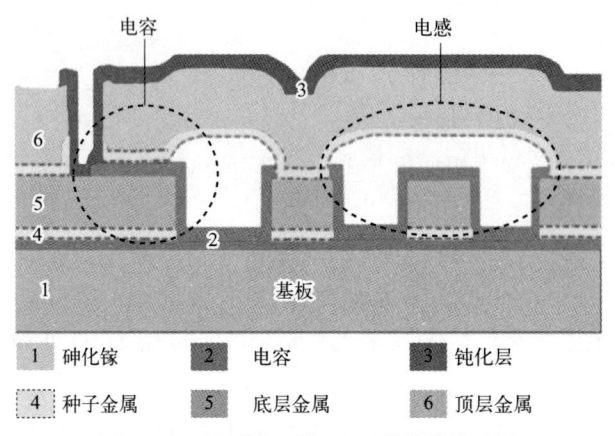

图 4-7 三阶椭圆函数双工器的横截面图

这里整个加工过程旨在实现射频器件加工方案的一体化的标准化技术，包括在获取设计规范后，开始器件的设计、仿真、加工、组装、封装和测量，所有的程序都是自主开发和操作的，不仅可实现在 IPD 设计单元库中定义元器件参数，也可以控制加工工艺参数。在器件加工完成后，进行晶圆切割过程前，需要将 GaAs 衬底抛光到 100μm。因为在整个加工过程的开始阶段，必须保证易碎的 GaAs 基板足够厚，才能实现晶圆的安全传送。

此外，基于 GaAs 的 IPD 设计和制作的无源器件是射频前端系统中与其他射频模块集成的理想选择，包括有源器件（如混频器和低噪声放大器）和无源器件（如双工器、滤波器和电阻、电感、电容器件）。在具有外延层的 GaAs 衬底上可以加工制作出有源器件，相比之下，无源器件的无外延层 GaAs 衬底及其相应的 IPD 加工制备工艺价格要低很多。如果在同一个晶圆上同时加工无源和有源器件，将会增加整个系统的预算，所以对于高频应用来说，为了节省成本又同时保证 IPD 器件与 PCB 器件具有高工作性能，通常将这两个部件分离在不同类型的衬底上（通过使用外延-GaAs 晶片或非外延-GaAs 晶片区分）。如果在高频应用中集成无源模块和其他射频模块，如低噪声放大器和混频器，将通过倒装芯片的连接方法为无源部分和有源部分之间的连接预留一些空间。

（1）溅射蚀刻工艺提高集成无源电感的性能分析

螺旋电感器由一对缠绕在不同金属层上的螺旋线圈组成。在之前的研究中，有研究者详细分析匝数、环宽、匝间间距和内径等参数，以改善螺旋电感的性能[7-8]。这里关注的是加工成品率的优化以及品质因数的提高。当电感器的线宽小于 25μm 时，电感器的中间介质层上会出现不规则的薄膜脱落现象，严重影响了加工器件的成品率。当后续处理工艺涉及用大于

5MPa 的压力去剥离空气桥下多余的光刻胶时，由于底层金属和顶层金属之间的附着力不足，会导致脱落现象的产生。假设剥离现象可能发生在底层金属和第二种子金属之间或第二种子金属与顶层金属之间，通过采用五种优化方法对上述两种情况进行分析，见表 4-2。

表 4-2 不同加工工艺优化的电感特性比较

项目	原片	优化 1	优化 2			优化 3	原片	优化 4	优化 5
层	底层金属	底层金属	底层金属			底层金属	种子金属	种子金属	种子金属
盐酸	否	是	否			否	否	是	否
Ar 溅射	否	否	15s	30s	45s	否	否	否	是
O$_2$ 蚀刻	否	否	否			是	否	否	是
有效值 /nm	12.9	12.4	13.9	14.8	15.0	13.1	0.1	0.08	0.11
峰值 /nm	105.7	75.8	74.6	77.3	80.6	62.2	0.4	0.3	0.59
产出 /%	84	80	95	100	100	86	84	82	85

在这两种情况下，材料和器件的强黏附性是首要考虑因素，因此需要通过提高表面处理的粗糙度来增加接触面积，从原子力显微镜图像中可观察到更高的均方根（Root Mean Square，RMS）值和峰值，如图 4-8 所示。从表中可以看出，对优化 1 和优化 4 对应的底层金属和第二种子金属采用 HCl 工艺可增加粗糙度，但这并非提高附着力的最优解决方案，因为剥离问题仍然存在。在底层金属上应用 O$_2$ 蚀刻工艺（记为优化 3），其结果是粗糙度略有增加。然而，附着力仍然不够强，无法黏合顶层金属。接着进行优化 2，即氩（Ar）溅射蚀刻工艺，对基底金属表面进行了 15s、30s 和 45s 的粗糙化处理，发现在 15s 的 Ar 溅射蚀刻过程中，可以获得良好的附着力，只有轻微的剥离。此外，30s 和 45s 工艺可获得更好的附着力，几乎不存在剥离问题。由于表面粗糙度与 MIM 电容的性能密切相关，相对较高的粗糙度可能导致 MIM 电容因金属峰高而短路。在满足高附着力和 MIM 电容性能要求的前提下，最终选择 30s Ar 溅射蚀刻作为 IPD 加工的电感优化参数。

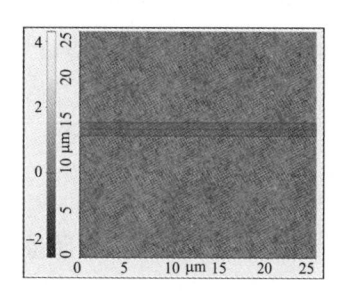

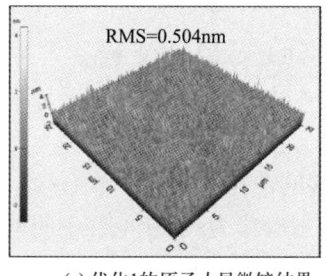

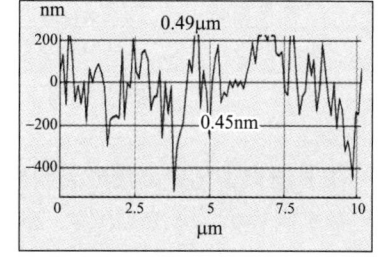

(a) 优化1的原子力显微镜结果

图 4-8

(b) 优化2的原子力显微镜结果

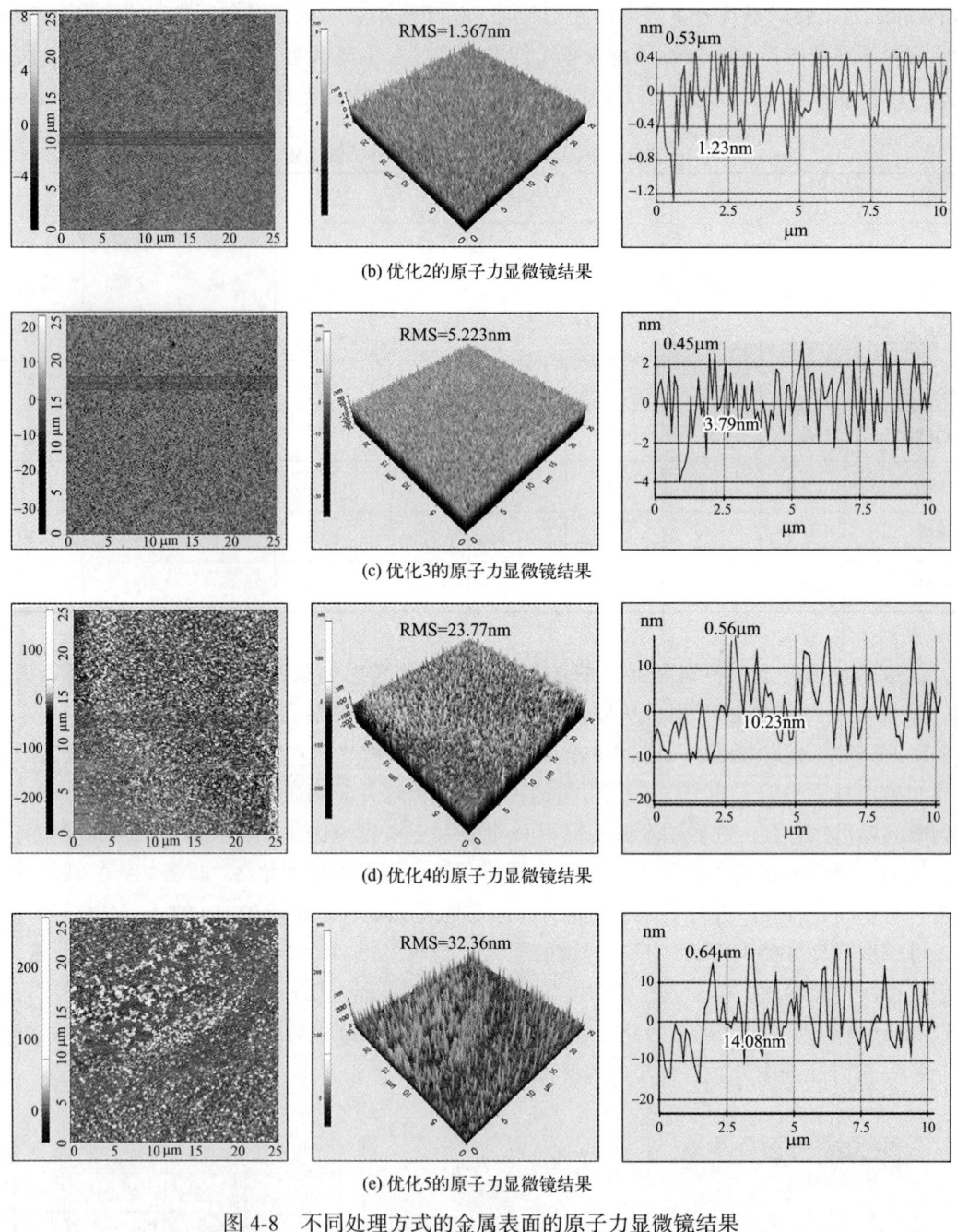

(c) 优化3的原子力显微镜结果

(d) 优化4的原子力显微镜结果

(e) 优化5的原子力显微镜结果

图 4-8　不同处理方式的金属表面的原子力显微镜结果

（2）退火工艺提高集成无源器件的性能分析

对于高容值的 MIM 电容，SiN_x 薄膜作为 MIM 电容中间的介质层材料，其薄膜的质量决定了 MIM 电容的性能优劣。在加工过程中，SiH_4/NH_3 气体的混合速率、工作压力、射频功率、腔室温度、沉积速率等对 SiN_x 薄膜的影响至关重要。加工工作条件是在 8.0MV/cm 的击穿电场和 148V 的高击穿电压下测试的。SiN_x 薄膜的稳定性对于实现高可靠性的商业化产品来说是至关重要的，因此，首先进行预沉积处理，包括 N_2 退火处理（记为优化 1）和 O_2/N_2H_2 等离子体处理（记为优化 2）。利用 Agilent 8510C 矢量网络分析仪对 IPD 加工的三阶椭圆函数双工器进行了测试（图 4-9）。

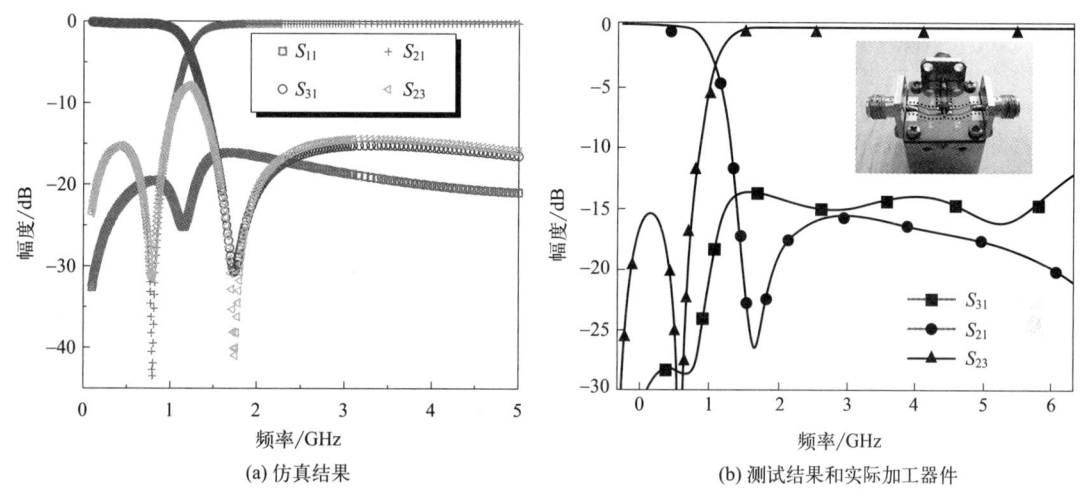

图 4-9 三阶椭圆函数双工器仿真实测结果

优化 1 在 200℃ 快速热退火系统中处理 10min，优化 2 在 O_2/N_2H_2 气体混合比为 20∶1，工作压力为 2Torr，夹头温度为 140℃，射频功率为 550W 的条件下，在微波灰化器中处理 2min，每次预处理试验采用两个晶片，击穿故障率作为 SiN_x 薄膜稳定性的判断标准。

所提出的双工器结构可实现从 0.1GHz 到 6GHz 之间两个工作频点的高带外抑制，并且回波损耗小于 16dB。同时，两个输出端口之间的隔离度高于 30dB，保证了两个端口独立工作，互不干扰。在芯片加工和引线键合工艺的诱导公差范围内，仿真和测量的散射参数结果之间的差异可以忽略不计。

表 4-3 列出了使用不同加工技术的双工器在回波损耗、插入损耗、隔离度和芯片尺寸方面的比较。采用 IPD 技术加工出的三阶椭圆函数双工器比其他加工技术具有更优越的性能和更紧凑的尺寸，在 GSM 和 WCDMA 频段的插入损耗分别为 0.5dB 和 0.5dB，回波损耗大于 16dB，并且两个输出端口之间的隔离度足够高，都大于 30dB 以保证低通滤波器和高通滤波器的工作独立性，器件尺寸为 $0.0053\lambda_0 \times 0.0023\lambda_0 \times 0.0005\lambda_0$。对于射频设计师来说，通过了解该 IPD 加工生产线中的单元库资料，就可以实现从无源器件仿真、优化到进一步的加工、封装和测试一体化的标准化过程。从最新的双工器相关工作的表中比较，所提出的双工器的插入损耗对信噪比的影响较低，可用于射频前端系统，由薄膜 IPD 工艺加工的无源器件具有电路尺寸紧凑、器件性能精确、易于与系统级封装技术集成等特点，为微波传感器的应用研究设计进一步奠定了基础。

表 4-3 不同加工工艺的微波双工器性能比较

(f_L/f_H) /GHz	工艺	回波损耗 /|dB|	插入损耗 /|dB|	隔离度 /|dB|	参考文献
1.8/2.4	PCB	11.9/12.0	2.2/2.1	>30	[9]
3.5/5.5	LTCC	>15/>15	1.7/2.4	>36	[10]
9.5/10.5	SIW	>10.0/>10.0	1.6/2.1	>35	[11]
2.5/2.7	介质谐振器	>10/>10	1.0/1.2	>50	[12]
0.9/1.8	GaAs IPD	29/15.5	1.4/0.8	>25	[13]
4/5	PCB	28/35	1.2/1.6	>20	[14]
2.8/4	PCB	15/19	1.5/1.5	>12	[15]
0.79/1.74	GaAs IPD	16/20	0.5/0.5	>30	本工作

4.1.4 优化 IPD 加工技术加工微波传感器案例

相比于传统的 PCB 技术，微纳加工技术作为一种新兴产业，可直接与标准半导体加工技术融合，实现高密度无源器件的集成，同时以低成本实现低损耗性能。这种技术在可大批量生产的条件下，又可以保证良好的一致性和重复性，且后期与其他系统模块集成更加方便。本小节根据上面对电感、电容优化后的最佳加工工艺参数对第 3 章设计的微波传感器进行加工，实现了高灵敏度、高稳定度、微型化的微波湿度检测平台。

图 4-10 给出了基于 GaAs 基的集成无源器件微纳加工的流程，主要分为以下十个步骤，每一步都必须严格把关，才能确保后续加工的器件功能的可靠性。

第一步：硅片清洗。钝化层的质量直接依赖晶圆表面的洁净度，因此预处理是关键第一步，目的是去除表面污染物、自然氧化层及缺陷，为后续钝化层沉积提供均匀、稳定的基底。先用丙酮化学试剂清洗，然后用去离子水漂净，将硅片在甩干机上甩干后，100℃条件下进行预烘，去除清洗后残留的水汽，然后利用 PECVD 工艺沉积 SiN_x 钝化层。

第二步：薄膜电阻层。薄膜电阻（Thin Film Resistor，TFR）的光刻工艺核心是通过光刻技术在衬底表面利用光掩模定义出特定的电阻图形，利用电子束蒸发沉积 10wt% NiCr 薄膜，通过后续的光刻胶去除工艺保留所需的电阻区域，去除多余部分，以实现精确的阻值控制。

第三步：涂抹底层金属光刻胶。在第一层种子金属溅射后，将硅片放置在一个真空夹盘上，当夹盘高速运转时，在离心力的作用下，液态光刻胶均匀的扩散到整个硅片表面。光刻胶的涂抹厚度与其种类、黏度以及夹盘的转速密切相关，这一步的涂抹过程尤为重要，光刻胶如果过厚或过薄都不利于后期进一步的加工。

第四步：底层金属层制备。利用电子束蒸发制备底层金属 (Ti/Au)，然后去除光刻胶，并用反应离子蚀刻去除 NiCr 薄膜电阻表面的底层种子金属层。

第五步：光刻胶过孔。继续在表面沉积 SiN_x 钝化层，然后利用光刻工艺和干法蚀刻工艺制造过孔。

第六步：空气桥设计。利用后光刻工艺去除钝化层及钝化层表面的光刻胶，这一步是为了制备 MIM 电容的空气桥层。

第七步：第二层种子金属层。利用溅射工艺继续沉积第二层种子金属层。

第八步：空气桥金属光刻。利用新的光掩模继续光刻工艺制备空气桥金属。

第九步：顶层金属电镀。利用电镀工艺继续沉积顶层金属 (Cu/Au)，并去除光刻胶。

第十步：最终钝化层。继续在表面沉积 SiN_x 钝化层，然后去除多余的钝化层以及多余的光刻胶。

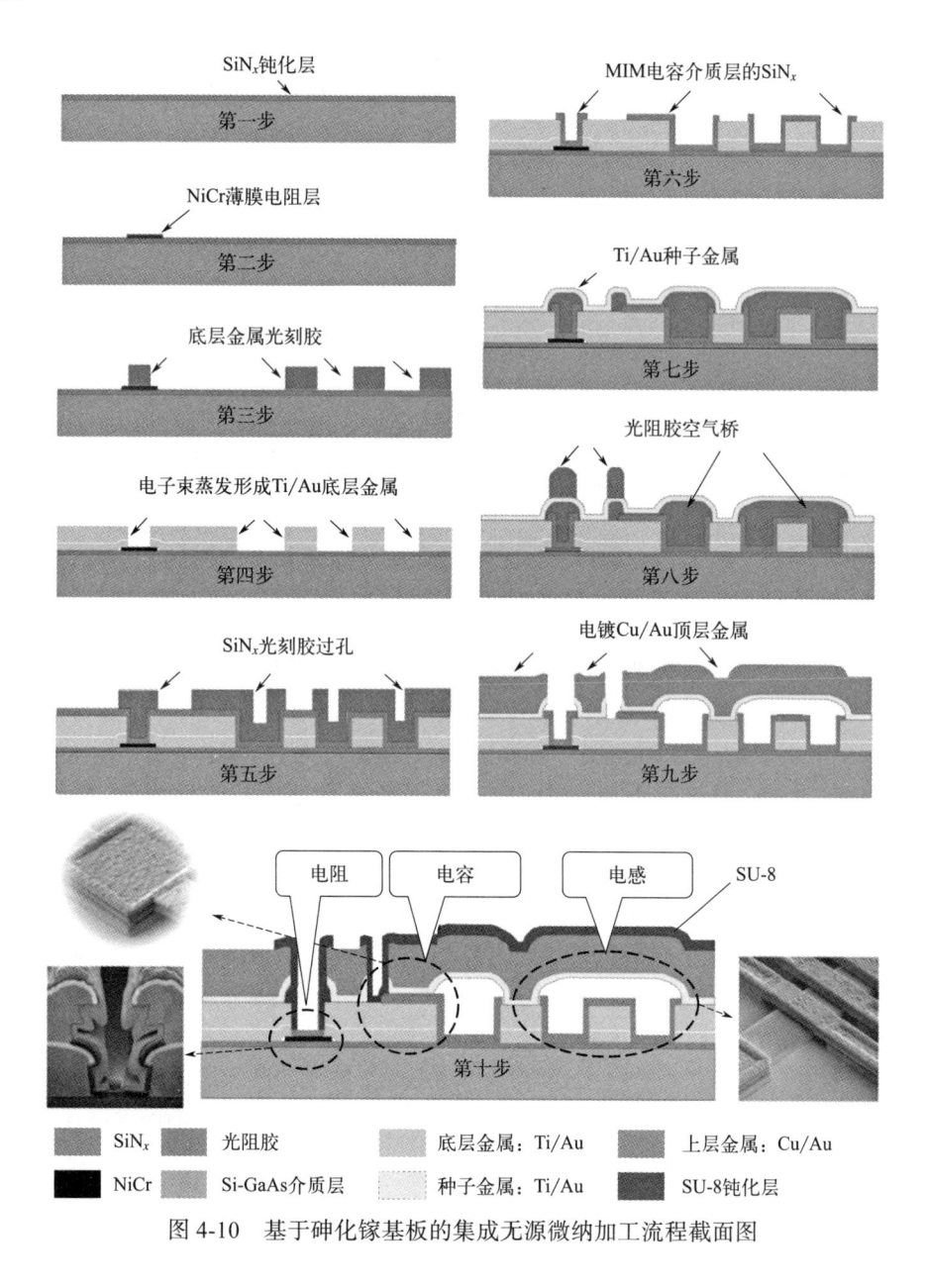

图 4-10 基于砷化镓基板的集成无源微纳加工流程截面图

图 4-11 给出了引线键合和焊接过程后的微波湿度传感器的照片，在光学显微镜图像中，所设计加工的微波传感器敏感区域尺寸为 0.98mm×0.80mm×0.22mm，图中比例尺为 0.2mm，引线键合后的传感器的整体尺寸为 2.0cm×2.0cm×2.0cm。

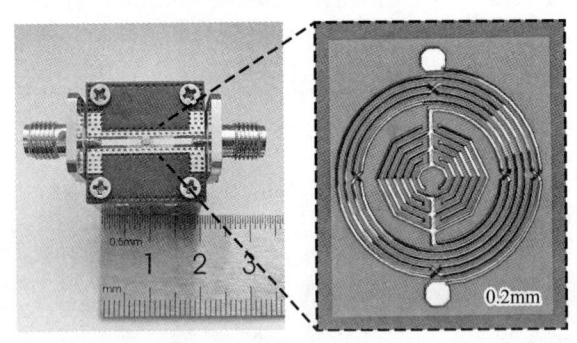

图 4-11 基于 IPD 加工的微波湿度传感器照片及光学放大显微镜图像

4.2 柔性电子加工技术

目前，对柔性电子的要求逐渐集中在低成本、简单的制备工艺、使用绿色且具有生物相容性的材料。这对柔性电子的加工技术提出了要求。经过不断地探索和研究，如今关于柔性电子的加工技术层出不穷，但可以总结为两大类：物理方法和化学方法。本节总结了这两类加工技术里面常见的柔性电子加工工艺技术分类以及它们的一些实际应用。根据需要选择最合适的工艺或工艺组合，以实现对柔性基板的精密加工，得到理想的电子元件。

4.2.1 打印转移工艺

打印转移是指将所制备的材料在特殊打印机的作用下，形成固定的模板，通常包含 3D 打印、喷墨打印、转移打印和卷对卷打印等。基于打印的柔性电子加工技术具有精确、快速和扩展性强的特点，因此现在有很多基于打印技术加工而成的柔性电子设备，下面具体介绍了这些技术的原理并且给出了一些实际的应用。

(1) 3D 打印

3D 打印指通过计算机和 3D 打印机来构建 3D 图案的打印技术。通常，在计算机上绘制出需要打印的 3D 图案之后，材料在 3D 打印机的作用下便会形成特定的图案以达到加工的目的。这种技术可以印刷各种复杂的图案并且很少受到环境的影响，因此被广泛地用于柔性电子设备的制作。2022 年，湖南大学的 Zhang 等提出了一种通过投影微立体光刻法制造的新型导电交联水凝胶的 3D 打印技术，其制备的水凝胶具有很高的拉伸强度（最大 650% 形变）和柔韧性，同时制备的水凝胶在 -40～20℃的条件下能够保持不错的性能[16]。文中还报道基于该水凝胶制备的生物传感器可以用于监测肌电极（EMG）信号，从而实现人体的手势识别，这有望促进柔性电子在智能医疗领域和机器人控制领域的发展。在软体机器人领域，3D 打印技术是最受欢迎的技术之一。人们发现 3D 打印技术可以用于更加精确和简单地模仿动物的一些特性和外形。2022 年，南方科技大学的 Zhang 等从变色龙身上获得了灵感，制作了具有根据环境变色和爬行功能的软体机器人。通过如图 4-12 所示的 3D 打印技术，打印软体机器人变色传感器并将其整合到软体机器人的外壳上，制备的机器人可以在三个基本色环境（红、绿、蓝）中进行感知并且变色[17]。

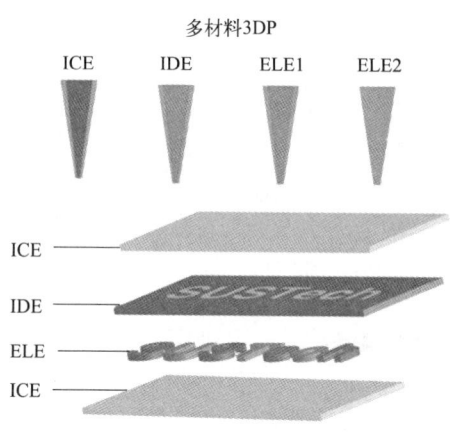

图 4-12 制作新型导电交联水凝胶器件的多材料直写工艺示意图[17]

类似地，萨里西蒙弗雷泽大学的 Kim 等在 2022 年通过 3D 打印技术制作的具有水蛭外形和特征的软体机器人，通过模仿水蛭的吸盘结构，可以牢牢吸附在人体上，如图 4-13 所示。因此其能够应用在心电测量上，能够将信噪比降至 21.7dB，这将进一步发展远程医疗监测机器人系统[18]。

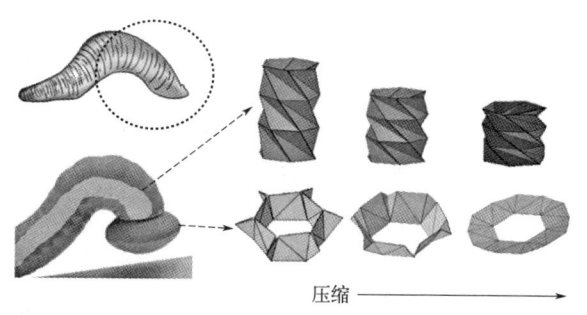

图 4-13 基于水蛭外形和特征的软体机器人[18]

利用该技术印刷各种柔性图案的灵活性促进了其在柔性绿色电子产品中的应用。然而，这种方法所需的设备昂贵，而且要大量生产，需要消耗大量的能源。因此，有其他低消耗的方法被用于柔性电子设备的制备。

（2）喷墨打印

与 3D 打印类似的，喷墨打印使用喷墨打印机在平面基底上再现目标图像。不同于上述提到的 3D 打印，油墨打印机从办公室到家庭中都十分常见，因此基于油墨打印的柔性电子设备能够较为容易和低成本地制备出来。由于喷墨打印机大部分情况下只能用于平面基底上，所以基于油墨的打印技术通常被用作柔性电路的制备。武汉大学的 Zhang 等就在聚二甲基硅氧烷（PDMS）基板上通过喷墨印刷制造了柔性电路。首先将 PDMS 的疏水性更改为亲水性，再使用油墨打印机将三甘醇单甲醚（TEGMME）液滴打印到 PDMS 基底上从而形成柔性电路，印刷出的电路的电阻率为 2.5Ω/mm[19]，如图 4-14 所示。

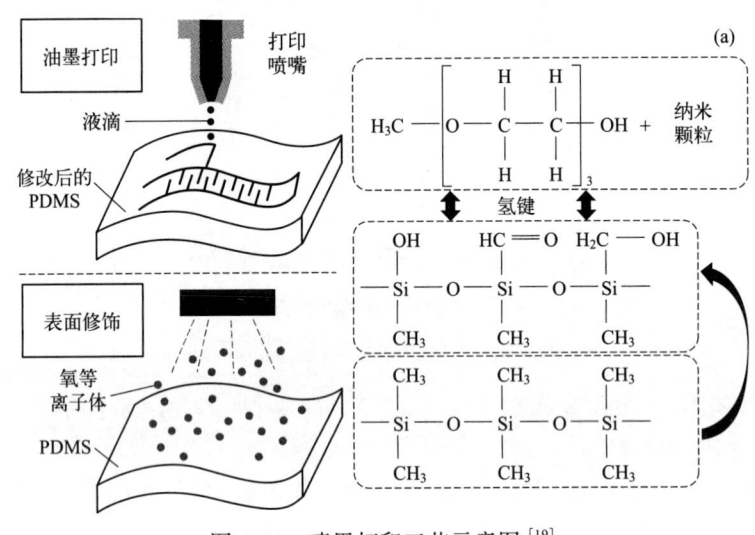

图 4-14 喷墨打印工艺示意图[19]

2024 年，德黑兰大学的 Seifaddini 等提出了一种结构简单的可穿戴印刷弧形摩擦电传感器（PATS），其是基于电介质-电介质和金属-电介质结构的接触分离模式的由不同材料组成的压力传感器，利用喷墨打印技术进行加工，所制备的传感器能够准确识别各种弯曲角度的手指运动[20]。

以往的植入式柔性电子器件要实现在轻度潮湿环境中实现与组织紧密黏附并具有优异的生物相容性一直是一个巨大的挑战。为此有许多学者利用喷墨打印来解决上述问题。比如哈尔滨工业大学的 Yuan 等首先制备了液态金属和 PVP 的混合物，再利用喷墨打印将混合物打印在超薄明胶表面形成图案，形成柔性贴片，如图 4-15 所示。得益于液态金属优良的导电性、低毒性以及与明胶天然组织成分的相似性，所制备的贴片展现出了出色的生物相容性和抗疲劳性能。例如它可以植入体内长达 6 周，承受 100 万次弯曲疲劳循环。不仅如此，其监测的功能仍然有效。这为植入式柔性电子产品的未来发展提供了一种创新策略[21]。

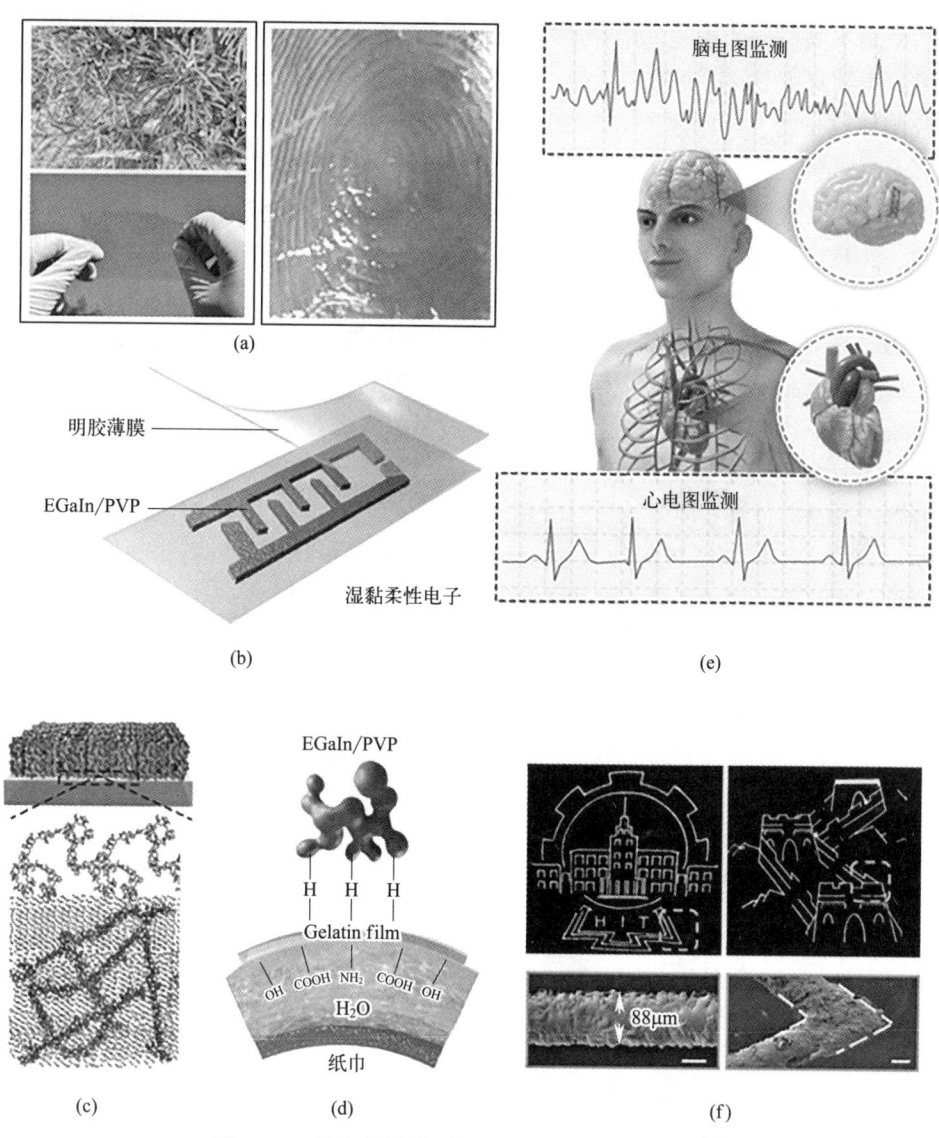

图 4-15 植入式湿黏柔性电子器件的制备机理[21]

（3）转移打印

转移打印技术是一种将中间载体上的图文采用相应的压力转移到承印物上的印刷技术，可以分为水转印、气转印、丝网转印、热转印。利用压印板/压印轮，通过热压、UV固化、丝网印刷等方式，将功能材料层转移到柔性基板上。优点是可实现大面积、高速复制图案的规模化生产，工艺简单，成本低；缺点是需要先制版，材料利用率较低，且分辨率和精度较激光加工差一些。利用转移打印制备技术可以直接在塑料、橡胶等柔性基板上印制电子功能层，实现电路和组件的集成，制作出柔性电子产品。

印刷版的设计制作决定了能达到的图案分辨率和最小特征尺寸，一般丝网印刷能达到 50μm 左右，喷印分辨率更高，能到 10μm 级别，但制版费用也更高。按电子器件的功能与性能需求，配制不同成分的功能油墨，如导电油墨、电阻油墨、介电油墨、发光油墨等。功能印刷油墨的配制直接影响印刷层的性能，需要调控油墨的黏度、表面张力、固化条件等参数；还需要控制印刷压力、印刷速度等参数，实现印刷层均匀转移，达到理想的层厚、线宽等。通过选择合适的固化温度、时间、环境，使印刷油墨融入基材，形成理想的微结构与性能。通过氧等离子体处理等改善基材表面性能，增加油墨黏附力。根据基材和油墨材料性能调整工艺参数，实现良好的印刷质量，后处理提升层间黏结和力学性能是印刷加工过程中的一些关键技术点，需要优化控制，以实现高精度、高性能的柔性传感器制备。为提高压印层与基板的黏附力，先对柔性基板（如 PET、PI 等塑料薄膜或橡胶材料）进行表面改性处理，常用的改性方法有 UV 辐照、氧等离子体处理、氧化、涂覆弹性中间层等。

由于模具的形状可以被有效地控制（长度、宽度、间隙等）并且易于被制作，有许多基于转移打印的柔性电子设备加工研究。都柏林三一学院 Zhang 等报道了一种基于石墨烯的微型超级电容器，其是通过将石墨烯转移打印到衬底上，然后将电解质浇筑而成，如图 4-16 所示。制备的电容器具有良好的循环寿命、高能量和功率密度等。因此转移打印技术能够为可穿戴和便携式电子产品中的应用提供坚实的支持[22]。

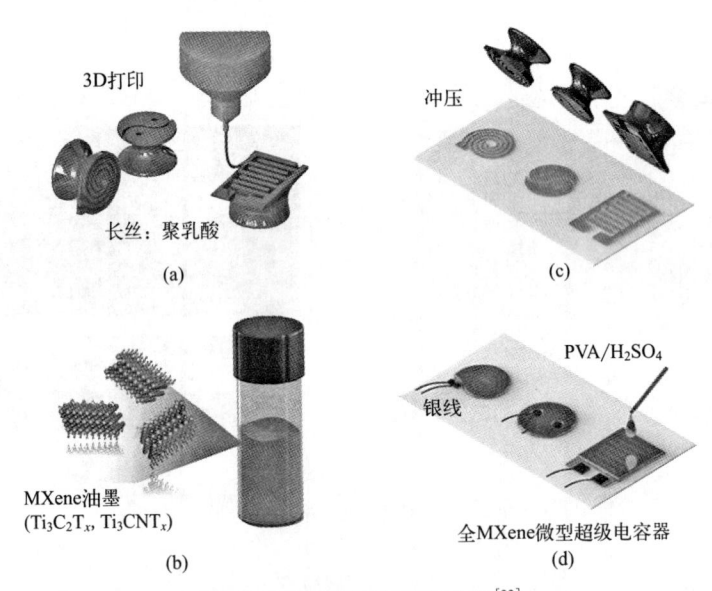

图 4-16 石墨烯的转移工艺[22]

尽管转移工艺流程简单，并且能够让制备的柔性传感器形成大致的形状，但并不是所有的基材都适用转移打印的方法，比如纯棉布和黑布等。因此，有许多研究人员针对转移打印的工艺优化进行了研究。清华大学的 Liu 等提出了一种高良率的液滴印章转移印刷（LSTP）技术，该技术允许将柔性器件从硅晶片转移到复杂的异形界面，如图 4-17 所示。此外，他们还提出了一种利用液滴压印技术制造三维传感器的新方法，为可穿戴天线和可重构器件的制造提供了新的途径。这为解决固体接触式弹性体印章有时会产生裂纹的问题提供了新的解决方案[23]。

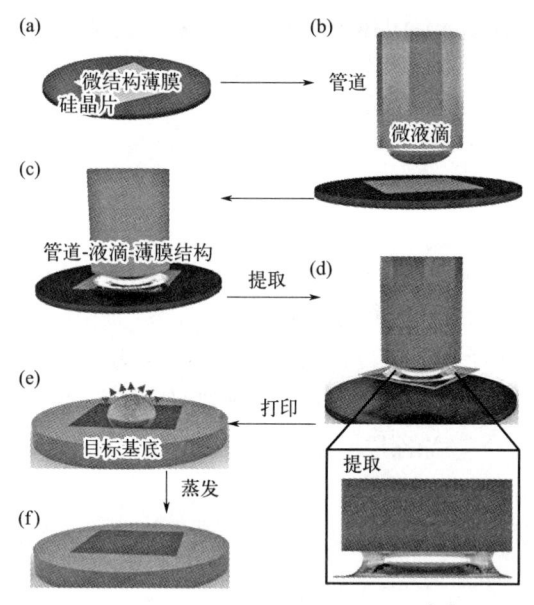

图 4-17 液滴印章转移印刷过程[23]

（4）卷对卷打印

卷对卷（R2R）打印是一种利用印刷辊之间的压力在承印物上重现设计图案的技术，这样的技术相比上述的打印技术更加简单且更适合大规模的生产。早在 2018 年，Hiltunen 等就利用聚二甲基硅氧烷（PDMS）和基于纸张的微流体进行卷对卷热压印制造。经大气电晕处理的铝涂层纸与未固化的 PDMS 接触，随后在与加热圆柱体接触过程中，打印辊上的固化 PDMS 和微通道图案被复制到 PDMS 层中[24]。如图 4-18 所示，该技术能够在 1h 内产生数万个样品并且这些样品的误差率较小。

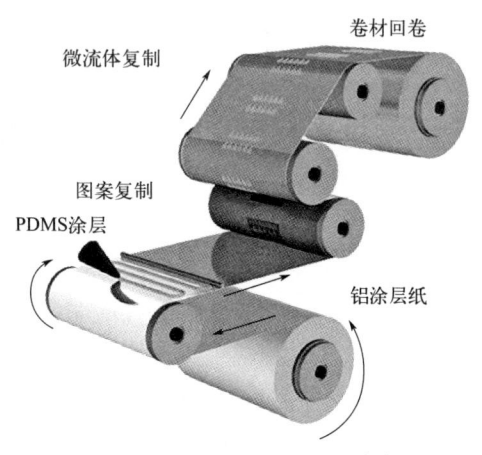

图 4-18 卷对卷打印过程[24]

然而，这种印刷方法降低了最终图案的分辨率，并在寻找可滚动印刷材料方面造成了重大问题。针对这个问题，研究者们进行了打印方式的优化。2020 年，香港中文大学的 Li 等开发了具有多输入多输出（MIMO）闭环控制的多层卷对卷系统，该系统可为大规模连续打印过程实现亚微米级的对准精度[25]。

4.2.2 物理涂层工艺

涂层技术是将材料一次施涂从而得到固态连续膜。以前，这项技术通常用于涂布金属、织物、塑料等基体上的塑料薄层。涂料可以为气态、液态、固态。随着柔性电子技术的发展，这项传统技术也被应用到了柔性电子设备的加工当中。作为一种使天然材料功能化的通用方法，该涂层技术适用于任何尺寸的衬底，在温和的条件下，促进了低成本柔性电子器件的实现。涂层技术包括旋转涂层、喷涂涂层、浸涂涂层。

（1）旋转涂层

通过高速旋转的离心机，离心力可以均匀地将纳米级薄膜沉积到平面基底上。通过改变纺丝的速度，可以控制薄膜的厚度、黏度或溶液和溶剂的浓度。韩国济州大学的Shaukat等通过湿磨将块状$ZrSe_2$剥离成二维薄片，然后使用旋涂技术将这些二维$ZrSe_2$薄片沉积到叉指电极（IDE）上，这样的传感器就具有了高灵敏的电极，如图4-19所示。所提出的传感器在（15%～80%）RH的宽检测范围内展现出了高灵敏度（68kΩ/%RH），并在360min内保持良好的线性和稳定性[26]。

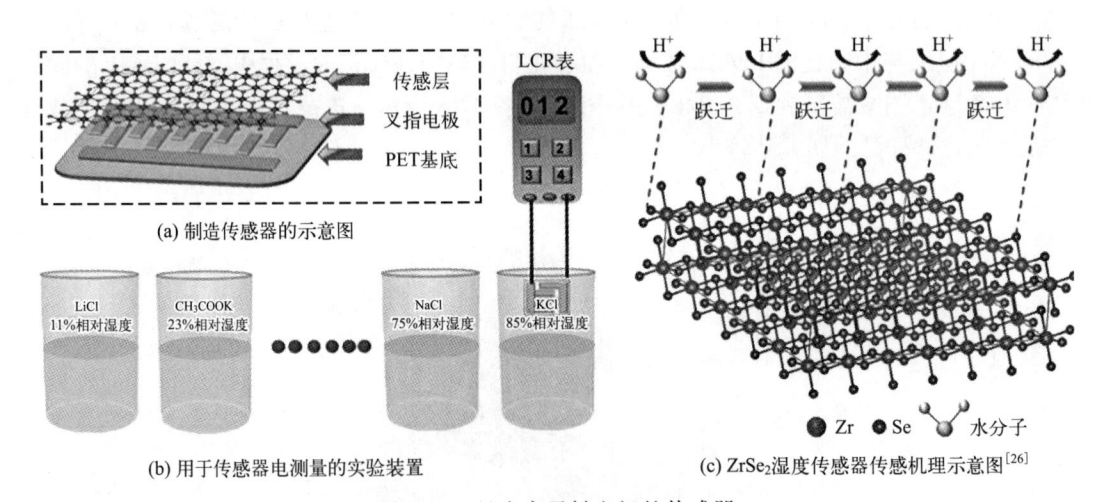

(a) 制造传感器的示意图

(b) 用于传感器电测量的实验装置

(c) $ZrSe_2$湿度传感器传感机理示意图[26]

图4-19 具有高灵敏电极的传感器

旋涂技术不仅可以应用在柔性传感器上，也可以在半导体的加工中发挥巨大的作用。近年来，传统晶体管的发展趋势包括突触性和柔性化，分别可以降低能源成本和实现柔性电子的日常应用。然而通道的结构难以被柔性化，这受限于材料。中国科学院的Han等就利用了旋涂技术，以Si为基体，构建了iPU/IL通道层，该离子通道层具有高透明度、高稳定性和拉伸性。随后利用该离子通道制备了离子导电晶体管，也拥有不错的性能（信号传输时能量损耗仅为 64 nJ），这为柔性半导体的发展提供了重要的基础[27]。

(2) 喷涂涂层

它是一种利用高压空气通过喷枪将油漆颗粒雾化并引导到基材表面的涂层技术。这种技术通常用于制造较大的产品。例如，金属/皮革基质（LM）膜已通过循环喷涂涂层制备。西安大略大学的 Liu 等将聚甲基丙烯酸甲酯（PMMA）喷涂在 LM 上并进行干燥。随后，将金属 NPs 和乙醇的混合物喷涂到 PMMA 导电层的表面。最后，喷涂 PMMA 顶层作为保护层，由此得到了可以用于电磁屏蔽的复合材料。金属/LM 膜具有出色的屏蔽效果，达到了 76.0dB[28]。这项技术还经常与上述提到的旋涂技术相结合，以增强所制备的材料的导电性。比如哈利法大学的 Waheed 等设计了一种高性能且低成本的湿度传感器，该传感器使用二维 $Ti_3C_2T_x$ 的 MXene 纳米片（TMNS）作为电极，氧化石墨烯作为传感层。同时采用紫外光刻、旋涂和喷涂技术在柔性的透明环烯烃共聚物（COC）基板上制造以确保传感器具有弯曲和拉伸性能，如图 4-20 所示。该传感器对湿度极其敏感，如在 1kHz 和 10kHz 频率下的响应范围为 6%～97%。得益于柔性基板，该传感器表现出快速响应和恢复时间（分别为 0.8s 和 0.9s）[29]。

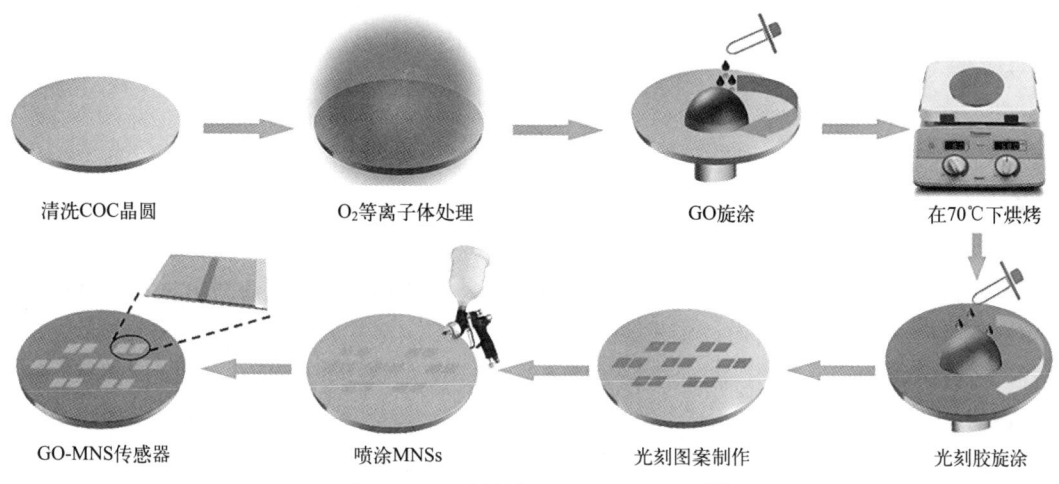

图 4-20 湿度传感器旋涂制作工艺[29]

(3) 浸涂涂层

浸涂涂层技术是指通过浸渍、沉积和蒸发阶段将薄膜沉积在大块基板上。涂布膜的厚度可以通过基材表面功能化或改变浸渍时间、循环浸渍次数和溶液浓度来调节。采用浸涂技术，即使在形状复杂的情况下，也能使涂膜均匀、高质量。天津科技大学的 Li 等提出了一种方法用于构建柔性超级电容器的聚乳酸（PLA）/聚苯胺（PANI）/MXene（PPM）薄膜电极。在 PPM 电极中，采用非溶剂诱导相分离法制备的多孔 PLA 作为理想的柔性基材，因其提供了优异的柔韧性和高机械强度。PANI 作为偶联剂，增强 PLA 与电活性材料之间的界面强度。通过简单的逐层浸涂方法，将 MXene 牢固地锚定并沉积在 PLA 上。得益于浸涂方法，所制备的 PPM3 薄膜电极在三电极设置中，以 1A/g 的电流密度实现了 290.8F/g 的高比电容[30]。该方法的缺点之一为制备速度较慢，为了克服这一缺点，许多改进方法被提出。维拉诺瓦大学的 Zhou 等展示了一种将疏水性纳米颗粒在水中通过超声分散体的方法，这种方法能够在疏水性聚合物基质上快速且环保地组装和再生纳米材料网络，如图 4-21 所示。该自限式声波浸涂（SDC）组件具有超快的浸涂和退出速度，并且对基材的几何形状不敏感[31]。

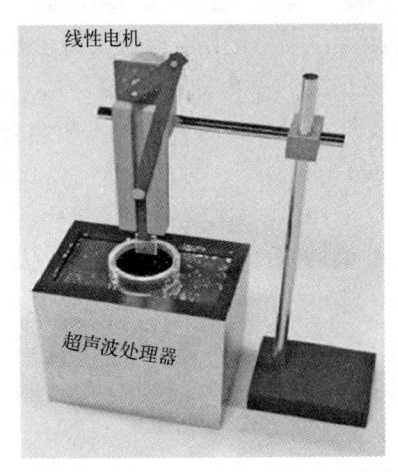

图 4-21　SDC 定制浸涂机原理图[31]

4.2.3　激光光刻工艺

通过蚀刻基片材料或在基片上沉积新材料，将设计图案从光罩转移到基片上。激光光刻技术可以精确地制作任何所需的几何图案，甚至是几十纳米的小图案。利用激光的热效应或光化学效应对柔性基材进行微细加工，加工精度高，无接触，适用于各种材料。激光诱导热制备工艺常用的基板有 PET、PI 等塑料基板或橡胶基板。一般采用 UV 脉冲激光或 CO_2 激光。激光照射会在前驱体层产生局部高温，使其发生分解、结晶等化学变化，转变为目标材料，即可在基板上获得所需的传感功能材料图案。在柔性传感器制备中，该技术主要用于直接在塑料基板上制备各种导电微结构，如电极、传感层、连接线等。该过程干净，无溶剂污染，可大面积、高效制造。总体来说，激光诱导热制备是一种适合大规模制造柔性可穿戴传感器的高效、环保的技术，值得进一步研究和扩展其应用。

莱斯大学的 Stanford 等使用可见的 405nm 激光将聚丙酰胺薄膜（PI）直接转换为激光诱导石墨烯（LIG），这使得 LIG 的形成具有 12μm 的空间分辨率和小于 5μm 的厚度。相对较小的聚焦光斑尺寸实现的空间分辨率代表了先前出版物中报道的 LIG 特征尺寸减小了 60%。该高性能的 LIG 被用于一种湿度传感器的制备，所获得的传感器可以以 250ms 的响应时间来检测人类的呼吸[32]。LIG 还可以和其他纳米材料混合以形成具有复合性质的新材料，例如托木斯克理工大学的 D. Rodriguez 等将铝纳米颗粒（Al NPs）激光驱动集成到 PET 中，以实现 LIG/Al NPs/聚合复合材料，它具有优异的韧性和高导电性。在性能检测的环节中，它展示了对超过 10000 次弯曲循环、射弹冲击、锤击和磨蚀的惊人机械抵抗力，并且在结构和化学稳定性方面表现出色[33]。

激光光刻也被应用在了其他材料的加工和合成当中。托木斯克理工大学的 Petrov 等研究了一种新型高导电性且坚固的复合材料，通过激光加工沥青质与聚对苯二甲酸乙二醇酯，可以形成一种新型材料（LAsp/PET），如图 4-22 所示，并对形成机制进行了研究，也对该复合材料的性能进行了检测和应用[34]。

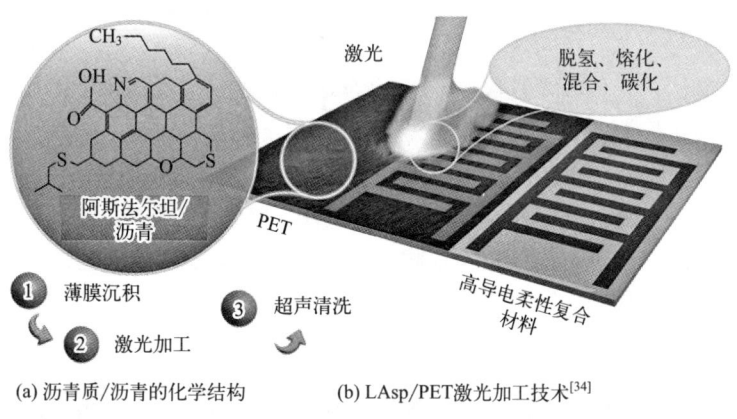

(a) 沥青质/沥青的化学结构　　(b) LAsp/PET 激光加工技术[34]

图 4-22　形成机制

采用具有高电导率的激光诱导石墨烯电路代替金属导电线路，具有成本低、重量轻、电导率高的优势。相比于传统金属单元结构，石墨烯独特的电学特性在建立电路等效电路模型时更为复杂，同时柔性基底在受力后会发生形变，石墨烯/基底界面效应会降低石墨烯电导率，因此需要深入研究石墨烯的电磁响应机制。磁性材料的引入可增强射频传感性能，且复合材料电磁特性取决于各组分的电磁特性和原材料配比。为制定柔性可穿戴射频传感器设计方案，从复合磁性石墨烯电路特性调控机制入手，制定具有低电磁损耗及抗形变特性的柔性射频电路结构。

复合磁性石墨烯材料电磁特性用等效介电常数 ε_c 来表征，实部代表材料在电磁场作用下发生的极化或磁化程度，虚部代表材料在电磁场作用下电偶极矩/磁偶极矩发生重排引起能量损耗的能力。磁性材料组分相对含量提高可以使石墨烯本征相对缺陷含量和异质界面增加，利用多物理场有限元仿真工具分析不同磁性粒子尺寸、掺杂比例以及介电参数对电磁响应的影响，建立电磁特性物理模型，观察复合磁性材料在交变电磁场中的特性变化规律，根据模拟仿真的场分布变化机制和实测结果，确定复合磁性材料参数与传感性能最优调控方案。

柔性射频石墨烯单元结构需考虑表面电阻与频率的依赖关系，过量的机械拉伸和压缩形变对柔性射频电路的影响，如图 4-23 所示。利用有限元分析软件建立机械-电磁多物理场耦合模型，将柔性基底的机械属性（弹性模量、泊松比等）和石墨烯单元结构的电磁参数与结构参数输入模型，仿真分析基底在不同形变条件下引起的单元结构电磁特性（谐振频率、S 参数）变化。

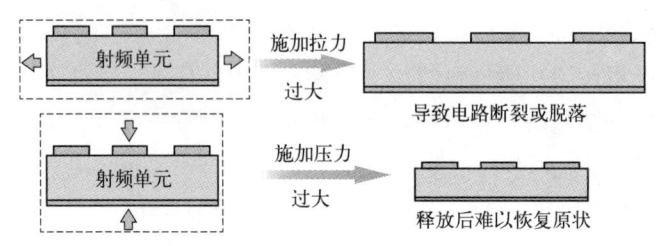

图 4-23 机械拉伸和压缩形变对柔性射频电路的影响示意图

射频传感器选定工作于 ISM 频段（2.4～2.5GHz），不仅可实现水下船舱内设备间的低功耗短距离通信，同时在 2.45GHz 的射频信号容易被水分子吸收衰减，避免被敌方探测进而实现水下隐身功能，保证手部交互控制作战任务的机密性。在 CST 或 HFSS 仿真软件建模，分析设计周期性排列的蜂窝状或网格状的电路布局结构设计（包括不同线宽、线间距、单元数量等参数）对场分布和表面电流分布的影响，以实现构造紧凑且能均匀适应形变的柔性射频结构（图 4-24）。

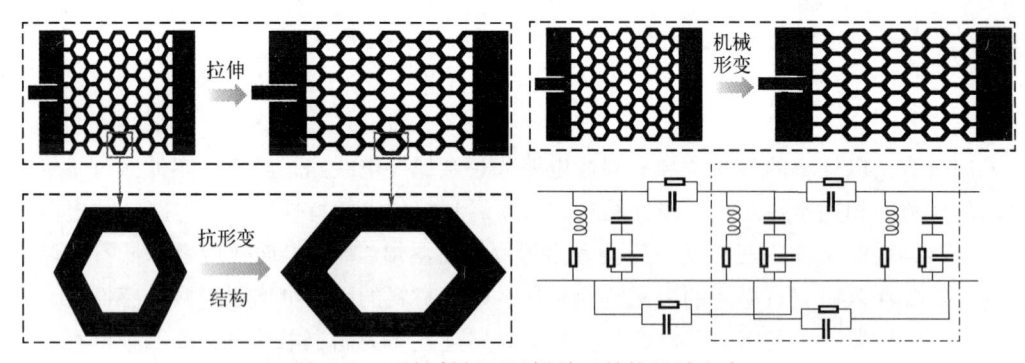

图 4-24 柔性射频石墨烯单元结构设计方案

图 4-25 展示了复合磁性交联石墨烯柔性射频传感单元加工制备过程，在 PI 膜上覆盖最优化电路结构的掩模并喷涂磁性材料，调控激光功率、扫描速度和扫描间距等参数，制备复合磁性交联石墨烯射频电路，并将其转移到低弹性模量水凝胶基底上，用 Ecoflex 封装后进行超

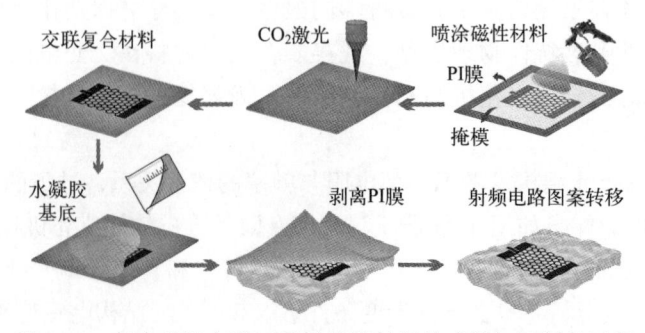

图 4-25 复合磁性交联石墨烯柔性射频传感器加工制备过程

疏水处理。利用柔性电子测试仪测试最大拉伸强度、断裂伸长率、循环加载条件下的疲劳性能等，分析不同电路走线结构对柔性射频传感机械特性的影响。利用矢量网络分析仪对柔性射频传感器进行扫频测量，测试不同形变状态下（拉伸、扭转、弯曲、压缩等）的 S 参数和频率变化等电磁响应。

钢笔书写是制造绿色柔性电子产品最简单的方法之一，将制备的柔性溶液材料装入钢笔中，再在基底上刻画出自己想要的图案。这种方法与喷墨打印类似，但是不需要打印设备，适合对精度要求不高的柔性设备。南京工业大学的 Gao 等就利用了钢笔书写的方法，开发了一种全纸基压阻（APBP）压力传感器，该压力传感器基于纸巾（薄纸），通过上述提到的浸涂技术，薄纸上具有作为传感材料的银纳米线（AgNWs），将导电溶液装入钢笔内，书写在用于印刷电极的底部基板的纳米纤维素纸（NCP）上，以及作为顶部封装层的 NCP，如图 4-26 所示。当整个传感器受到挤压时，薄纸上的 AgNWs 便会和导电溶液接触，随着压力的增加，接触点位增多，从而达到压力检测的目的[35]。

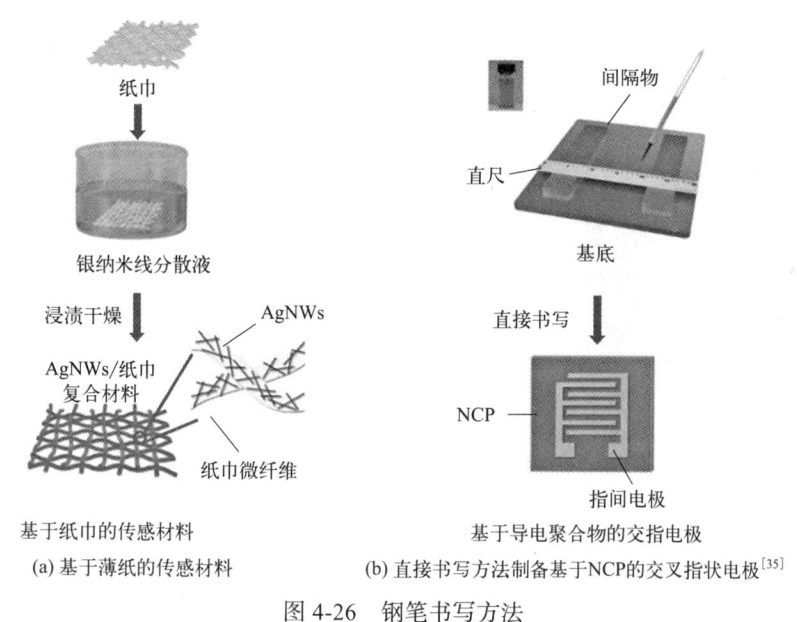

(a) 基于薄纸的传感材料　　(b) 直接书写方法制备基于NCP的交叉指状电极[35]

图 4-26　钢笔书写方法

类似地，南京工业大学的 Xie 等也采用了钢笔书写的方法，提出了一种基于皮革的呼吸传感器，将 AgNWs 直接写入皮革传感器，用于人体呼吸监测[36]。总体而言，钢笔书写的方法简单易懂，同时无须使用激光等大功率器件，这大大推动了绿色柔性器件的发展。然而，这种方法的可重复性较差，因此常用于精度不高或者面积较大的柔性传感器的制备。

4.2.4　化学沉积工艺

化学方法涉及通过化学反应用功能材料修饰天然底物。其主要包括电化学沉积、聚合反应和水/溶剂热法等。化学方法虽然相比物理方法种类较少，但是它可以提供均匀分布的功能材料和功能材料与天然衬底之间的确定界面，从而提高电子器件的电化学性能。

（1）电化学沉积

电化学沉积是指通过电化学反应对电极材料进行功能材料修饰。通过改变电化学参数，包括电位和沉积时间，可以精确地控制厚度和形貌。不仅如此，用于电化学沉积的设备价格低廉，反应条件不苛刻，因此常有相关的研究。武汉理工大学的 Yao 等引入了一种简单且低成本的方法，通过铅笔素描和电沉积在纸上制造用于柔性固态超级电容器的石墨/聚苯胺混合电极。所制备的化学稳定的混合电极在 0.5mA/cm² 的电流密度下，展现出 32.3Ω/sq 的低薄层电阻和 355.6mF/cm² 的高面电容[37]。

电化学沉积在柔性传感器领域也被广泛研究。Atatürk 大学的 Topçu 等通过在还原氧化石墨烯（rGO）纸电极表面电化学沉积 CoMOF，制备了柔性、独立的三维钴基金属有机框架/还原氧化石墨烯（CoMOF/rGO）复合纸，如图 4-27 所示，CoMOF/rGO 复合纸电极表面手指状的长链结构显著提升了该电极对间苯二酚（RS）的电化学检测性能，展现出较大的线性范围（0.1～800μmol）[38]。

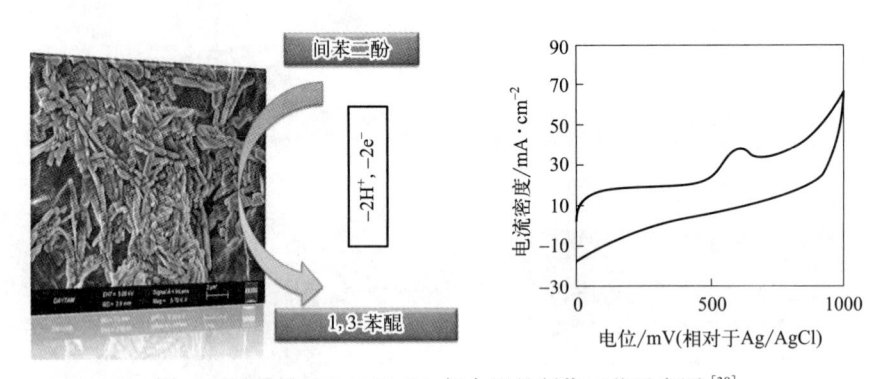

图 4-27　柔性 CoMOF/rGO 复合纸的制作工艺示意图[38]

（2）聚合反应

聚合是形成聚合物链或三维网络的化学反应过程，该方法适用于用聚合物修饰天然材料。普渡大学的 Ruzgar 等采用冷喷涂（CS）颗粒沉积技术，在柔性聚合物基材（PET）上生产多功能混合表面，以实现柔性电子产品。首先，将软金属颗粒（Sn）作为"中间层"沉积在聚合物表面上，然后涂覆硬金属（Cu）薄膜以形成混合（Sn+Cu）表面。同时通过优化 CS 设置，得到了具有良好导电性（5.96×10^5S/m）、柔韧性、黏合强度和疏水性的多功能表面[39]。基于聚合的方法虽然可以使得复合材料获得不错的性能，但是用于器件制造和各种电子应用中的导电聚合物的图案化仍然面临着许多限制和挑战。为了解决上述问题，卡尔斯鲁厄理工学院的 Wang 等提出了一种简单而有效的策略，通过利用受表面张力限制的液体图案来获得导电聚合物微电极。该方法展现了对各种氧化剂和导电聚合物的通用性、高分辨率、稳定性以及与不同表面和材料的良好相容性，为聚合方法的改进提供了新的思路[40]，如图 4-28 所示。

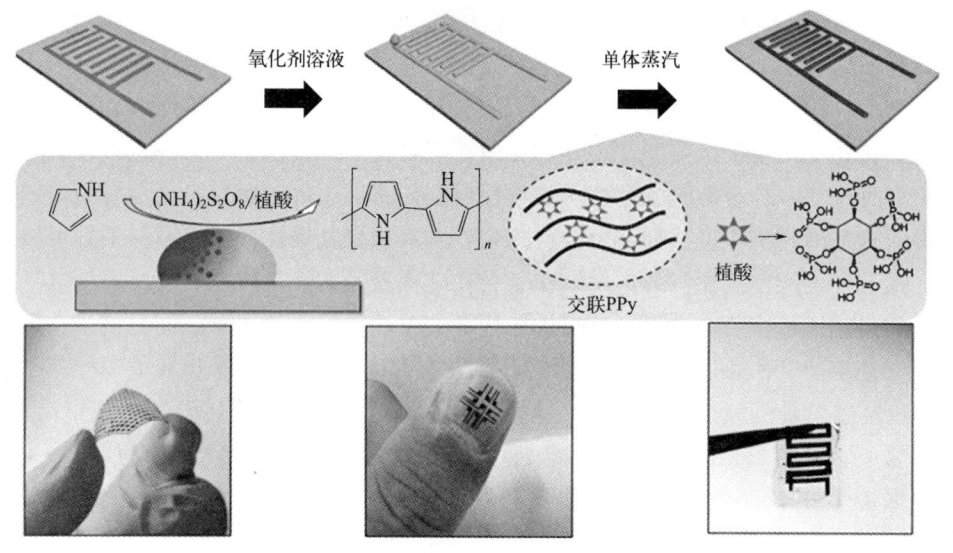

图 4-28 利用表面张力受限液体模式制造导电聚合物微电极的示意图[40]

(3) 水 / 溶剂热法

水 / 溶剂热法是一种合成技术，在高温和蒸汽压下，在水溶液或其他溶剂中进行反应。这些产品的大小、形状和结晶度可以通过改变反应时间或温度、前驱体、溶剂或表面活性剂来精确控制。中国科学技术大学的 Wu 等提出了一种利用粗生物质——西瓜作为碳源，简便、绿色且无模板地转化为海绵状碳质水凝胶和气凝胶的方法。所获得的三维柔性碳质凝胶由碳质纳米纤维和纳米球组成。这些多孔碳质凝胶（CGs）具有高度的化学活性和出色的机械柔韧性，使其成为 3D 复合材料合成的理想支架[41]。中山大学的 Zheng 等利用这种方法开发了一种简单的制造工艺，制备了夹心状碳纳米管（CNTs）/ $NiCo_2O_4$ 杂化纸电极。该电极由一层导电的 CNT 布基纸组成，两面均涂覆有蜂窝状的 $NiCo_2O_4$ 纳米片。由于 CNT 骨架的高电导率和 $NiCo_2O_4$ 纳米片的垂直排列结构，这种独立式混合纸具有 1752.3F/g 的超高比电容。在此基础上，进一步组装了柔性全固态对称超级电容器。即使在 180°弯曲时，该装置也表现出优异的功率密度（2430mW/cm^3）和可变形性[42]。

4.2.5 磁控溅射工艺

磁控溅射作为一种先进的物理沉积工艺技术，利用磁场来控制溅射靶材生成的电浆轨道，实现对沉积膜层的控制。其基本工艺流程如下：在溅射室内设置磁铁或电磁铁，形成磁场，将目标材料制成溅射靶材放置在靶位，向溅射靶材导入工作气体如氩气，启用电源对靶材进行溅射，靶材在氩气等离子体的弹道撞击下发生溅射，释放出目标原子、离子和电子，在磁场作用下离子和电子发生螺旋运动，能量和方向受到控制，最终精确沉积在基板上。通过控制磁场强度和分布情况，可以精确控制沉积膜的厚度、结构及组成分布，在柔性基板上溅射沉积各种功能薄膜，但通常溅射设备昂贵，无法进行图案化沉积。

与普通溅射相比，磁控溅射沉积速率更高，准直性更好，可以进行选择性沉积，且沉积膜层黏附力好，厚度均匀。磁控溅射可以沉积多种材料，包括金属、绝缘体和半导体，这对于多样化的传感应用至关重要。在柔性可穿戴传感材料方面，磁控溅射的应用较多是用于柔性基板上各种金属、合金薄膜的制备，如柔性温度传感器中的铂薄膜、柔性压力传感器中的钛薄膜等。这些薄膜沉积工艺需要可控、均匀、具有较好延展性，磁控溅射正好可以满足这些需求，通过精细调整沉积参数，可以在塑料和硅橡胶等柔性基板上实现所需的电气和机械特性的高质量功能性薄膜，进而制备出性能优异的柔性可穿戴传感器。同时该过程可扩展到工业应用，能够生产大面积的柔性传感器。西安交通大学的Pang等开发了一种基于磁控溅射MoS_2和聚二甲基硅氧烷（PDMS）基材的柔性压力传感器。该传感器表现出高灵敏度，其压阻系数达到866.89MPa^{-1}，在压力条件下最大相对电阻变化（$\Delta R/R$）为70.39。通过扫描电子显微镜（SEM）对MoS_2薄膜的微观结构进行表征，显示出有利于压力传感的颗粒状结构[43]。

意大利费拉拉大学的Del Bianco等采用磁控溅射技术，将FeCo纳米颗粒沉积到丝素薄膜上。这种方法能够精确控制纳米颗粒的含量和分布，确保在引入磁性功能的同时，丝素的力学性能得以保持，如图4-29所示。研究表明，FeCo纳米颗粒的加入并未显著影响丝素基体的柔韧性和强度。此外，修饰后的丝素薄膜展现出显著的磁性，使其适合用于磁驱动应用。超低含量的FeCo已足以赋予这些薄膜磁性，而不会影响其生物相容性和机械完整性，这种新型生物材料在软机器人和生物医学设备等领域具有广泛应用潜力[44]。

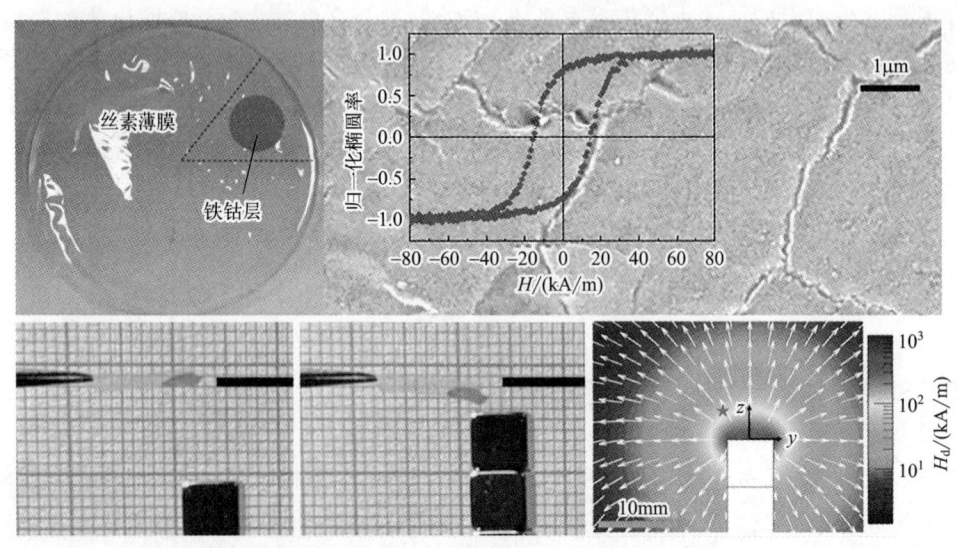

图4-29　磁控溅射法制备超低FeCo含量丝素膜材料的研究[44]

通过优化沉积参数，可以显著提高薄膜的结晶性和气体传感性能，华中科技大学的Zhu等分析了磁控溅射工艺对WO_3薄膜气体传感器稳定性的影响。通过对不同沉积条件的研究，分析了这些条件如何影响 WO_3 薄膜的性能和稳定性[45]。研究表明，沉积过程中气体流量、功率和温度等参数对薄膜的微观结构和气体传感性能具有显著影响，确定了最佳溅射工艺参数为溅射时间 10min、溅射氧气流量 30sccm、溅射功率 30W、溅射压力 3.4Pa 和沉积温度 25℃。在此溅射条件下，获得了均匀致密的 WO_3 薄膜，在 250℃下对 H_2S 具有良好的气敏性、重复性和稳定性。对 10ppm（1ppm=10^{-6}）H_2S 的响应值为 40.1，响应值的波动偏差仅为 1.0%，基线漂移率为 2.0%，表现出良好的短期稳定性。此外，在两个月的测试中，响应值仅下降了 3.1%，表明该传感器具有良好的长期稳定性。

此外，韩国汉阳大学的 Chun 等开发了一种基于磁控溅射技术的柔性石墨烯触摸传感器，通过优化沉积工艺和薄膜厚度，成功实现了高灵敏度和快速响应的触摸检测，可对 1～14kPa 的压力做出响应，能够在一般的人体触摸范围内有效工作[46]。利用石墨烯的柔性特性，通过通道电导的变化来测量触摸事件和垂直力，利用两个隔离和图案化的单层石墨烯的接触特性来响应垂直力，在多次触摸操作中表现出优异的稳定性和重复性，能够准确检测到轻微的触摸信号，如图 4-30 所示。此外，传感器在弯曲和拉伸情况下仍保持良好的性能，显示出其在可穿戴设备中的应用潜力。该研究不仅展示了磁控溅射技术在柔性电子器件中的应用前景，还为未来开发更高效、灵活的人机交互界面提供了新的思路。

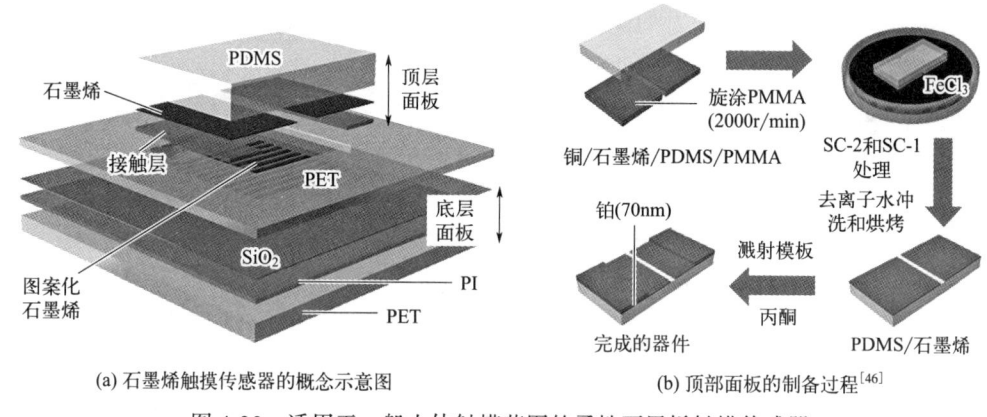

(a) 石墨烯触摸传感器的概念示意图　(b) 顶部面板的制备过程[46]

图 4-30　适用于一般人体触摸范围的柔性石墨烯触摸传感器

参 考 文 献

[1] Yang Q，Liu T，Xue Y，et al. Ecoresorbable and bioresorbable microelectromechanical systems. Nat Electron，2022，5：526-538.

[2] Yang Q，Liu T，Rogers J A，et al. Microelectromechanical systems that can dissolve in the body or the environment. Nat Electron，2022，5：487-488.

[3] Hosseini N，Neuenschwander M，Adams J D，et al. A polymer-semiconductor-ceramic cantilever for high-sensitivity fluid-compatible microelectromechanical systems. Nat Electron，2024，7：567-575.

[4] Martyniuk M，Dilusha Silva K K M B，Putrino G，et al. Optical Microelectromechanical Systems

[5] Kim N, Adhikari K K, Dhakal R, et al. Rapid, Sensitive and Reusable Detection of Glucose by a Robust Radiofrequency Integrated Passive Device Biosensor Chip. Scientific Reports, 2015, 5(1): 7807.

[6] Kim N Y, Dhakal R, Adhikari K K, et al. A reusable robust radio frequency biosensor using microwave resonator by integrated passive device technology for quantitative detection of glucose level. Biosensors and Bioelectronics, 2015, 10(67): 687-693.

[7] Kim E, Kim N. Micro-Fabricated Resonator Based on Inscribing a Meandered-Line Coupling Capacitor in an Air-Bridged Circular Spiral Inductor. Micromachines, 2018, 9(6): 294.

[8] Wang Z, Kim E, Liang J, et al. A High-Frequency-Compatible Miniaturized Bandpass Filter with Air-Bridge Structures Using GaAs-Based Integrated Passive Device Technology. Micromachines, 2018, 9(9): 463.

[9] Yan J, Zhou H, Cao L. Compact diplexer using microstrip half- and quarter-wavelength resonators. Electronic Letters, 2016, 52(19): 1613-1615.

[10] Xu J, Zhang X Y. Compact High-Isolation LTCC Diplexer Using Common Stub-Loaded Resonator With Controllable Frequencies and Bandwidths. IEEE Transactions on Microwave Theory and Techniques, 2017, 65(11): 4636-4644.

[11] Sirci S, Martinez J D, Vague J, et al. Substrate Integrated Waveguide Diplexer Based on Circular Triplet Combline Filters. IEEE Microwave and Wireless Components Letters, 2015, 25(7): 430-432.

[12] Zhang Z, Chu Q, Wong S, et al. Triple-Mode Dielectric-Loaded Cylindrical Cavity Diplexer Using Novel Packaging Technique for LTE Base-Station Applications. IEEE Transactions on Components, Packaging and Manufacturing Technology, 2016, 6(3): 383-389.

[13] Qiang T, Wang C, Kim N. High-performance and high-reliability SOT-6 packaged diplexer based on advanced IPD fabrication techniques. Solid-State Electronics, 2017, 134: 9-18.

[14] Zhang Z, Wong S, Lin J, et al. Design of Multistate Diplexers on Uniform and Stepped-Impedance Stub-Loaded Resonators. IEEE Transactions on Microwave Theory and Techniques, 2019, 67(4): 1452-1460.

[15] Wong S, Zheng B, Lin J, et al. Design of Three-State Diplexer Using a Planar Triple-Mode Resonator. IEEE Transactions on Microwave Theory and Techniques, 2018, 66(9): 4040-4046.

[16] Zhang Y, Chen L, Xie M, et al. Ultra-fast programmable human-machine interface enabled by 3D printed degradable conductive hydrogel. Materials Today Physics, 2022, 27: 100794.

[17] Zhang P, Lei I M, Chen G, et al. Integrated 3D printing of flexible electroluminescent devices and soft robots. Nature Communications, 2022, 13: 4775.

[18] Kim T, Bao C, Chen Z, et al. 3D printed leech-inspired origami dry electrodes for electrophysiology sensing robots. npj Flexible Electronics, 2022, 6(1): 61-70.

[19] Zhang Y, Gu B, Tang W, et al. Inkjet printing of triethylene glycol monomethyl ether (TEGMME)-based ink droplet on oxygen plasma treated PDMS substrate for flexible circuit. Surfaces and Interfaces, 2024, 48.

[20] Seifaddini P, Sheikhahmadi S, Kolahdouz M, et al. Smart Printed Triboelectric Wearable Sensor with High Performance for Glove-Based Motion Detection. ACS Applied Materials & Interfaces 2024, 16(7): 9506-

9516.

[21] Yuan X, Kong W, Xia P, et al. Implantable Wet-Adhesive Flexible Electronics with Ultrathin Gelatin Film. Advanced Functional Materials, 2024.

[22] Zhang C, Kremer M P, Seral-Ascaso A, et al. Stamping of Flexible, Coplanar Micro-Supercapacitors Using MXene Inks. Advanced Functional Materials, 2021, 31 (3): 2008795.

[23] Liu X, Cao Y, Zheng K, et al. Liquid Droplet Stamp Transfer Printing. Advanced Functional Materials, 2021, 31 (52): 2105407.

[24] Hiltunen J, Liedert C, Hiltunen M, et al. Roll-to-roll fabrication of integrated PDMS-paper microfluidics for nucleic acid amplification. Lab on a Chip, 2018, 18: 1552-1559.

[25] Li C, Xu H, Chen S C. Design of a precision multi-layer roll-to-roll printing system. Precision Engineering, 2020, 66: 564-576.

[26] Shaukat R A, Khan M U, Saqib Q M, et al. Two dimensional Zirconium diselenide based humidity sensor for flexible electronics. Sensors and Actuators B: Chemical, 2022, 358: 131507.

[27] Han S, Zhang R, Han L, et al. An antifatigue and self-healable ionic polyurethane/ionic liquid composite as the channel layer for a low energy cost synaptic transistor. European Polymer Journal, 2022, 174: 111292.

[28] Liu C, Wang X, Huang X, et al. Absorption and Reflection Contributions to the High Performance of Electromagnetic Waves Shielding Materials Fabricated by Compositing Leather Matrix with Metal Nanoparticles. ACS Applied Materials & Interfaces, 2018, 10 (16): 14036-14044.

[29] Waheed W, Anwer S, Umair Khan M, et al. 2D $Ti_3C_2T_x$-MXene nanosheets and graphene oxide based highly sensitive humidity sensor for wearable and flexible electronics. Chemical Engineering Journal, 2023, 480: 147981.

[30] Li Z, Li J, Wu B, et al. Interfacial-engineered robust and high performance flexible polylactic acid/polyaniline/MXene electrodes for high-perfarmance supercapacitors. Journal of Materials Science & Technology, 2024, 203: 201-210.

[31] Zhou D, Han M, Sidnawi B, et al. Ultrafast assembly and healing of nanomaterial networks on polymer substrates for flexible hybrid electronics. Applied Materials Today, 2021, 22: 100956.

[32] Stanford M G, Zhang C, Fowlkes J D, et al. High-Resolution Laser-Induced Graphene. Flexible Electronics beyond the Visible Limit. ACS Applied Materials & Interfaces, 2020, 12 (9): 10902-10907.

[33] Rodriguez R D, Shchadenko S, Murastov G, et al. Ultra-Robust Flexible Electronics by Laser-Driven Polymer-Nanomaterials Integration. Advanced Functional Materials, 2021, 31 (17): 2008818.

[34] Petrov I, Rodriguez R D, Frantsina E, et al. Transforming oil waste into highly conductive composites: Enabling flexible electronics through laser processing of asphaltenes. Advanced Composites and Hybrid Materials, 2024, 7: 41.

[35] Gao L, Zhu C, Li L, et al. All Paper-Based Flexible and Wearable Piezoresistive Pressure Sensor. ACS Applied Materials & Interfaces, 2019, 11 (28): 25034-25042.

[36] Xie R, Du Q, Zou B, et al. Wearable Leather-Based Electronics for Respiration Monitoring. ACS Applied Bio Materials, 2019, 24: 1427-1431.

[37] Yao B, Yuan L, Xiao X, et al. Paper-based solid-state supercapacitors with pencil-drawing graphite/polyaniline networks hybrid electrodes. Nano Energy, 2013, 2 (6): 1071-1078.

[38] Topçu E. Three-Dimensional, Free-standing, and Flexible Cobalt-based Metal-Organic Frameworks/Graphene Composite Paper: A Novel Electrochemical Sensor for Determination of Resorcinol. Materials Research Bulletin, 2020, 121: 110629.

[39] Ruzgar D G, Akin S, Lee S, et al. Highly Flexible, Conductive, and Antibacterial Surfaces Toward Multifunctional Flexible Electronics. International Journal of Precision Engineering and Manufacturing-Green Technology, 2024.

[40] Wang Z, Cui H, Li S, et al. Facile Approach to Conductive Polymer Microelectrodes for Flexible Electronics. ACS Applied Materials & Interfaces, 2021, 13 (18): 21661−21668.

[41] Wu X, Wen T, Guo H, et al. Biomass-Derived Sponge-like Carbonaceous Hydrogels and Aerogels for Supercapacitors. ACS Nano, 2013, 7 (4): 3589-3597.

[42] Zheng Y, Lin Z, Chen W, et al. Flexible, sandwich-like CNTs/NiCo$_2$O$_4$ hybrid paper electrodes for all-solid state supercapacitors. Journal of Materials Chemistry A, 2017, 5 (12): 5886-5894.

[43] Pang X, Zhang Q, Shao Y, et al. Flexible Pressure Sensor Based on Magnetron Sputtered MoS$_2$. Sensors, 2021, 21 (4): 1130.

[44] Del Bianco L, Spizzo F, Lanaro F, et al. Silk Fibroin Film Decorated with Ultralow FeCo Content by Sputtering Deposition Results in a Flexible and Robust Biomaterial for Magnetic Actuation. ACS Applied Materials & Interfaces, 2024, 16 (38): 51364-51375.

[45] Zhu C, Lv T, Yang H, et al. Influence of magnetron sputtering process on the stability of WO$_3$ thin film gas sensor. Materials Today Communications, 2022, 34: 105116.

[46] Chun S, Kim Y, Jung H, et al. A flexible graphene touch sensor in the general human touch range. Applied Physics Letters, 2014, 105: 041907.

第5章
可穿戴传感器实际应用案例分析

前面几章分别从敏感材料、器件单元结构、加工工艺等方向介绍可穿戴传感器的性能提升方法，本章将从可穿戴传感器的系统级应用研究入手，详细介绍多种基于不同传感技术的应用，涵盖湿度、呼吸、汗液、坐姿和手部动作识别等方面。首先对射频传感检测实验仿真分析，并射频传感测试平台；通过分析电容式呼吸检测应用测试实验结果，表明传感器能够区分不同呼吸模式（如快速呼吸、正常呼吸、深呼吸），并可用于呼吸诊断和健康监测；对微波式呼吸传感器进行人体呼吸湿度和指尖湿度测试，表明其能够区分不同呼吸模式，并可用于监测口腔湿度变化和挥发性有机化合物干扰。对于汗液检测传感应用，分别分析了电容式和微波式分析；针对久坐人群的健康监测应用，使用压力传感器监测颈静脉脉搏、脉搏信号、颈椎和膝关节弯曲度，并将传感阵列构建智能坐垫，并使用 MLP 算法进行坐姿识别；针对人体不同位置关节实时监测，压力传感器用于监测手部抓握、肘关节弯曲、手指弯曲角度、皱眉、语音识别和笔迹，展示传感器在运动分析、人机交互和智能识别方面的应用潜力。通过分析超疏水抗冻水下运动检测传感应用，表明水凝胶具有优异的柔韧性、韧性和抗冻性能，并能够在低温环境下保持优异的疏水性能、高灵敏度、宽工作范围和良好的稳定性，并可用于水下运动监测。最后分析了机器学习辅助的手部运动识别应用，将传感器集成到数据手套中，并使用 MLP 算法进行手势识别。实验结果表明，系统能够以 99.34% 的高准确率识别十种手势，并可用于水下通信、人机交互和电子皮肤等领域。本章将展示多种基于不同传感技术的性能测试和分析，表明可穿戴传感器在人体健康监测、运动分析、水下应用等领域具有广阔的应用前景。

5.1
传感测试实验分析与测试过程

5.1.1　射频传感检测实验仿真分析

为了模拟利用微波传感器进行检测的过程，将 ADS 中设计的基于集成无源微纳加工技术的多层 IPD 微波谐振结构模型导出，并导入到 CST 电磁仿真平台中进行三维模拟仿真。图 5-1（a）给出了在 CST 中建模的微波湿度传感器的电磁仿真示意图，其对应的未加水环境下的电场分布如图 5-1（b）所示。

为了在 CST 中模拟湿度环境，将水分子材料的电磁参数设置如下：介电常数 ε_r 为 80，相对磁导率 μ_r 为 1，趋肤深度 σ 为 4S/m。设置了不同厚度的水分子层来模拟不同浓度的湿度环境，根据初步的仿真分析，把网格细分后将仿真频段范围设定在 0.1～1.6GHz。根据图 5-2 中的谐振频率仿真结果可以看出，随着微波电磁系统中的湿度条件发生变化，谐振频点也发生相应变化，并且随着湿度的增高，谐振频点降低，回波损耗增大。

(a) 电磁仿真示意图   (b) 电场分布图

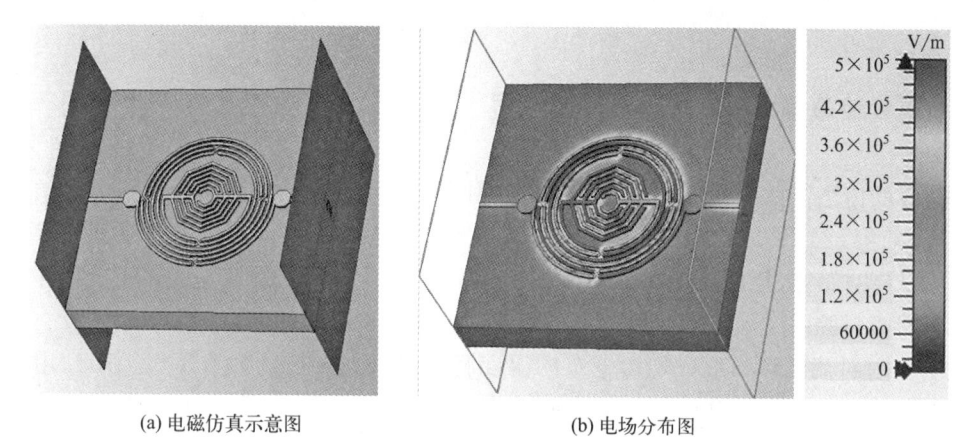

图 5-1 微波湿度检测单元的电磁仿真结构和电场分布图

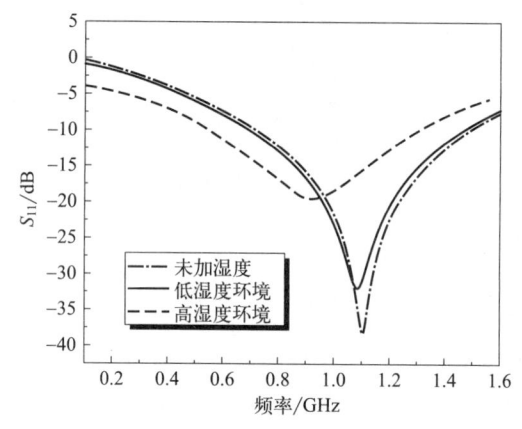

图 5-2 三种湿度环境下的谐振频率仿真结果

由图 5-3 的电场分布可以看出，在电磁场激励下，湿度的引入会使场强增强，这是由于水分子影响了微波谐振器产生的电磁波的传播路径，同时水分子在电磁波的作用下又会产生一定的极化作用，形成的内建电场会影响原来的电场分布。

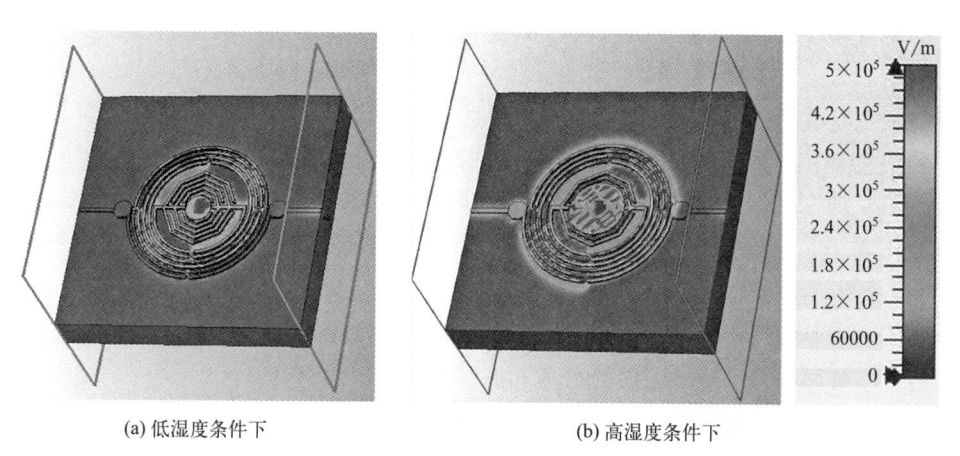

(a) 低湿度条件下   (b) 高湿度条件下

图 5-3 低高湿度条件下的电场分布图

5.1.2 射频传感测试平台搭建与测试流程

微波湿度传感器性能测试采用的是自组建射频传感检测平台,该平台与用于射频信息采集的 VNA 兼容,如图 5-4 所示,采用压缩高纯空气作为背景气体。在进行湿度测量过程之前,使用气泵对箱体进行抽真空,并连续引入纯净空气流以稳定系统基线。用微型注射器向温度稳定的密封腔内注入适量的蒸馏水,随着室内加热板温度的升高,水分子蒸发,通过内置电风扇实现对流循环,形成均匀分布的湿度测量气氛。在室温 23℃下,采用商用湿度计(TECPEL,DTM-320)反映测试腔内的实际湿度水平。

图 5-4 自组建微波湿度传感器平台照片

设计的传感器的输入端口和输出端口装有两个 SMA(Sub-Miniature)连接器,用于同轴电缆线到 VNA 的连接。在测量前,使用双端口校正工具(型号 85521A,3.5mm,50Ω),以标准的开路短路直通负载法对 VNA 进行校正。利用 LabVIEW 平台监测和记录微波传感器在湿度环境下微波传输和反射信号的变化。如图 5-5 所示,湿度传感测试分为 10 个步骤:

① 将加工完成的带有敏感层的微波传感器放在夹持器中;
② 将夹持器固定在腔室的横梁上,并用螺丝刀将 SMA 适配器与 VNA 用蓝色同轴电缆连接;
③ 放下盖子,并确保盖子与夹持器密封,将传感器隔离在腔室环境中,并在测量前保持稳定的湿度水平;
④ 关闭测试腔的门,并打开商用湿度计,以观察测试腔内的实际湿度水平;
⑤ 打开空气泵,并将测试腔内的水蒸气抽真空排放至约 5%RH;
⑥ 关闭气泵,调节瓶装合成空气的流量,使纯净空气进入测试腔,直至达到大气压力;
⑦ 向测试腔内注入蒸馏水后,调节控制单元面板,打开加热板开关并打开通风扇;

⑧ 当测试腔内湿度增加时，向上调整轴承至合适的高度，打开盖子，使传感器暴露在水蒸气环境中；

⑨ 等待一段时间，使得水蒸气完全吸附在传感器表面，以达到稳定水平；

⑩ 在 LabVIEW 平台上记录微波湿度传感实时响应的测试数据。

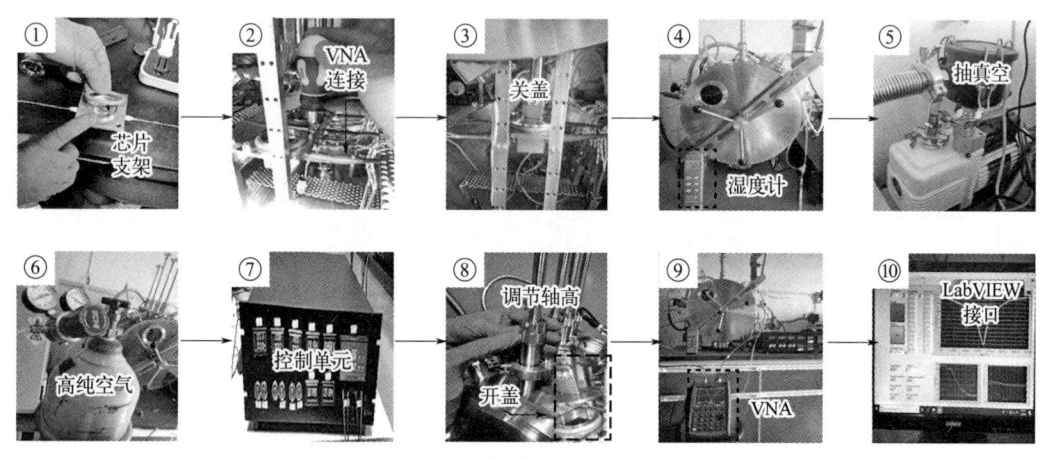

图 5-5 自制湿度传感测试平台测试步骤图

最后对微波湿度传感器的表面进行了亲水性测试，图 5-6 所示结果表明，接触角为 46.5°，当水滴和器件的接触角小于 90°时，可以判定在物理界面具有亲水性。当水分子和器件表面发生反应时，易于吸附在表面，从而说明了该微波传感器在湿度检测领域中具有良好的应用前景。

图 5-6 传感器表面亲水性测试

利用集成无源微纳工艺加工的微波湿度传感器，在其表面修饰了敏感材料后进行湿度检测，图 5-7 给出了纯碳点、Co_3O_4 和 CDs-Co_3O_4 敏感层在 5%、10%、20%、30%、40%、50%、60%、70%、80%、90% 和 99% 相对湿度时的湿度传感结果。在水分子吸附和脱附过程中，用 VNA 记录微波传感器在各个湿度水平的谐振和回波损耗。随着湿度的增加，谐振频率向低频段偏移，同时 S_{11} 增加，与 CST 仿真中的结果变化趋势一致。与其他两个敏感层相比，用碳点修饰的 Co_3O_4 的响应最大。此外，CDs-Co_3O_4 湿敏元件的吸附和脱附曲线几乎相互重叠，在 5%RH 和 99%RH 之间的湿度范围内表现出较低的滞后。在 5%RH 时，谐振频率和回波损耗幅度分别为 1.62GHz 和 29.97dB，在 99%RH 时分别为 1.29GHz 和 15.44dB。当湿度达到 90%RH 时，CDs-Co$_3$O$_4$ 的谐振频率和振幅响应增强。在测试腔抽真空后，水蒸气也被抽出，湿度降低，谐振频率回到原点。通过水分子的吸附和脱附过程，改变了敏感层的特性，影响了微波电磁波的传播介质，从而反映在微波湿度传感单元的传输和反射信号中，实现了基于微波传导机理的湿度检测。

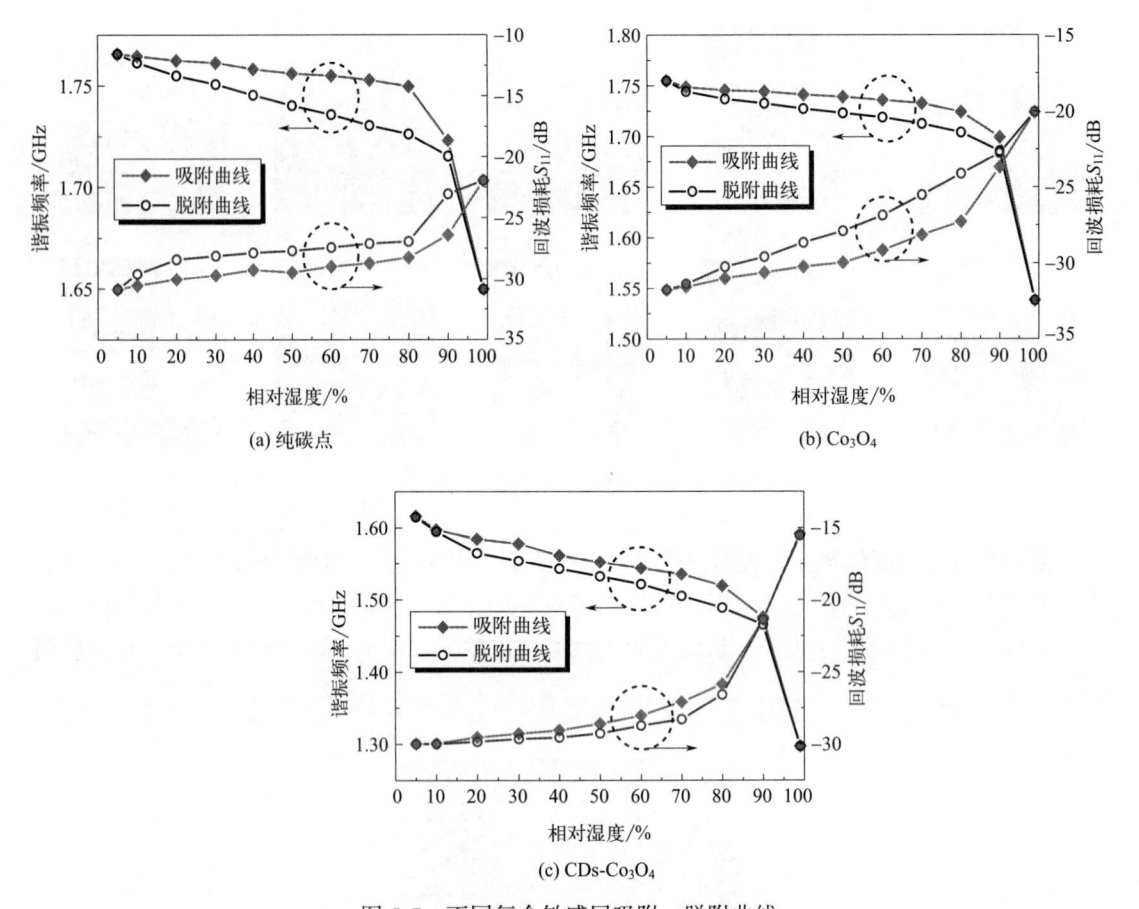

(a) 纯碳点

(b) Co$_3$O$_4$

(c) CDs-Co$_3$O$_4$

图 5-7　不同复合敏感层吸附、脱附曲线

图 5-8（a）给出了 CDs-Co$_3$O$_4$ 在 10%、30%、50%、70%、90% 和 99% 时的湿度传感微波谐振点曲线。所设计的 IPD 传感器的微波湿度灵敏度定义为湿度在（5%～99%）RH 的范围内的频移（$\Delta f = f_{99\%} - f_{5\%}$）或回波损耗变化（$\Delta S_{11} = S_{11,99\%} - S_{11,5\%}$），计算出频偏和回波损耗的灵敏度分别为 3.40MHz/%RH 和 0.15dB/%RH。此外，图 5-8（b）给出的微波传感器的相位信息也可作为性能评价的指标，其灵敏度约为 3(°)/%RH。与电容式湿度传感器相比，电磁波与水的相互作用改变了电磁波传输和反射的模量和相位，基于微波湿度传感器的多参数表征可以提高检测结果的可靠性。当环境湿度由 5% 提高到 99% 时，由于水分子的积累，谐振频率和振幅变化值发生了显著的变化，表明 CDs-Co$_3$O$_4$ 湿度传感器在低湿度和高湿度条件下都具有优异的传感性能。

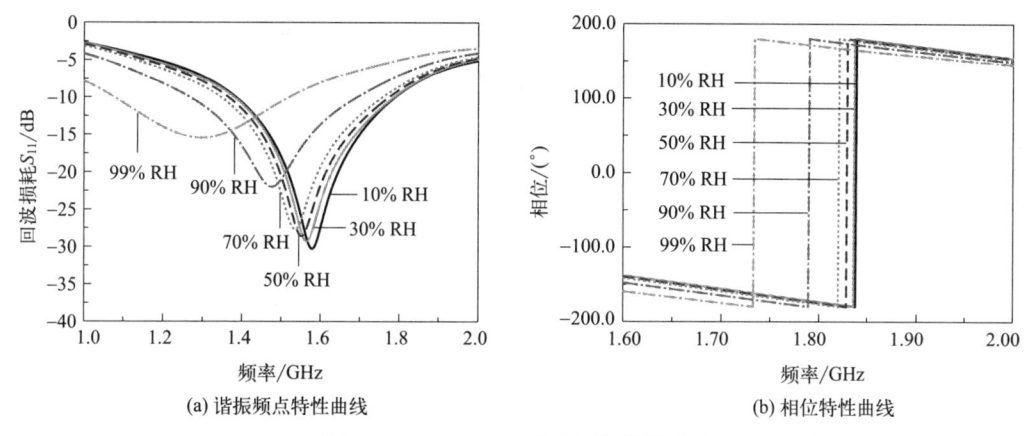

图 5-8 CDs-Co$_3$O$_4$ 敏感层的微波响应

此外，为了使提出的概念原型能用于实际应用，还应该考虑响应时间和恢复时间。该湿敏性能的重要参数定义如下：响应时间定义为当湿度从 30%RH 变为 90%RH 时，传感器稳定后达到变化量的 90% 所需的时间，而恢复时间定义为当湿度从 90%RH 变为 30%RH 时，传感器稳定后达到变化量的 90% 所需的时间。如图 5-9 所示，CDs-Co$_3$O$_4$ 的响应动力学时间较纯碳点和 Co$_3$O$_4$ 的要短，吸附过程响应时间约为 4s，脱附过程恢复时间约为 3s。由于响应时间和恢复时间的变化取决于表面活性位点和水分子的扩散速度，所以碳点的引入增加了 Co$_3$O$_4$ 表面的活性位点，从而加强了水分子的吸收。低浓度的水分子扩散缓慢，占据了可用的活性位点。随着水浓度的增加，覆盖在材料表面直到达到饱和，从而产生最大响应。

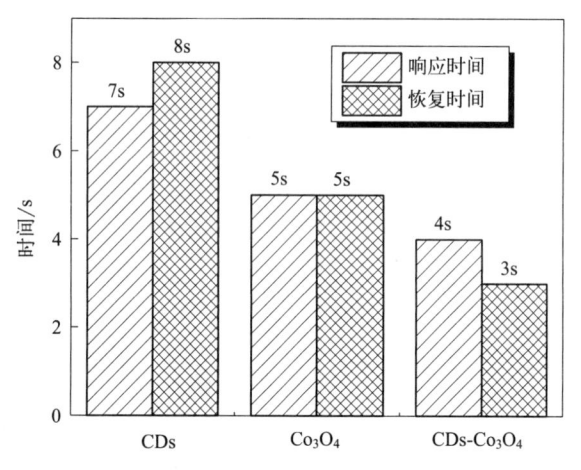

图 5-9 三种材料敏感层的湿度响应时间

为了研究微波湿敏元件的长期稳定性，分别在湿度为 30%、50%、70%、90% 和 99%RH 的环境中进行了三周的传感测试。结果表明，在固定的相对湿度下，微波传感器对湿度的响应几乎没有变化，如图 5-10 所示。由于 CDs-Co$_3$O$_4$ 微波湿度传感器具有可靠稳定的长周期检测能力，可以满足实际需求。

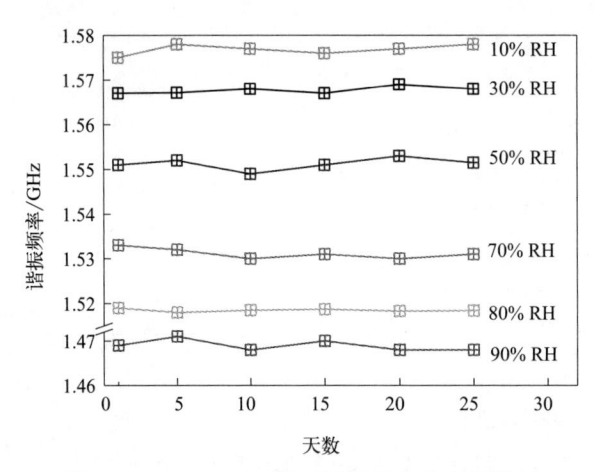

图 5-10 CDs-Co$_3$O$_4$ 敏感层的长期稳定性结果

为了探索环境温度对微波传感器的影响，在 60%RH 相对高饱和状态下进行多次湿度吸附脱附测试，如图 5-11 所示。从室温 23℃开始，即使温度升高到 60℃，微波谐振响应几乎保持 1.52GHz 不变，证实了该微波湿度传感器在严酷高温条件下使用的可行性。图中的误差条是在相同的测量条件下，提取了几组该传感器的测量误差得到的。事实上，微波传感器对湿度的稳定的响应可以归功于 IPD 微纳加工技术的稳定性和可靠性，而且在 Co$_3$O$_4$ 材料热分解过程中，混合物的高频介电常数不会随温度发生明显的变化，这也是以 Co$_3$O$_4$ 为敏感材料的微波湿度传感器响应与温度变化无关的原因之一。

接着，还比较了在 1：1 到 1：20 之间的 5 种不同配比的碳点与 Co$_3$O$_4$ 的湿度传感测量结果。如图 5-12 的柱状图所示，在相同的测量条件下，1：10 为最佳比例，微波响应最高。不同比例的湿度微波传感测量的具体微波响应如图 5-13 所示。

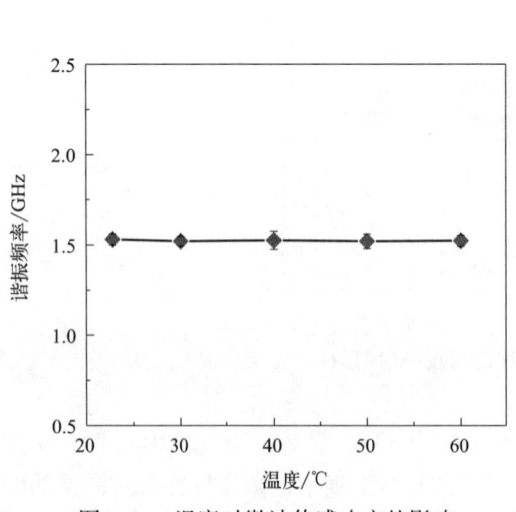

图 5-11 温度对微波传感响应的影响

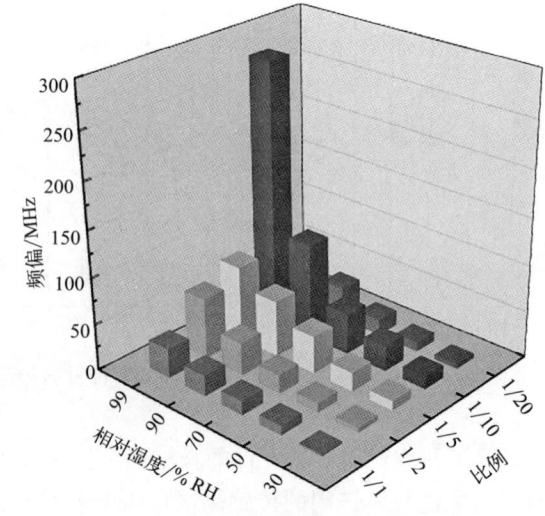

图 5-12 不同比例的碳点与 Co$_3$O$_4$ 湿度传感测量结果对比

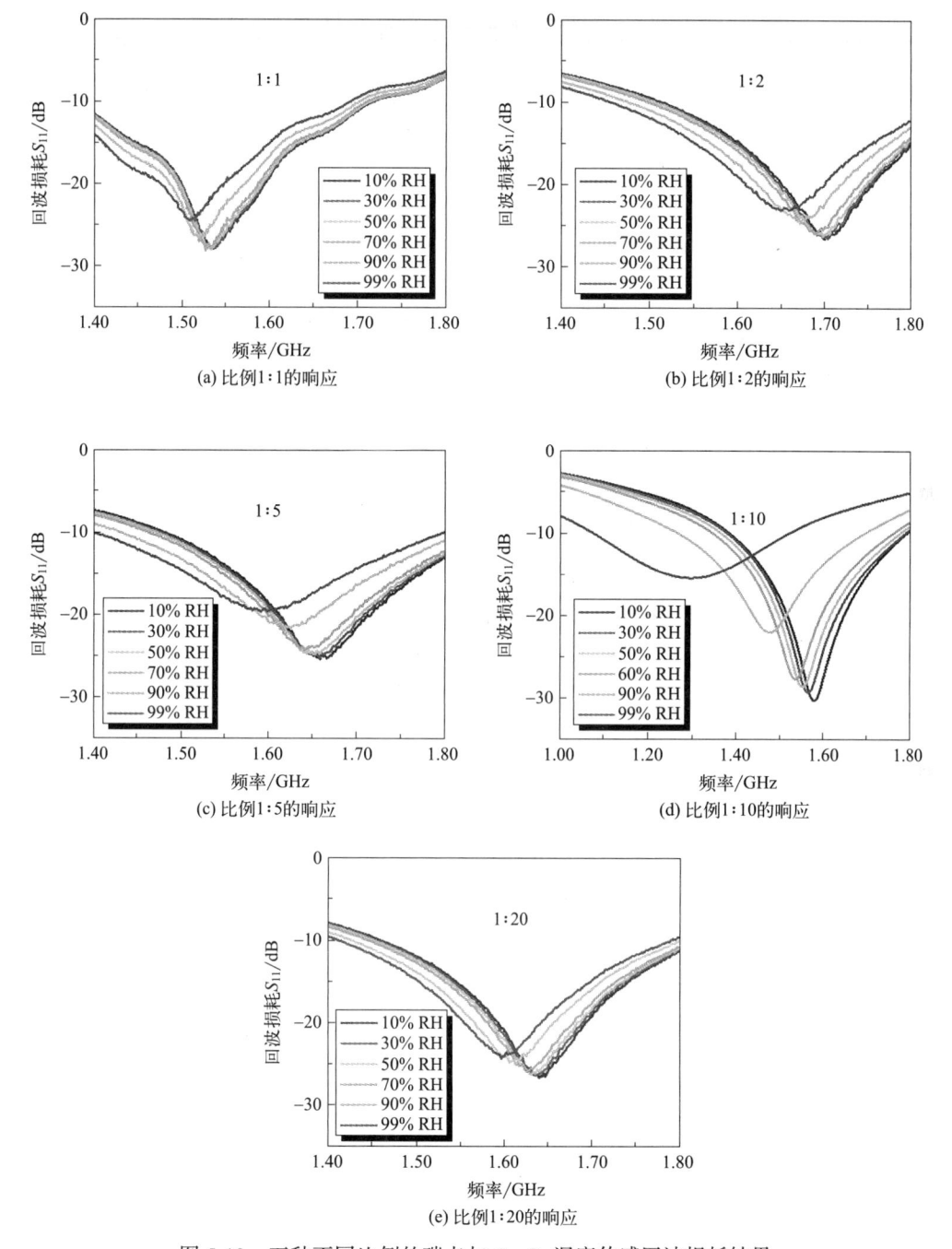

图 5-13 五种不同比例的碳点与 Co_3O_4 湿度传感回波损耗结果

表 5-1 列出了使用不同敏感材料和不同加工工艺的微波传感器的性能比较。与其他微波湿度传感器相比，这种基于 $CDs\text{-}Co_3O_4$ 的微波湿度传感器不仅在 5%RH 到 99%RH 的湿度范围内灵敏度高、响应速度快，而且对 VOC 气体的干扰具有较高的选择性。此外，该传感器的超小尺寸使其能够集成在便携式传感系统中，可实现医疗检测中的实时监控护理应用。

表 5-1 基于不同传感材料和加工工艺的微波湿度传感器的性能比较

敏感材料	灵敏度 /(MHz/%RH)	响应时间 /s	范围 /%RH	尺寸 /mm×mm	工艺	参考文献
氧化石墨烯	0.77	未知	11.3～97.3	6.8×6.8	PCB	[1]
无材料	0.10	未知	0～80	31.1×31.1	PCB	[2]
无材料	0.14	未知	30～80	45×45	PCB	[3]
无材料	1.21	＜3	20～85	28×28	PCB	[4]
PEDOT	0.47	＜0.5	5～80	25×25	PCB	[5]
PEDOT	0.07	＜0.5	20～80	未知	PCB	[6]
CeO_2	0.12	＜16	11～95	未知	PCB	[7]
MoO_3	2.06	＜5	10～90	24×15	PCB	[8]
$CDs-Co_3O_4$	3.40	＜5	5～99	0.98×0.8	IPD	本研究

5.2 呼吸检测传感应用

5.2.1 电容式呼吸检测应用测试

将性能优异的 MIM 电容式湿度传感器嵌入到口罩的呼吸阀中,并添加了一个湿度富集模块,如图 5-14 所示。当人体呼出湿度累积到一定浓度时,这种集成了湿度传感器的口罩可以及时提醒佩戴者更换口罩。同时,后期也可以对呼吸阀进行改进,加入消毒杀菌纳米材料层,对病毒携带者口罩中呼出的气体及时进行处理,避免传染给其他人产生二次感染。

通过检测呼吸气体成分疾病特征标志物的有无或浓度的高低来判断器官组织细胞代谢的变化,从而实现对器官的生理或病理状态的诊断。相比于传统的血糖检测,可以利用肝脏产生的丙酮作为糖尿病患者的特征检测标记物,健康受试者呼出的丙酮在 300～900ppb($ppb=10^{-9}$)浓度范围内,而糖尿病患者由于体内缺少足够的胰岛素,代谢产生的脂肪酸会被氧化而形成更多的丙酮,其呼出的气体中丙酮含量则超过 1800ppb。作为未来疾病检测最有前景的平台之一，呼吸诊断具有无痛、简单、低成本的优势。基于此背景，呼吸检测逐渐走进人们的视野，其操作简单、成本低、小体积、可实时测量的特点适合早期临床诊断应用，是未来探测和筛查疾病的一种有效手段。这种非入侵式的检测方式大大降低了病人的痛苦，具有广阔的发展前景和巨大的研究价值。

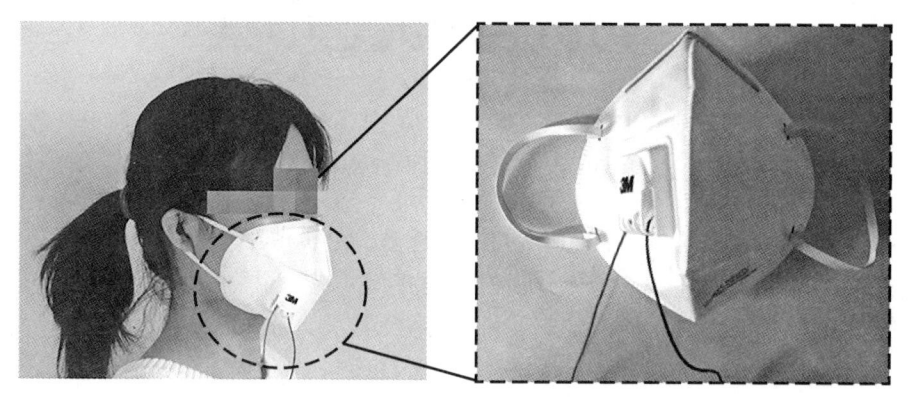

图 5-14　对人体呼吸检测的口罩模型

由于人体的呼吸中含量最多的就是水汽，为了能够通过观测人体呼出气体湿度的变化对人体的体征进行监测，分析了人体呼出气体的湿度检测结果。首先采用两种不同模式呼吸，从图 5-15 所示的波形可以看出，用嘴巴呼吸的传感器响应要大于用鼻子呼吸的响应，说明口腔中的湿度要大于鼻腔中的湿度，从而使电容湿度传感器产生了更高的波形响应。

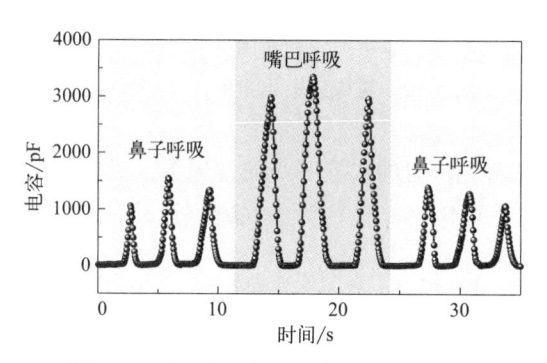

图 5-15　鼻子和嘴巴两种呼吸模式波形

同样条件下，进行了呼吸和屏息两种模式交替测试，先呼吸三次然后屏息 10s，再呼吸三次然后屏息，如图 5-16 所示。从波形可以看出，在屏息的过程中没有引起电容变化，只有呼吸变化时传感器才有相应的波形变化，说明了传感器的响应是由呼吸过程中的水汽引起的。人体在平稳呼吸三次的响应都保持稳定，说明传感器的性能可以在一定湿度条件下保持稳定的响应，可以用于人体呼吸监测来表征呼吸是否正常。

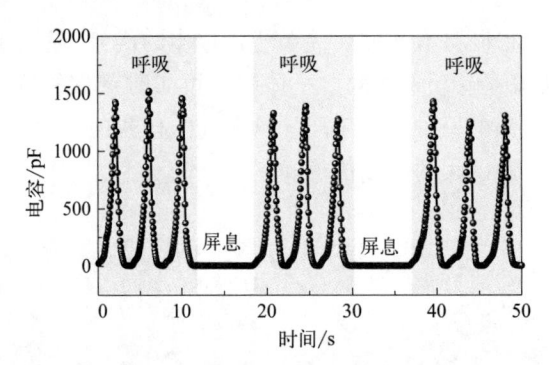

图 5-16 呼吸和屏息两种模式波形

接着，对测试者在不同条件下的呼吸进行了检测，图 5-17 给出了当测试者读书时的正常呼吸的波形图。根据结果可以分析出，响应波形的频率一定，并且波峰也稳定在一定范围内，可以将其标记为人在正常日常活动状态下的呼吸波形模式，如走路、读书、办公、吃饭等呼吸平缓的活动。

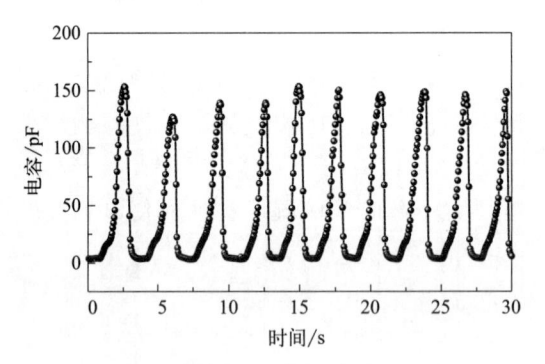

图 5-17 对应读书模式的正常呼吸波形

图 5-18 给出了当测试者跑步时的快速呼吸的波形图，根据结果可以分析出，波形的频率加快，并且波峰也不稳定，可以将其标记为人在剧烈运动状态下的呼吸波形模式，如跑步、爬山攀岩、器械健身等活动。

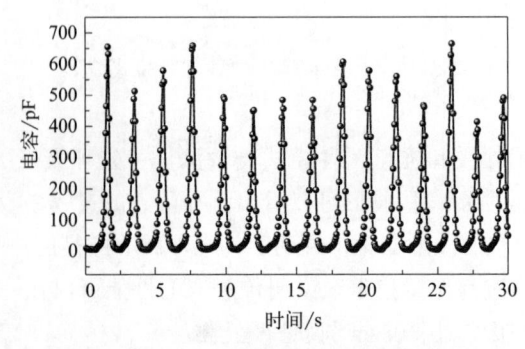

图 5-18 对应跑步状态的急促呼吸波形

图 5-19 给出了当测试者做瑜伽时的缓慢呼吸的波形图。根据结果可以分析出,波形的频率变慢,并且波峰稳定,可以将其标记为人在做轻微活动状态下的呼吸波形模式,如瑜伽、太极等静心活动。

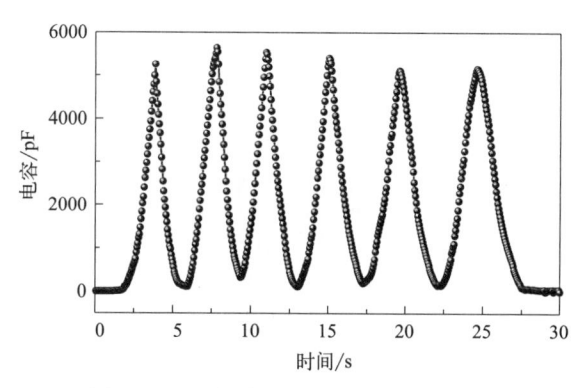

图 5-19　对应瑜伽状态的缓慢呼吸波形

图 5-20 给出了当测试者睡眠时的深度呼吸的波形图。根据结果可以分析出,波形的频率变化缓慢,并且波峰稳定,可以将其标记为人在睡眠放松的状态下的呼吸波形模式。

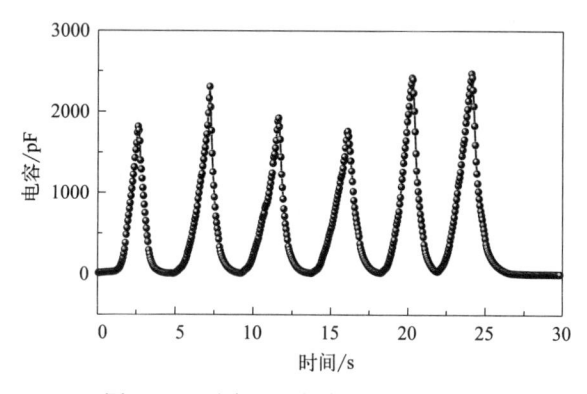

图 5-20　对应睡眠状态的深呼吸波形

5.2.2　微波式呼吸检测应用测试

为了将所制备的具有高灵敏度 $CDs\text{-}Co_3O_4$ 的微波湿度传感器应用到实际场景中,将其用于人体呼吸湿度和指尖湿度测试。图 5-21 给出了人体正常呼吸的微波曲线的强度和间隔,为了消除吸气和呼气过程中呼吸力对传感器的影响,在两种呼吸模式之间采用了 40s 的暂停取样过程。在呼吸暂停时间间隔内记录了快速呼吸、正常呼吸和深呼吸三种不同呼吸模式,呼吸暂停曲线稳定且谐振变化很小,表明传感器没有受到流体力的影响,因此湿度的变化是在吸气和呼气过程中引起传感器产生响应的唯一原因。

由结果可以看出,快速呼吸的变化比正常呼吸和深呼吸频率要高,正常呼吸的强度要比快速呼吸大,而深呼吸的呼吸周期最长,呼吸强度最高。上述结果表明该微波传感器可通过呼气和吸气的波形区分不同呼吸模式,可用于临床医疗和保健应用中监测日常活动中的人体呼吸状况。

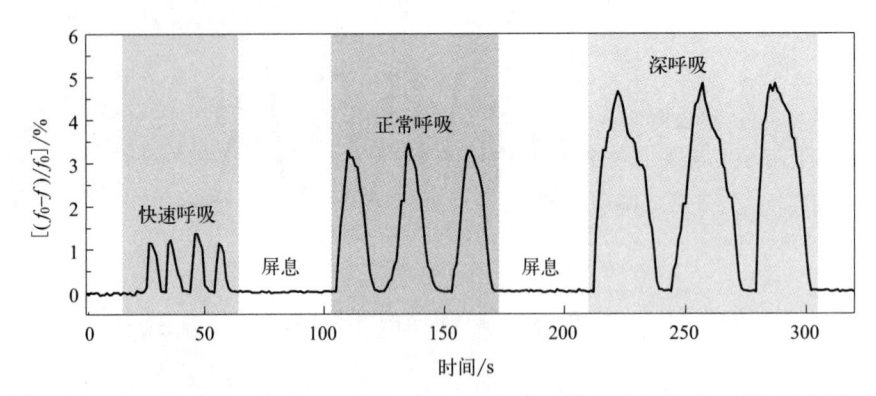

图 5-21 用 CDs-Co$_3$O$_4$ 传感器对快速、正常和深呼吸模式的人体呼吸进行动态测试

图 5-22 给出了用 CDs-Co$_3$O$_4$ 传感器记录人体饮水前后呼吸的相对谐振频率的变化。在测试者饮水之前,其呼吸的湿度谐振频率响应相对变化大约为 3.49%,在饮水之后,微波湿度响应值增加了一倍以上(7.98%)。在 10min、30min 和 60min 后,微波湿度的谐振频率响应逐渐降低,分别为 6.82%、4.14% 和 3.20%。在喝水 1h 后口腔湿度降到喝水前的水平,说明该微波湿度传感器能够检测到在人体在饮水 1h 内口腔呼吸中湿度水平的变化,进而可以用来提醒人在日常生活中及时补充水分或者监测病人在呼吸过程中的脱水情况。

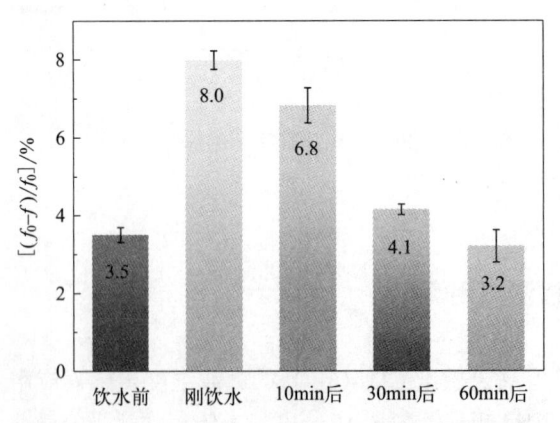

图 5-22 饮水前后人体呼吸的相对谐振频率变化

除了水蒸气,人体呼吸中还含有数千种挥发性有机化合物,其中一些可以用作某些疾病的指示剂,如丙酮(糖尿病)、一氧化氮(哮喘)、硫化氢(口臭)、甲苯(肺癌)、氨(肾衰)

或苯（白血病）。在这种情况下，人类呼出的挥发性有机化合物可能会干扰水汽的检测。因此，除了上述传感特性之外，还利用 IPD 微波湿度传感器对几种挥发性有机化合物（100ppm，40%RH 条件下）进行了测量，以确定在相同的测量环境下 CDs-Co$_3$O$_4$ 微波传感器对水汽的选择性。由图 5-23 所示的结果可以判断，即使有几种挥发性有机物（甲苯、丙酮、乙醇、甲醇和二甲苯）的干扰，CDs-Co$_3$O$_4$ 微波湿度传感器对水仍有较高响应，显示了该微波传感器对水分子的高度选择性。

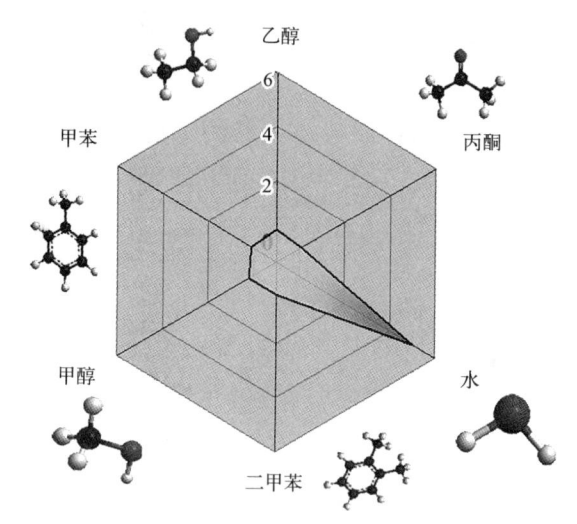

图 5-23 提出的湿度传感器对挥发性有机化合物的选择性

5.3 汗液检测传感应用

5.3.1 电容式汗液检测应用

由于该传感器对于湿度变化检测的高度灵敏性，预期该湿度传感器也可以对手指上的微小湿度变化进行检测。首先，测试者将手指放置在传感器的表面进行上下平移实验。由图 5-24（a）可以看出，当手指靠近传感器时，电容值增加，当手指向上平移远离传感器时，电容值骤降。接着，测试者进行了手指在传感器表面左右平移实验，由图 5-24（b）可以看出，当测试者的手指靠近传感器时，电容值增加，当测试者手指左右平移远离传感器时，电容值骤降。该实验得出结论，在一定误差范围内，所提出的湿度传感器可对手指产生的微小湿度变化产生稳定的响应输出。

接着测试者将手指放置在湿度传感器上保持一段时间，由图 5-25 可以看出，不管手指放置在传感器上方保持短时间（15s）还是长时间（45s），所设计的 MIM 电容式湿度传感器能在一定误差范围内，对手指的微小湿度变化产生稳定的响应输出。

(a) 手指上下平移产生的波形图　　(b) 手指左右平移产生的波形图

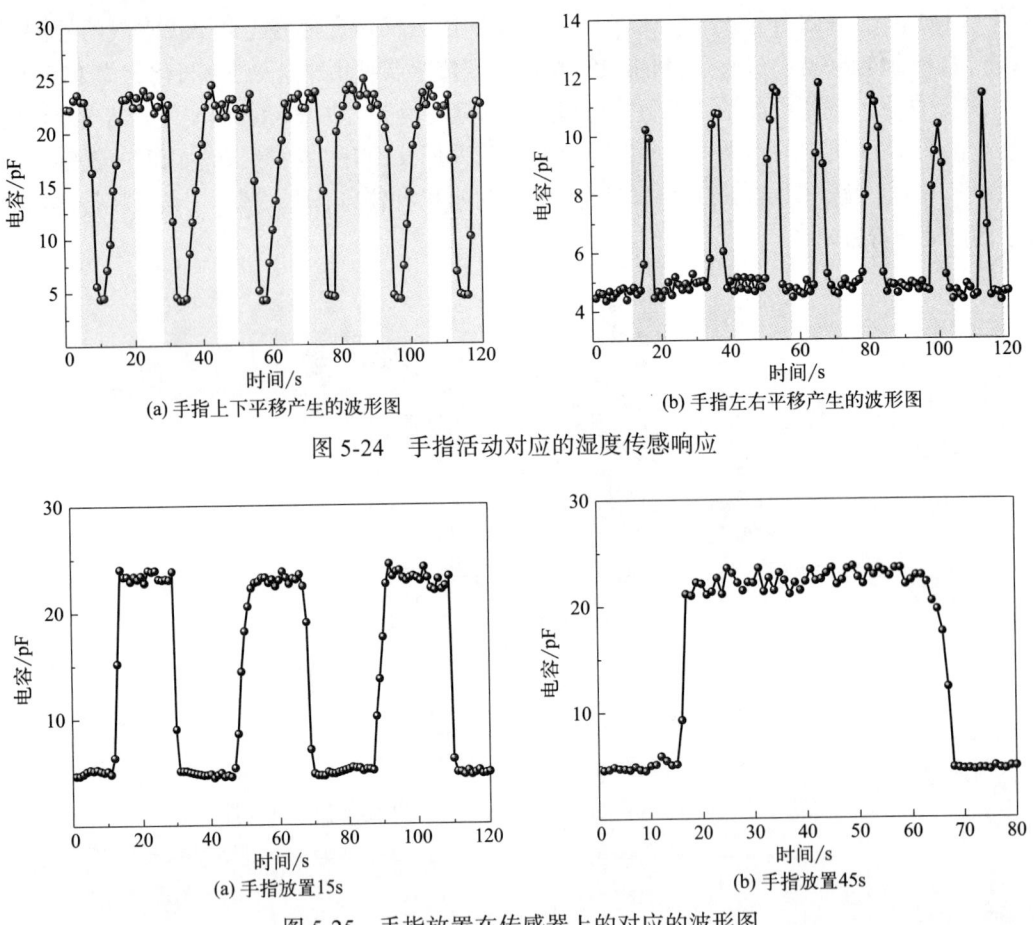

图 5-24　手指活动对应的湿度传感响应

(a) 手指放置15s　　(b) 手指放置45s

图 5-25　手指放置在传感器上的对应的波形图

接着，测试者将干燥手指和刚洗完手的手指放在传感器的上方，发现传感器对于刚洗过手的手指呈现出更大的响应，而当把戴手套的手指放在传感器的上方，发现传感器并没有明显响应，可以判定传感器的电容变化并不是由于指尖的静电感应引起的，而是由于手指的湿度导致的。湿度传感器响应如图 5-26 所示。

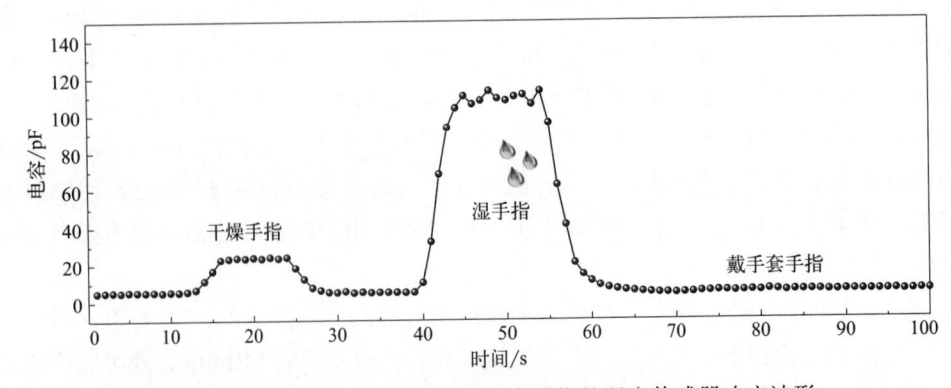

图 5-26　干燥手指、湿手指和戴手套手指的湿度传感器响应波形

5.3.2 微波式汗液检测应用

基于呼吸检测的结果，推断使用这种高灵敏度的 CDs-Co$_3$O$_4$ 微波湿度传感器，可以检测人体皮肤上分泌的汗液。因此，测试者将手指放在距离微波传感器敏感区上方 5 个不同距离处进行指尖非接触式水分检测，实验结果如图 5-27 所示。

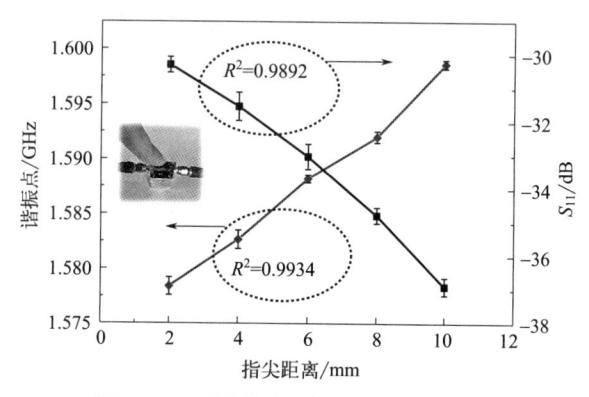

图 5-27 不同指尖距离的谐振频点特性

分析得出，指尖湿度以谐振点为表征的检测灵敏度为 0.25GHz/mm，以回波损耗 S_{11} 为表征的检测灵敏度为 3.6dB/mm。通过计算得到，谐振点和回波损耗的斜率值的标准偏差分别为 0.9934 和 0.9892，表明该微波湿度传感响应具有良好的线性度，这两个微波参数都可以用来测量人体指尖的湿度水平。

为了能够检验该微波湿度传感器的实时检测功能，以 2mm 为间隔，将手指从传感器上方的 2mm 处移动至 10mm，观察微波传感器在 LabVIEW 中实时检测出的波形变化。如图 5-28 所示，当手指作为湿度源接近传感器时，距离越小，吸附在敏感层上的水分子越多，微波传感器的响应越大。

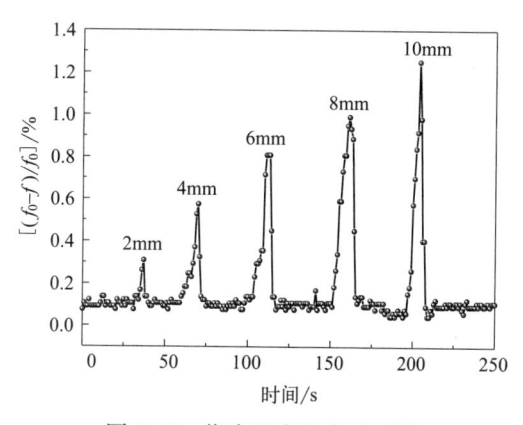

图 5-28 指尖湿度的实时检测

为了验证该微波湿度传感器的可靠性，排除由指尖上的电荷效应产生的频偏，通过测量戴有医用橡胶手套和不戴手套去接近传感器的手指的相对频率偏移特性，检测结果如图 5-29 所示。

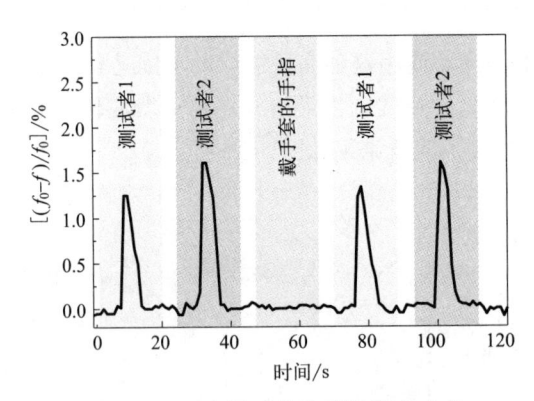

图 5-29　两个测试者的手指湿度响应

正如所预期的结果一样，当裸露的手指接近传感器时，微波湿度传感器显示出明显的频率移动，但当测试者用戴手套的手指接近时，几乎没有明显的反应。此外，当测试者将裸露的手指再次靠近微波湿度传感器时，在 2mm 的距离不变的条件下，对于同一测试者，记录结果得到相对稳定的频率偏移，表明该微波湿度传感器可以识别不同测试者的手指湿度。相比之下，两名测试者表现出不同的相对频率移动，说明两名测试者皮肤表面的湿度浓度不同，后期将进一步利用神经网络算法，对大量的人体实验数据进行分析和建模，以满足不同人群的检测需求。根据上述指尖的湿度识别测试结果表明，该微波湿度传感器可用于美容护肤或非接触式医疗应用领域。

5.4
坐姿检测传感应用

5.4.1　久坐人群的健康监测应用

基于灵敏度高、检测范围广、迟滞低、响应恢复速度快、稳定性强、人体运动检测能力强等优点，该部分将利用 PCMS 压力传感器实现久坐健康监测系统。首先，如图 5-30 所示，将 PCMS 压力传感器连接到人体颈部以获得颈静脉脉搏（JVP）信号，其中清楚地观察到三个向下和两个向上的偏转。五个偏转分别代表"a"（心房收缩）、"c"（心室收缩）、"v"（心房静脉充盈）、"x"（心房松弛）和"y"（心室充盈）。在临床上，JVP 信号的检测被认为是心脏疾病的一种无创诊断方法，因为它们提供了有关颈内静脉的宝贵信息，例如心脏充盈压和三尖瓣，这些信息有利于及时诊断心力衰竭。

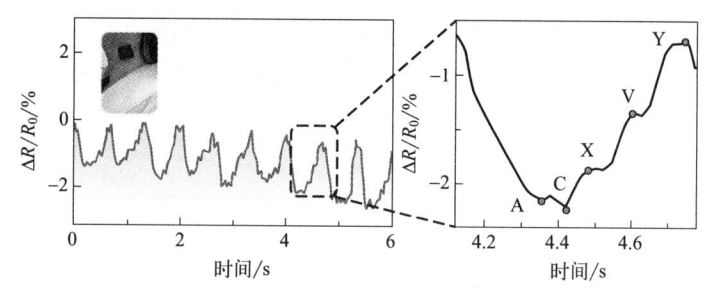

图 5-30 PCMS 传感器对 JVP 信号的监测

此外，如图 5-31 所示，将 PCMS 压力传感器固定到手腕上来捕获另一个微弱的脉搏跳动信号。根据所得曲线，很容易计算出脉率约为 86 次 /min，符合健康成年人的正常水平。此外，如放大曲线所示，可以清楚地识别三个不同的峰：P_1、P_2 和 P_3（叩击波、潮汐波和舒张波）。测出的桡动脉增强指数（$AI_r=P_2/P_1$）和桡动脉舒张强化指数（$DAI=P_3/P_1$）分别为 0.64 和 0.26，符合参考值范围。与商用医疗设备相比，PCMS 压力传感器可以便捷并详细地检测出微弱信号的波形，这在实时健康监测和紧急情况响应中具有广阔的应用前景。

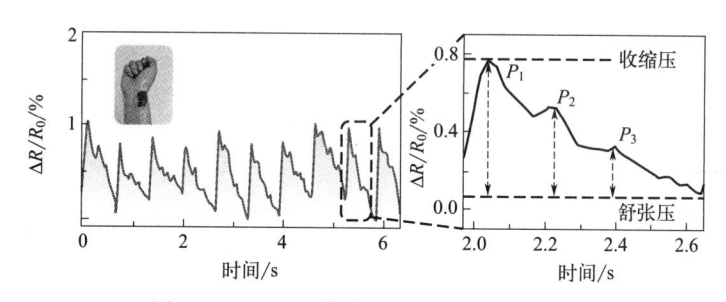

图 5-31 PCMS 传感器对脉搏信号的监测

除了直接反映人体健康状况的脉搏信号外，颈椎和膝关节弯曲度也是该系统的另外两个重要指标。对于久坐人员来说，长时间过度的颈椎和膝关节弯曲会严重影响骨骼健康，甚至导致某些疾病如颈椎病和膝关节损伤。如图 5-32 所示，随着颈椎弯曲程度逐渐增大，PCMS 传感器的电阻响应也逐渐增大。

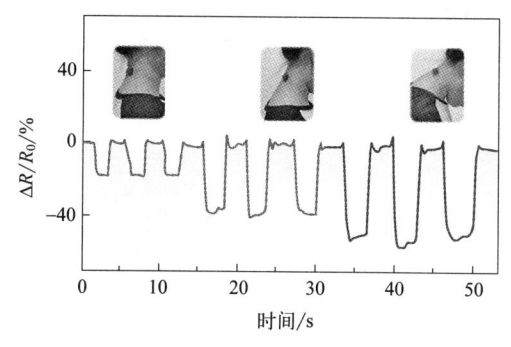

图 5-32 PCMS 传感器对颈椎弯曲的监测

如图 5-33 所示，PCMS 传感器对于膝盖弯曲的检测也呈类似的趋势，这也进一步证明了 PCMS 传感器对于角度弯曲变化的强大检测能力。该特性使传感器能够及时发现关节过度的弯曲情况，有利于久坐人员的及时调整和疾病预防。

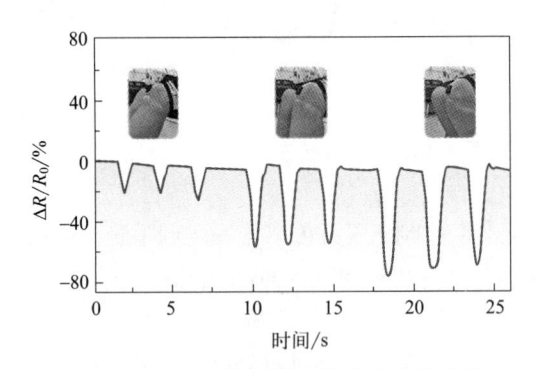

图 5-33 PCMS 传感器对膝盖弯曲的监测

5.4.2 智能坐垫坐姿传感阵列算法分析

对于久坐人员来说，长时间保持不正确的姿势是导致腰椎间盘突出症和骨盆脱位等健康问题的巨大隐患。为了满足坐垫的尺寸要求，该部分采用 40cm（宽）×60cm（长）×0.5cm（高）的市售聚氨酯海绵作为智能垫的基底材料。在基底上固定四排平行的导电胶带构建出智能坐垫的底部电极层，将 16 个 2.4cm（宽）×4cm（长）×0.6cm（高）的 PCMS 均匀分布，并粘贴 4 排垂直导电带作为顶部电极，最终形成基于 4×4 PCMS 传感阵列的智能垫。此外，每个海绵上都涂覆了导电银浆，以增强导电胶带和海绵之间的电接触。图 5-34 展示了由 4×4 PCMS 传感阵列和软弹性体基底组成的智能坐垫，该坐垫可用于久坐人群的实时坐姿监

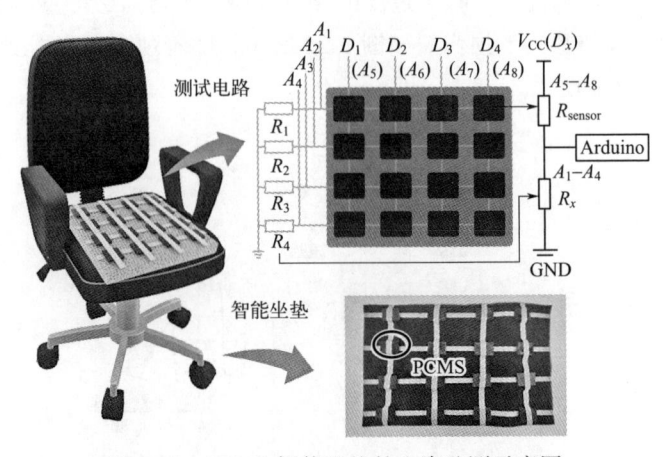

图 5-34 PCMS 智能坐垫的坐姿监测示意图

测。如左下角的测试电路原理图所示，$R_1 \sim R_4$ 为 4 个串联分压电阻，该电路收集 8 个采样点（$A_1 \sim A_8$）的电压实时计算传感阵列的电阻值变化。对于每个测试过程，右侧展示了对应的等效电路，其中 R_{sensor} 和 R_x 分别表示 PCMS 压力传感器和对应串联分压电阻的阻值。此外，V_{cc} 是计算机提供的初始电压，所有传感信号均由 Arduino 收集并进行数据分析。

五种坐姿（标准、左倾、右倾、前倾和后倾）分别标记为"标签 0""标签 1""标签 2""标签 3"和"标签 4"，除了标签 0，其余坐姿标签均被定义为错误坐姿，如图 5-35 所示。

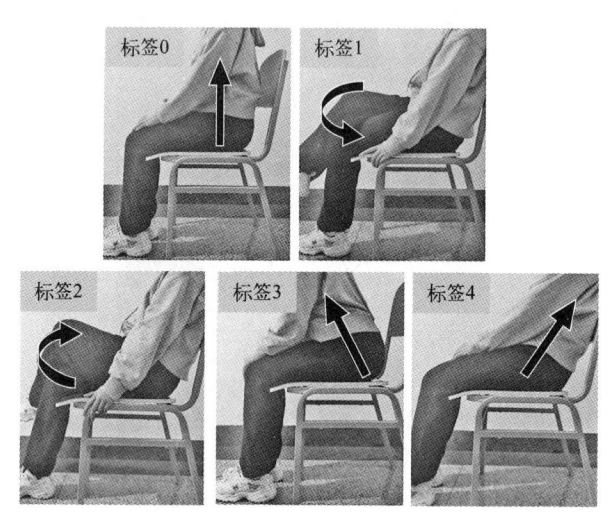

图 5-35　PCMS 五种标签坐姿示意图

基于 Pytorch 框架，该系统采用如图 5-36 所示的 MLP 算法模型。该模型采用了非线性整流线性单元（ReLU）层来增强其捕获输入数据和输出标签之间复杂关系的能力。利用 Adam 优化器，学习率为 0.0001，基于 5000 个坐姿样本（每个姿势 1000 个样本）对获得的数据进行训练。由于大样本量足以用于训练数据，因此该部分没有引入额外的数据增强技术。

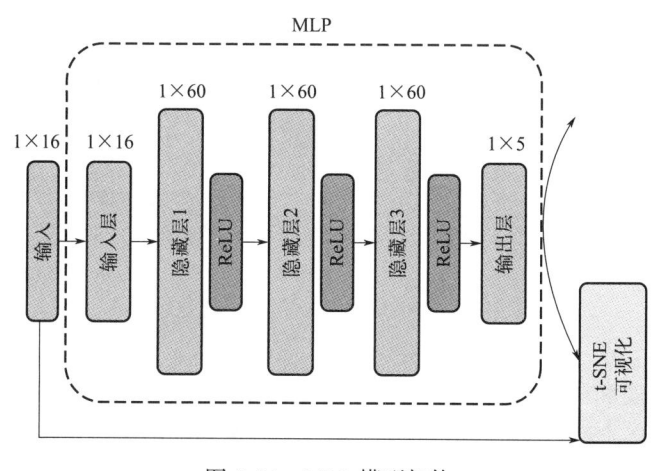

图 5-36　MLP 模型架构

如图 5-37 所示，所得混淆矩阵具有 99.01% 的超高分类准确率，凸显了 MLP 算法模型的有效性和智能坐垫的优异传感性能。

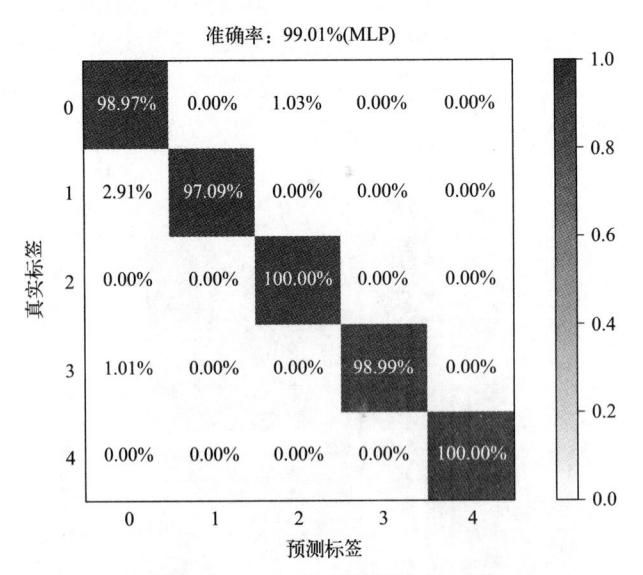

图 5-37　五种坐姿识别的 MLP 模型混淆矩阵，其中 0、1、2、3 和 4 分别代表标准、左倾、右倾、前倾和后倾

图 5-38 给出了 t 分布式随机邻域嵌入（t-SNE）可视化显示结果，每个类别的样本点聚集在一起。该特性表明，MLP 算法能够有效地提取信号特征，从而大大提高分类精度。

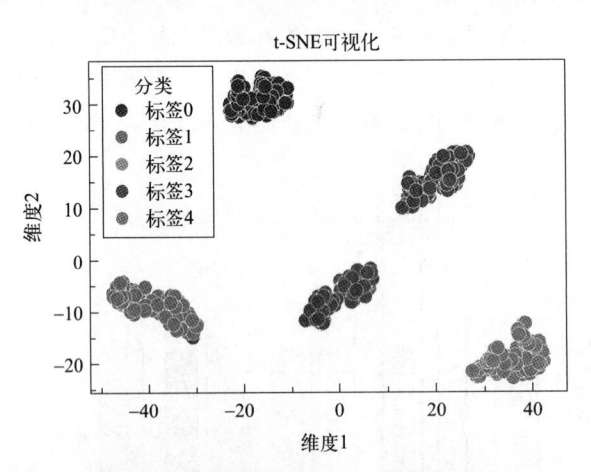

图 5-38　训练数据的 t-SNE 可视化结果

MLP 模型的精度和损耗曲线如图 5-39 所示。经过 40 个周期后，两条训练曲线和两条有效曲线同时趋于重合，表明该模型表现出较高的鲁棒性和泛化能力，显示了该模型在坐姿监测任务中的巨大潜力。

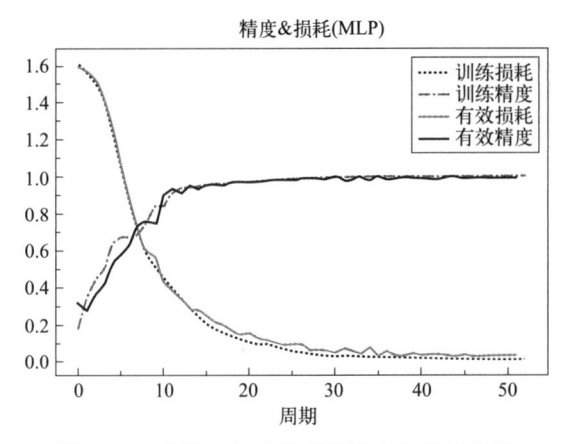

图 5-39 多层感知机模型的精度和损耗曲线

为了进一步可视化坐姿监测结果，如图 5-40 所示，我们设计了一个专门的界面来显示压力分布图，其中不同的颜色代表不同的 $\Delta R/R_0$ 值。在标准坐姿下，人体重量均匀分布在智能坐垫上，导致界面上的压力分散均匀。相反，在后倾姿势下，人体重心的向后偏移导致压力分布产生相应的变化，该优异性能证明了 PCMS 智能坐垫在疾病预防和个人健康监测方面的巨大应用潜力。

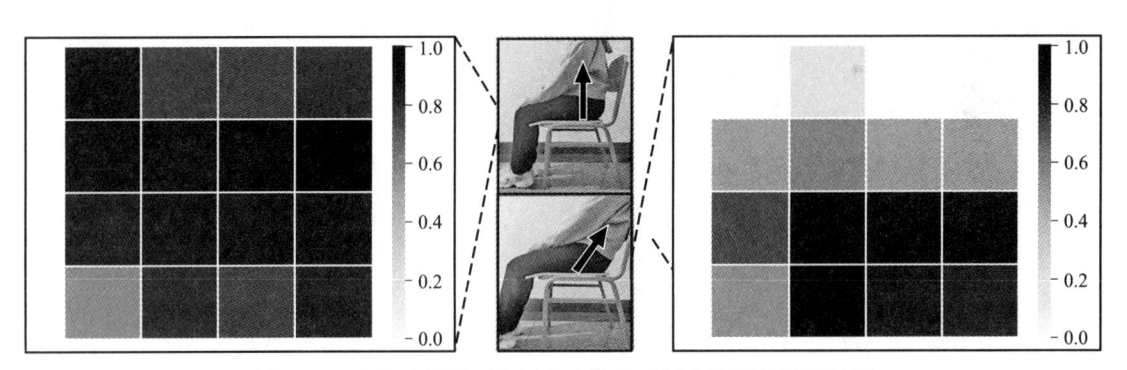

图 5-40 坐姿监测界面在标准坐姿与后倾坐姿下的显示结果

5.4.3 人体不同位置关节实时检测

如图 5-41 所示，将传感器固定在人体手背上，传感器通过手掌的张开和闭合可以准确检测抓取运动，这意味着 PCMS 传感器在软机器人和物体识别领域有着广阔的应用前景。

如图 5-42 所示，将传感器粘贴到肘关节上，随着肘关节的弯曲和放松传感器表现出不同的阻值变化，证明了 PCMS 传感器在运动分析应用中的可能性。

图 5-41　PCMS 传感器对手部抓握动作的检测

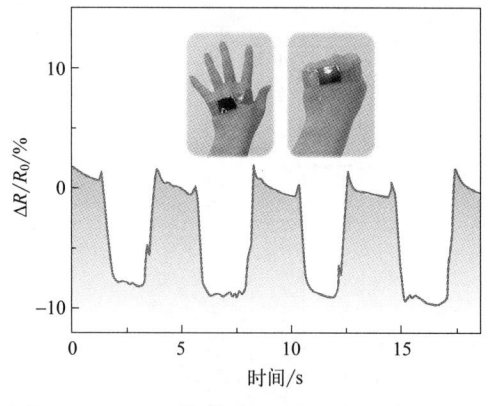

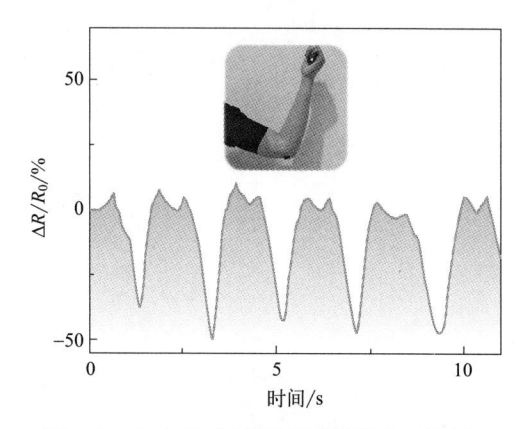

图 5-42　PCMS 传感器对手肘弯曲的检测

如图 5-43 所示，将 PCMS 压力传感器黏附在食指关节处，可以有效地识别 4 个弯曲度（$\theta=15°$、$30°$、$60°$ 和 $90°$），并输出明显不同的电阻信号，表明其对于弯曲角度变化的强大检测能力，同时也证明了 PCMS 传感器在手势识别领域的广阔前景。该特性也预示着 PCMS 传感器对于颈椎和膝关节弯曲检测的可靠性，这也是下文提出的久坐健康监测系统中的两个重要指标。

除了关节运动检测外，如图 5-44 所示，将 PCMS 传感器贴于眉心，随着眉头的褶皱与舒展传感器给出明显的电阻变化，显示了其对微小信号的检测能力。

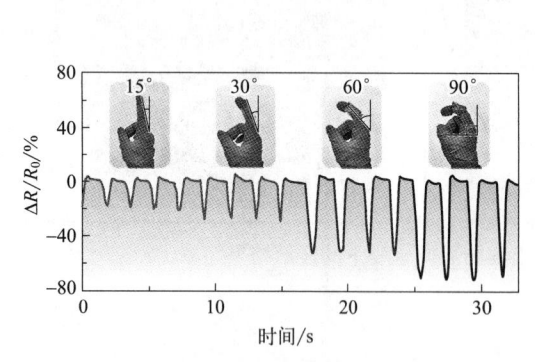

图 5-43　PCMS 传感器对手指不同弯曲角度的检测

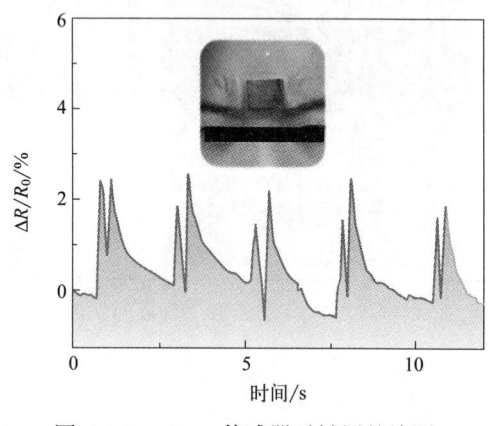

图 5-44　PCMS 传感器对皱眉的检测

为了进一步证明传感器捕获此类微小信号的准确性，如图 5-45 所示，将 PCMS 压力传感器固定在喉咙上，随着喉咙发出不同的单词，传感器对于"海绵""语音识别"和"传感器"的信号响应分别呈现出两个、四个、三个峰值，分别对应不同的音节。这种语音识别功能可以应用于人工智能和智能医疗设备，如人工喉。

如图 5-46 所示，使用铅笔在 PCMS 压力传感器表面上分别书写字母"S""P""O""N""G"和"E"，由于笔画数和笔尖压力的变化，这些字母的电阻变化曲线出不同的峰值和波形,该特性也揭示了 PCMS 传感器在人机交互和智能识别方面的潜力。

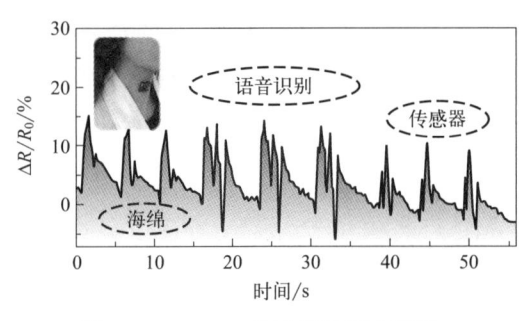

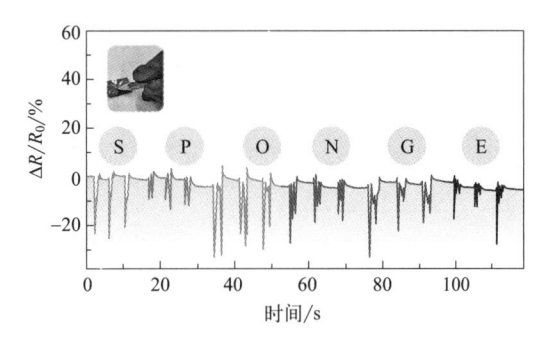

图 5-45 PCMS 传感器的语音识别

图 5-46 PCMS 传感器的笔迹检测

5.5 超疏水抗冻水下运动检测传感应用

5.5.1 水下可穿戴凝胶传感器制备与表征

图 5-47 展示了 PCGFPM 水凝胶的制备流程,该水凝胶采用了 PVA 和 CCS 作为双重网络基底,并引入无机盐离子与有机溶剂改善抗冻性能,添加 PPy 和 cMWCNT 作为二元导电材料并采用循环冻融法制备成型水凝胶。

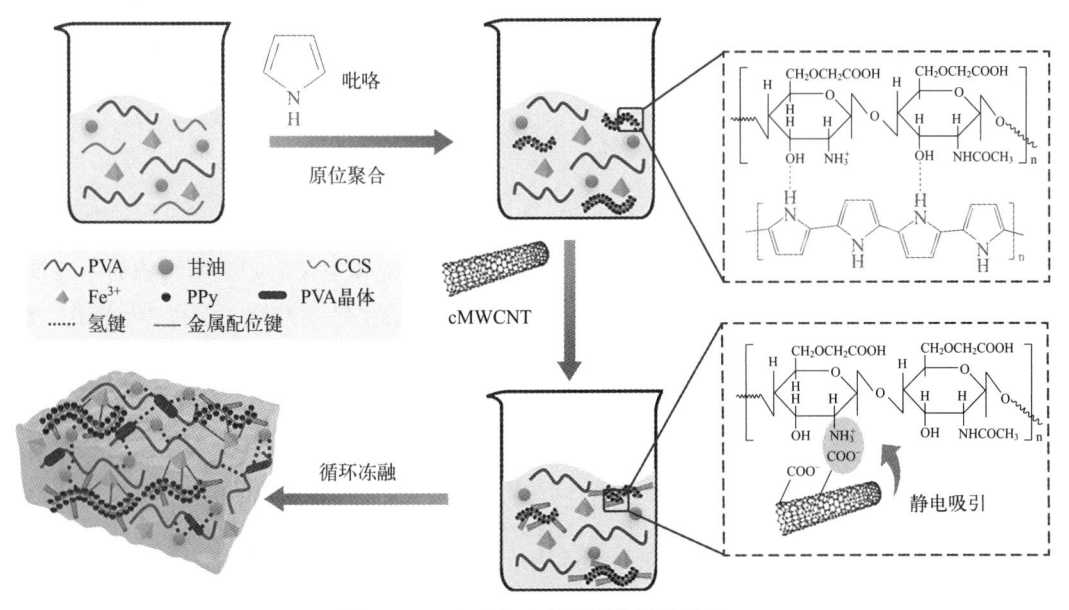

图 5-47 PCGFPM 水凝胶的制备流程

如图 5-48 所示，PVA 聚合链上丰富的—OH 官能团之间自发产生氢键，而 CCS 链上大量的 COO⁻ 基团和 NH₃⁺ 基团会产生静电吸引作用。此外，Fe^{3+} 离子促进了 PPy 的原位聚合反应，生成的 PPy 纳米微球的—NH 与 CCS 的—OH 基团之间形成氢键，而 cMWCNT 的 COO⁻ 基团又与 CCS 的 NH₃⁺ 基团之间产生静电反应，这种多重交联结构赋予了水凝胶强韧的力学性能与自愈合性能。

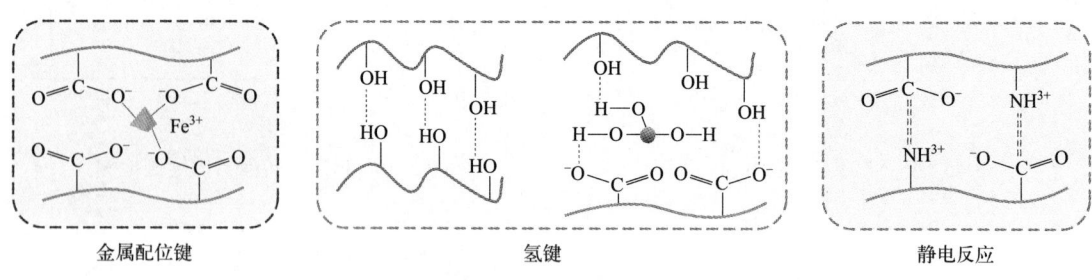

图 5-48　PCGFPM 水凝胶内部的多重交联反应

如图 5-49 所示，水凝胶内部呈现出多孔形状，且放大后的表面上能够观察到大量微球结构，证明了 PPy 在水凝胶内部的成功合成。

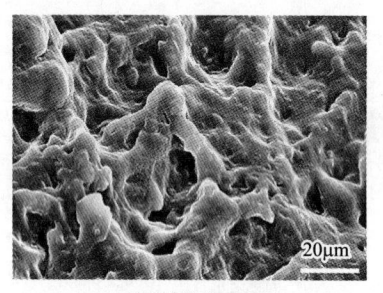

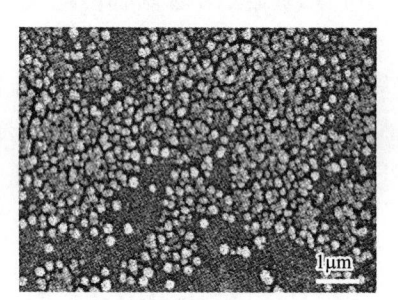

(a) 水凝胶横截面形貌　　　(b) 放大后的形貌

图 5-49　PCGFPM 水凝胶内部微观形貌表征

如图 5-50 所示，cMWCNT 在 $2\theta=25.5°$ 和 $42.9°$ 处的衍射峰分别对应（002）和（100）晶体面，与普通 MWCNT 相似，这表明 cMWCNT 的羧基功能化仅仅影响表明结构而不改变本身的化学性质。PVA 在 $2\theta=19.6°$ 处的衍射峰证明了 PVA 的半结晶性质，而在 $2\theta=40.6°$ 处的衍射峰则对应了内部结构中的非晶相。CCS 在 $15.4°$ 和 $21.5°$ 处的晶峰分别对应于（110）和（220）反射面，PPy 在 $24.9°$ 处的峰对应于（010）晶体面。

为了进一步证明水凝胶内部的多重交联反应，此处还引入了四种水凝胶作为对比，分别是 PVA/CCS/Gly（PCG）、PVA/CCS/Gly/FeCl₃（PCGF）、PVA/CCS/Gly/FeCl₃/PPy（PCGFP）、PVA/CCS/Gly/FeCl₃/PPy/cMWCNT（PCGFPM），结合图 5-51 所示的 XPS 表征共同说明。

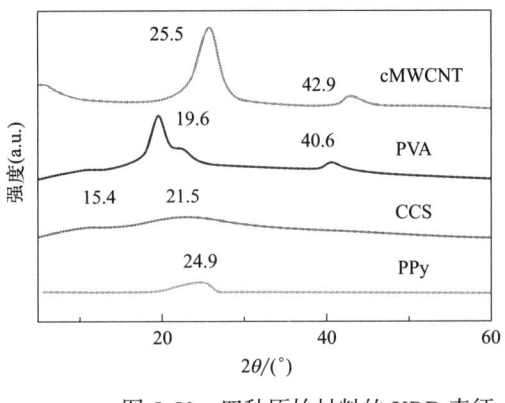

图 5-50 四种原始材料的 XRD 表征

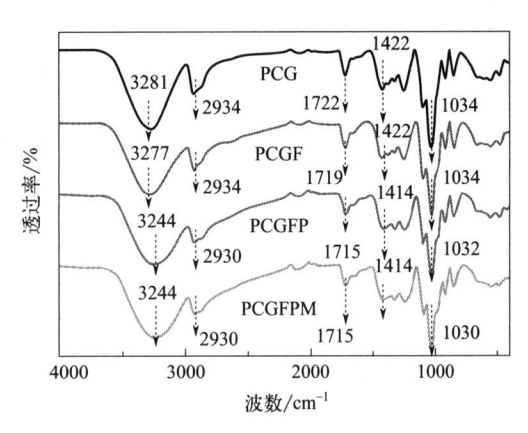

图 5-51 四种水凝胶的 XPS 表征

如图 5-52 所示,相比于 PCG 水凝胶,FTIR 图中 PCGF 水凝胶的 C=O 峰值从 1722 转移至 1719cm^{-1},且 XPS 表征 C 1s 图中的 O=C—O 峰由 288eV 转移至 288.56eV,同时 O 1s 图中的 O=C—O 峰由 532.43eV 转移至 532.04eV,充分证明了 Fe^{3+} 与 COO^{-} 之间金属配位键的产生。吡咯溶液加入后,PCGFP 水凝胶 XPS 表征 C 1s 图中的 O=C—O 峰偏移至 288.66eV,FTIR 图中 C=O 峰转移至 1715cm^{-1},而 C—C 峰从 1422cm^{-1} 偏移至 1414cm^{-1},这些变化证明了聚吡咯在水凝胶溶液中的成功合成。此外,cMWCNT 的加入使 PCGFPM 水凝胶 C—N 峰在 FTIR 图中从 1032cm^{-1} 偏移至 1030cm^{-1},在 XPS 表征 N 1s 图中—NH$_2$ 峰从 399.85cm^{-1} 转移至 399.91cm^{-1},证明 CCS 与 cMWCNT 之间发生了静电反应。

如图 5-53 所示,PCGFPM 水凝胶可以被任意拉伸、扭转、打结、弯曲而不会发生断裂,充分证明了其优异的柔韧性与作为柔性可穿戴器件的潜力。

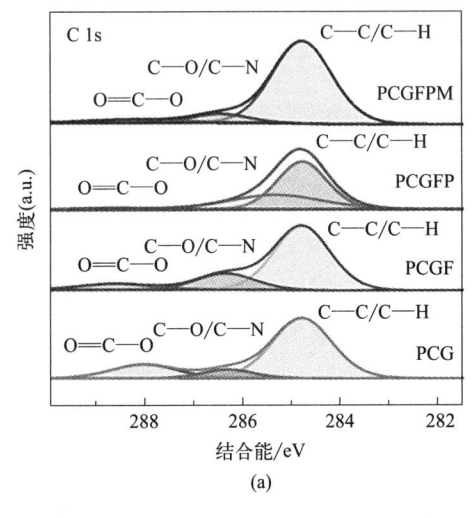

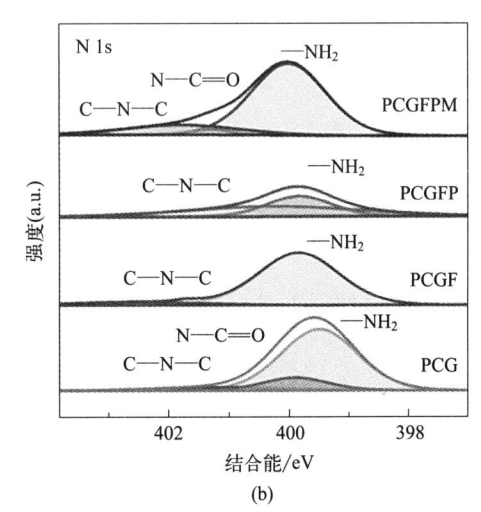

图 5-52

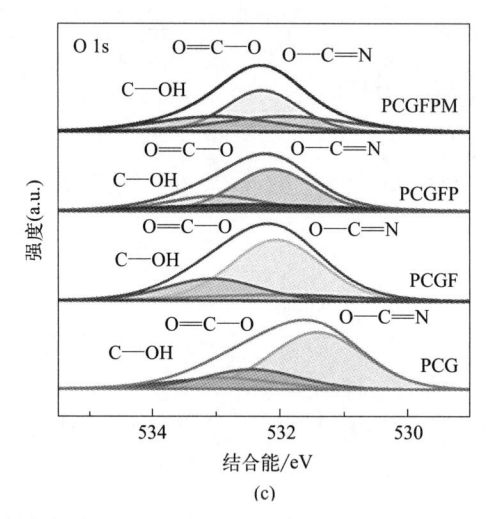

图 5-52　四种水凝胶在（a）C 1s、（b）N 1s、（c）O 1s 轨道的 XPS 表征

如图 5-54 所示，PCGFPM 水凝胶可以承受 500g 的砝码重量并且能够抵御锋利物体，证明其具有非常强的韧性。

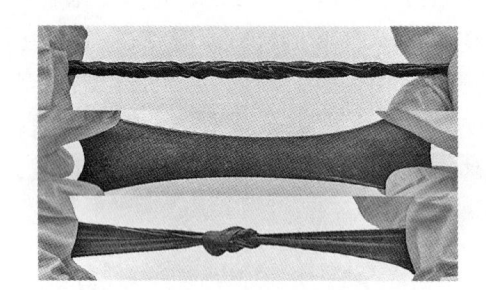

图 5-53　PCGFPM 水凝胶的柔性展示

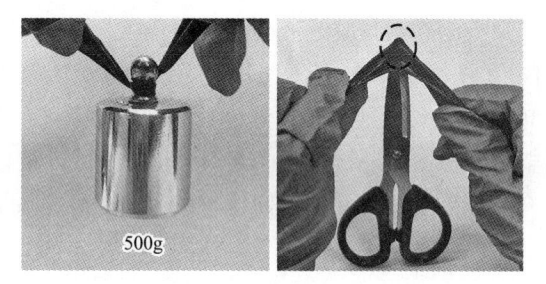

图 5-54　PCGFPM 水凝胶的韧性展示

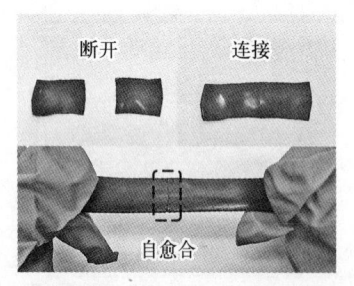

图 5-55　PCGFPM 水凝胶的自愈合性能

如图 5-55 所示，将断开的两部分 PCGFPM 水凝胶重新连接后，水凝胶可以自行愈合，这个特性保证了水凝胶长期使用中的稳定性。

如图 5-56 所示，PCGFPM 水凝胶对塑料、纸、皮肤、橡胶、玻璃、金属等多种材料均展现出良好的自黏性能，这个特性主要源于水凝胶中丰富的官能团与外部材料之间产生了氢键。

为了进一步优化 PCGFPM 水凝胶的力学性能，此处对 PVA、CCS、甘油、吡咯、cMWCNT 这五组材料各设置了五种不同浓度参数。如图 5-57 所示，当 PVA 浓度增加时，水凝胶的力学性能与导电性能均呈现出先增后减的变化趋势。当 PVA 浓度为 7%（质量分数，下同）时，水凝胶性能达到最佳。

图 5-56　PCGFPM 水凝胶自黏性能及对应化学键原理

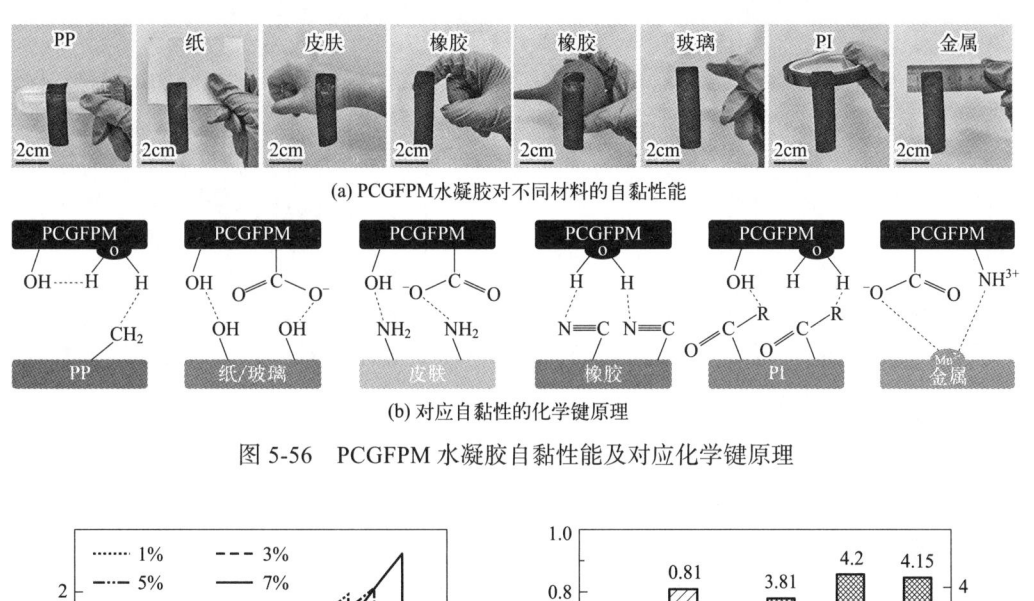

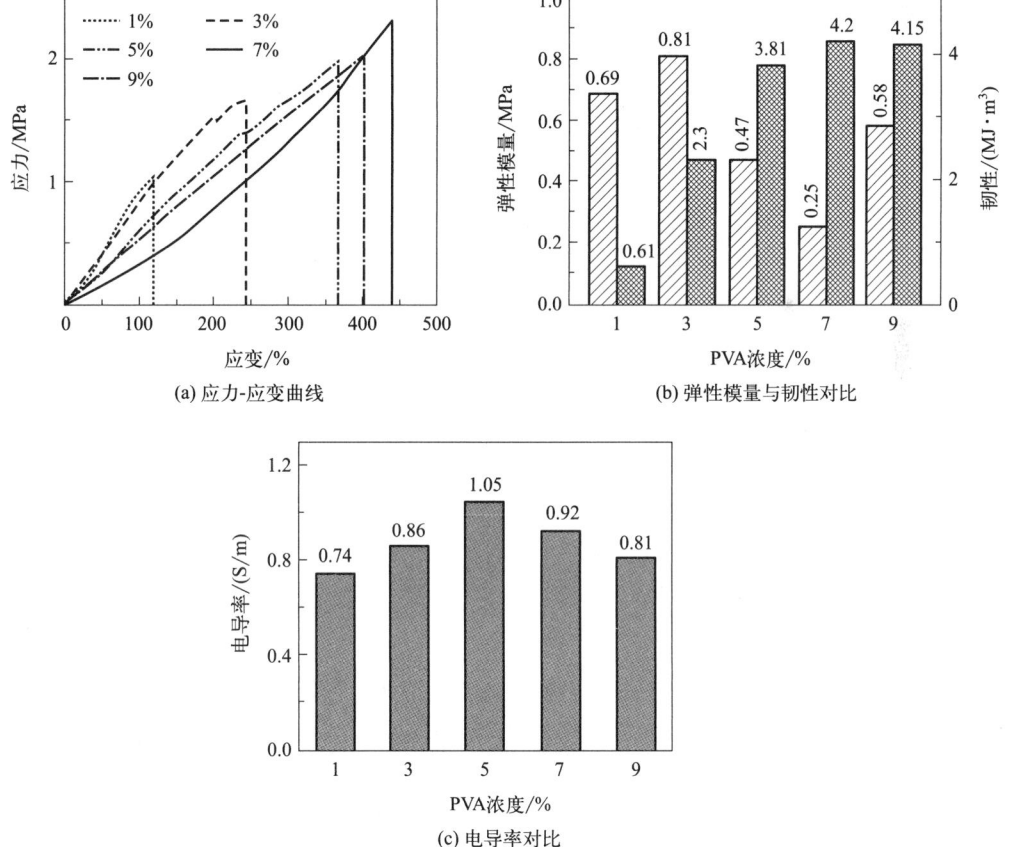

图 5-57　不同 PVA 浓度下 PCGFPM 水凝胶的应力-应变曲线、弹性模量和韧性对比与电导率对比

CCS 是水凝胶的第二重网络基底，如图 5-58 所示，随着 CCS 浓度的增加，CCS 与 PVA 的交联也随之增强，而当 CCS 浓度大于 0.5% 时会产生一些过度交联，进一步导致力学性能的下降，因此，0.5% 的 CCS 浓度与 PVA 第一重网络基底的交联状态能够达到最佳效果。

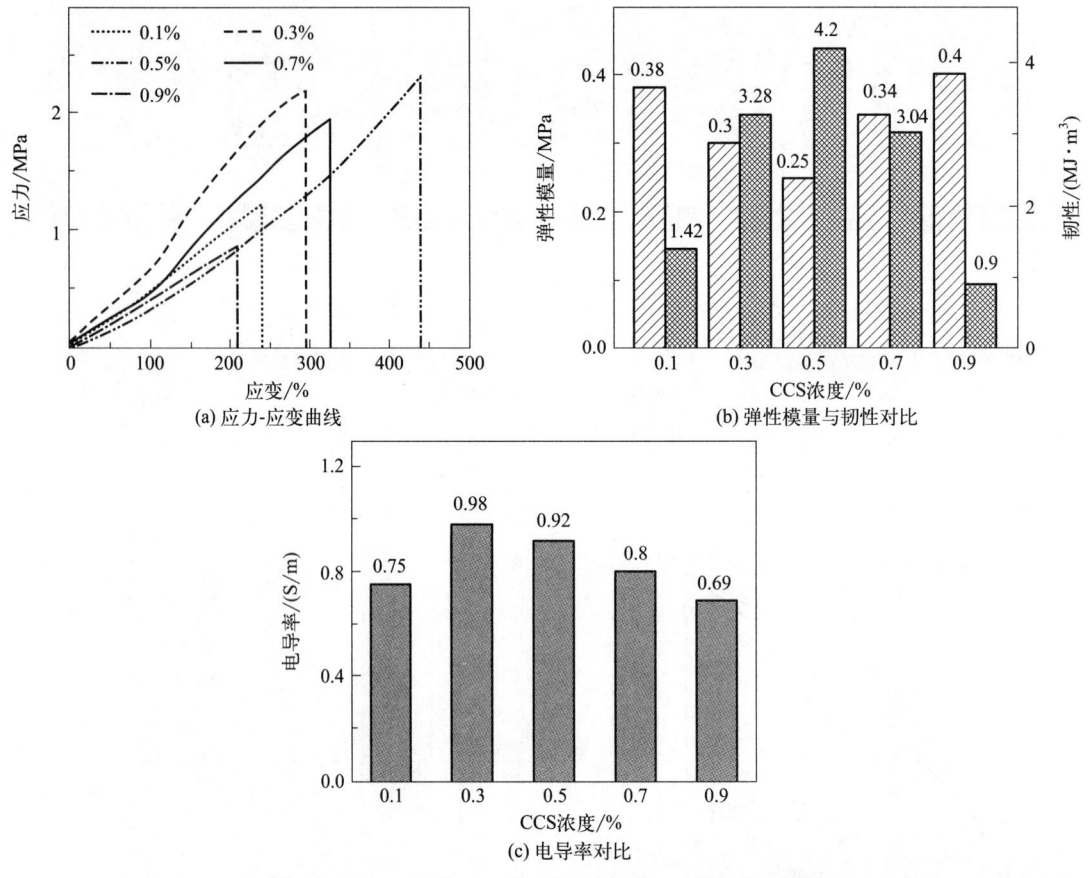

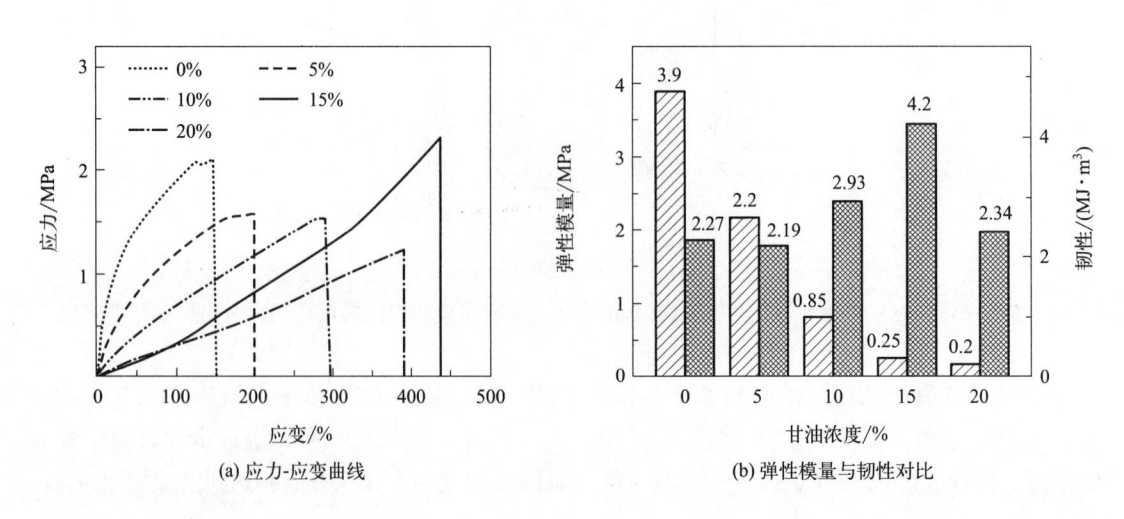

图 5-58　不同 CCS 浓度下 PCGFPM 水凝胶的应力-应变曲线、弹性模量和韧性对比与电导率对比

如图 5-59 所示，甘油浓度的增加可以有效提升水凝胶力学性能与抗冻性能，但过度的甘油会导致水凝胶导电性能的下降，因此，由图中可知 15% 的甘油浓度能够使水凝胶各方面性能达到最优。

(c) 电导率对比

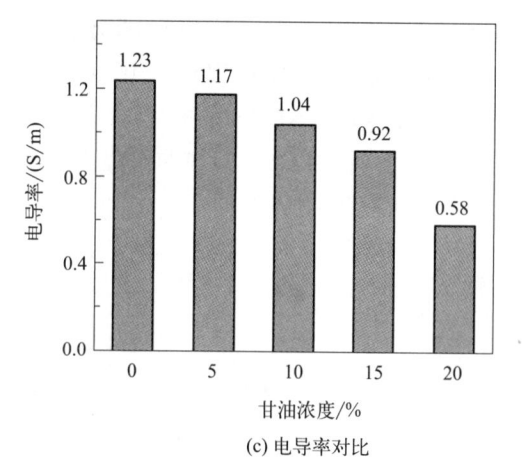

图 5-59　不同甘油浓度下 PCGFPM 水凝胶的应力 - 应变曲线、弹性模量和韧性对比与电导率对比

如图 5-60 所示，吡咯作为导电材料聚吡咯的前驱体，其浓度的增加可以有效提升水凝胶的导电性能，而当吡咯浓度大于 0.8% 时会产生过度交联现象，导致水凝胶性能的下降。

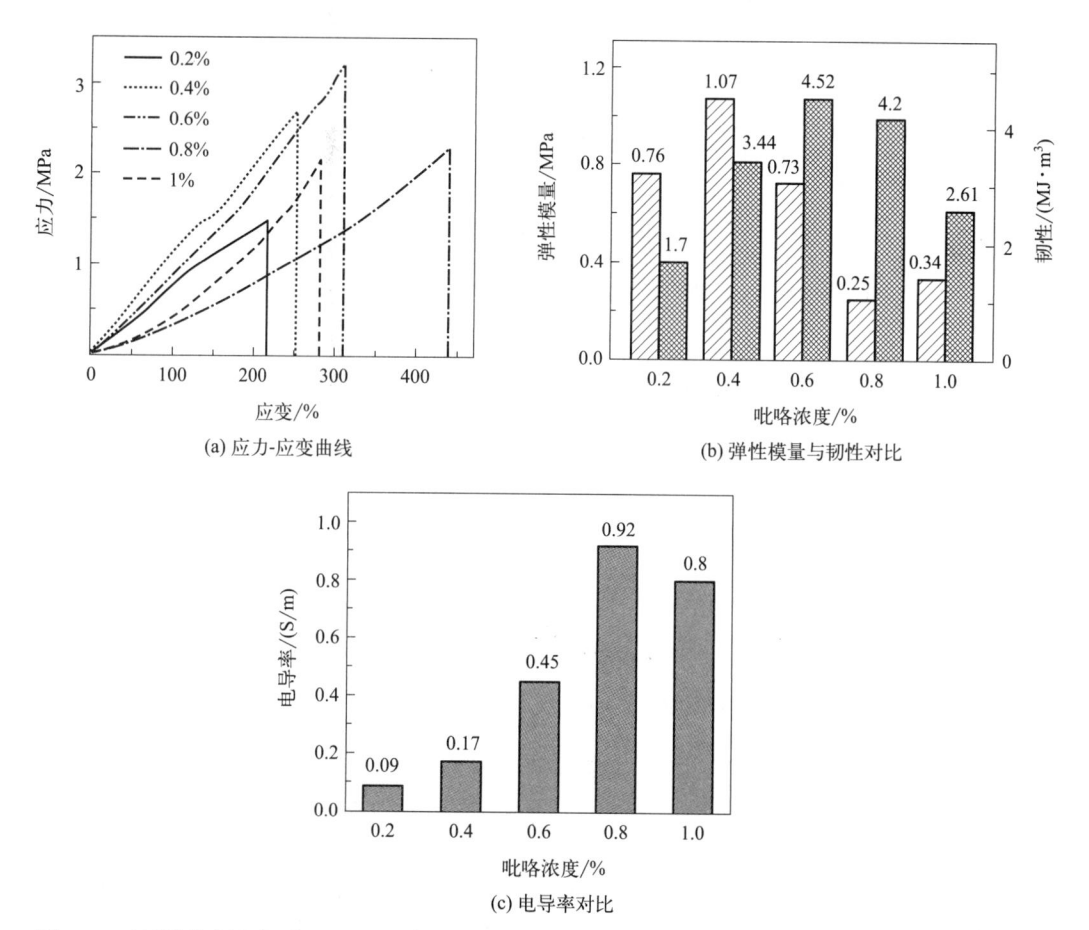

(a) 应力-应变曲线

(b) 弹性模量与韧性对比

(c) 电导率对比

图 5-60　不同吡咯浓度下 PCGFPM 水凝胶的应力 - 应变曲线、弹性模量和韧性对比与电导率对比

如图 5-61 所示，随着 cMWCNT 浓度的增加，水凝胶的力学性能与导电性能均呈现出先增后减的趋势，而 0.8% 的 cMWCNT 浓度可以最大化提升水凝胶性能。因此，当水凝胶溶液中配备 7% 的 PVA、0.5% 的 CCS、15% 的甘油、0.8t% 的吡咯以及 0.8% 的 cMWCNT 时，PCGFPM 水凝胶的力学性能与导电性能同时达到最佳，此时断裂伸长率为 438%，韧性为 4.2MJ·m³，电导率为 0.92S/m。

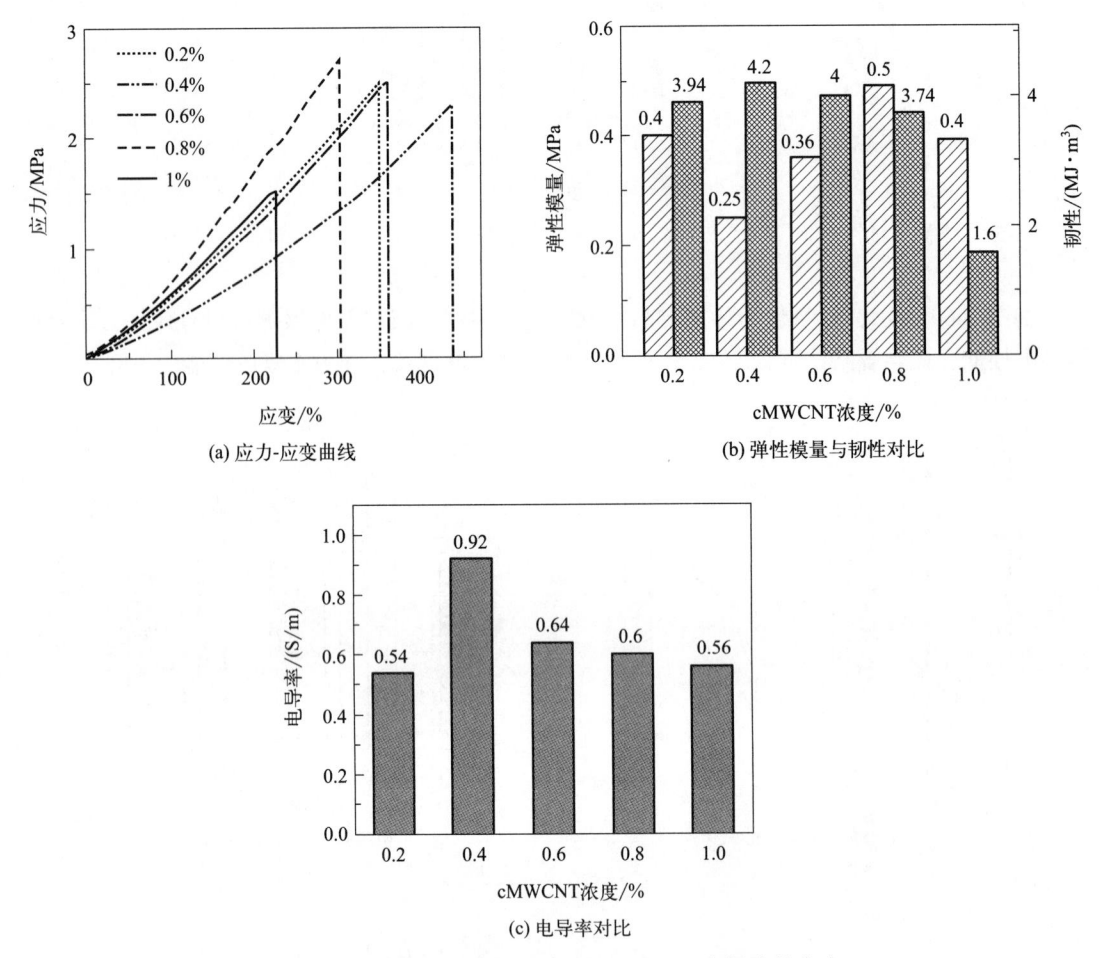

(a) 应力-应变曲线

(b) 弹性模量与韧性对比

(c) 电导率对比

图 5-61 不同 cMWCNT 浓度下 PCGFPM 水凝胶的应力-应变曲线、弹性模量和韧性对比与电导率对比

如图 5-62（a）所示，在不同加载速度下，三条应力-应变曲线几乎重叠，证明了其机械稳定性。如图 5-62（b）所示，在连续不同应变加载下，随着应变的增加，弹性模量呈现下降趋势，且上一循环曲线所围成的区域与下一循环区域几乎没有交集，这些特性表明水凝胶在拉伸循环中能够有效消散能量。在图 5-62（c）中，第一次加载卸载曲线的迟滞区域明显比后续曲线大，这说明水凝胶在第一次加载卸载过程中内部化学交联产生了破坏，而后续曲线的迟滞区域明显变小且几乎重叠，证明了内部化学交联的重新建立。

(a) 不同加载速度下的应力-应变曲线

(b) 不同应变下的加载卸载曲线

(c) 同一应变下的十次加载卸载曲线

图 5-62　PCGFPM 水凝胶的力学性能测试

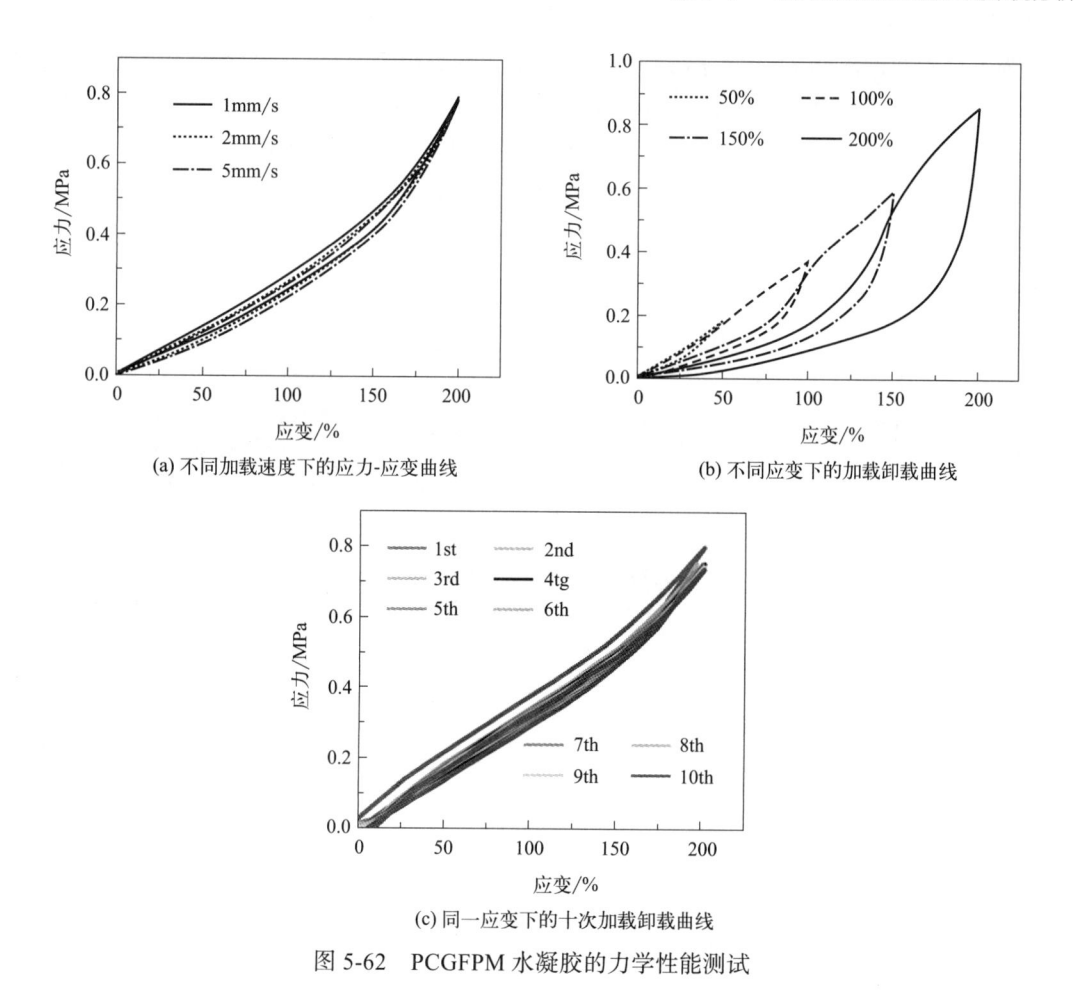

如图 5-63 所示，随着水凝胶溶液中甘油浓度的增加，PCGFPM 水凝胶的冰点逐渐降低，当甘油浓度高于 15% 时，水凝胶的热流量曲线在 -80 ～ 20℃ 的区间内均没有明显的吸热与放热现象，证明了其可以抵御低于 -80℃ 的极低温度。

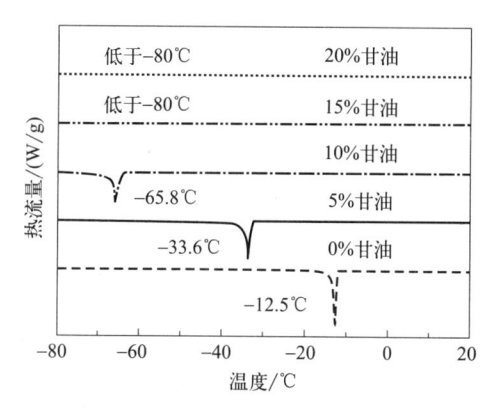

图 5-63　不同浓度甘油 PCGFPM 水凝胶的热流量曲线对比

为了更直观体现 PCGFPM 水凝胶的抗冻性能，此处引入了另一个只由水作为唯一溶剂的 PVA/CCS 水凝胶（PCW）作为对照。如图 5-64 所示，在室温下三个水凝胶均展现出良好柔韧性，当温度下降到 -20℃时 PCW 水凝胶变硬且失去柔性，当温度继续降到 -80℃时由 5% 甘油构成的 PCGFPM 水凝胶也失去了柔韧性，而由 15% 甘油构成的 PCGFPM 水凝胶即使在 -60℃的低温下也可以被任意弯曲、折叠和扭转，展现了其良好的抗冻性能与在极端环境下的应用潜力。

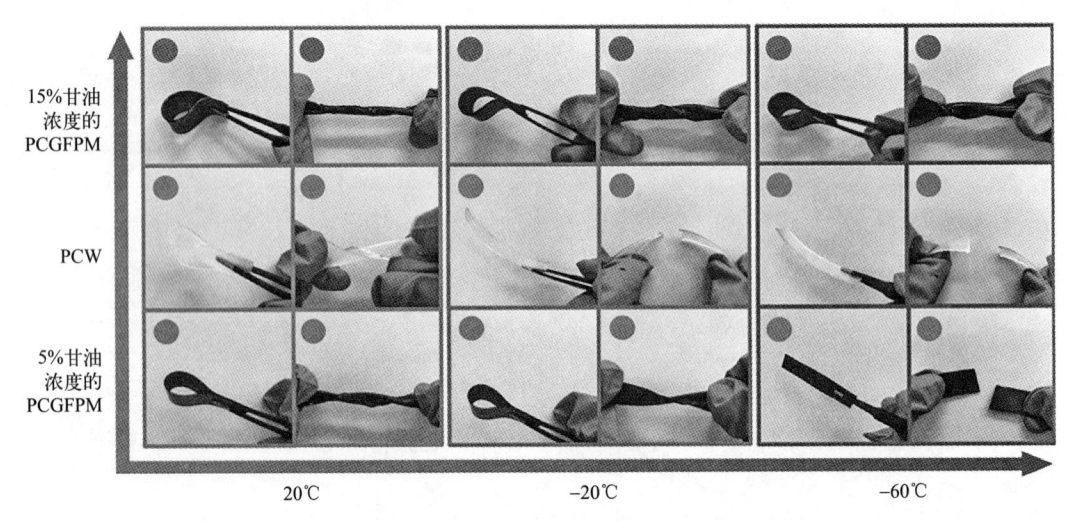

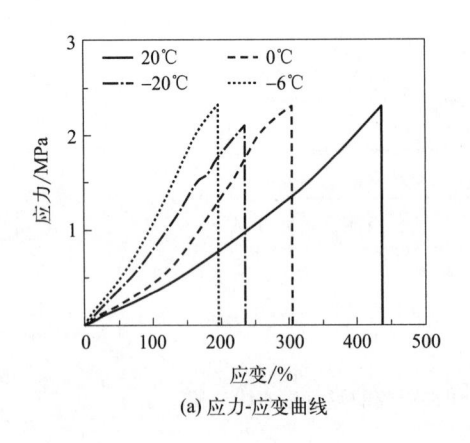

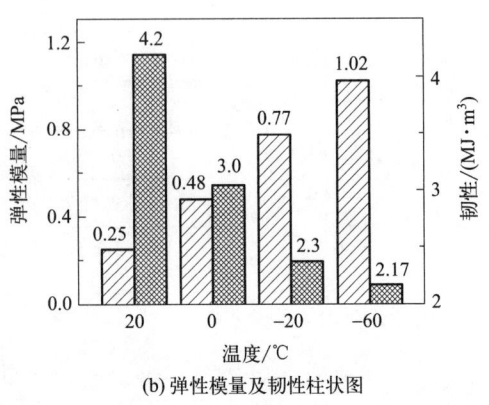

图 5-64 不同甘油浓度 PCGFPM 水凝胶在不同温度下的柔韧性对比

如图 5-65 所示，随着温度的降低，PCGFPM 水凝胶内部的交联逐渐紧密，导致水凝胶弹性模量的升高以及韧性和电导率的降低，但即使在 -60℃的低温下水凝胶力学性能虽有所下降，但仍能保证其作为可穿戴柔性器件的正常工作。

如图 5-66 所示，随着温度的逐渐降低，PCGFPM 水凝胶的传感性能呈现出衰减的趋势，两个线性区间内的灵敏度（GF_1 以及 GF_2）和工作范围都逐步缩小，但即使在 -60℃的低温下，衰减后的传感性能仍能维持水凝胶的正常工作。

(a) 应力-应变曲线

(b) 弹性模量及韧性柱状图

(c) 电导率柱状图

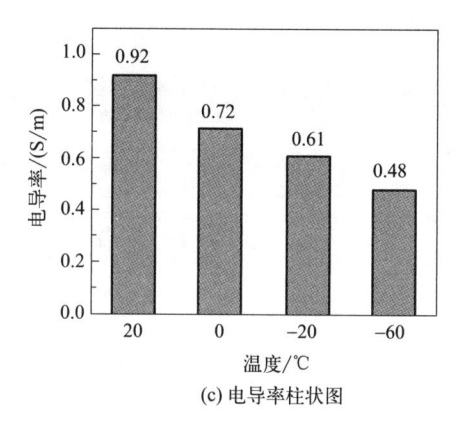

图 5-65 PCGFPM 水凝胶在不同温度下的力学性能对比

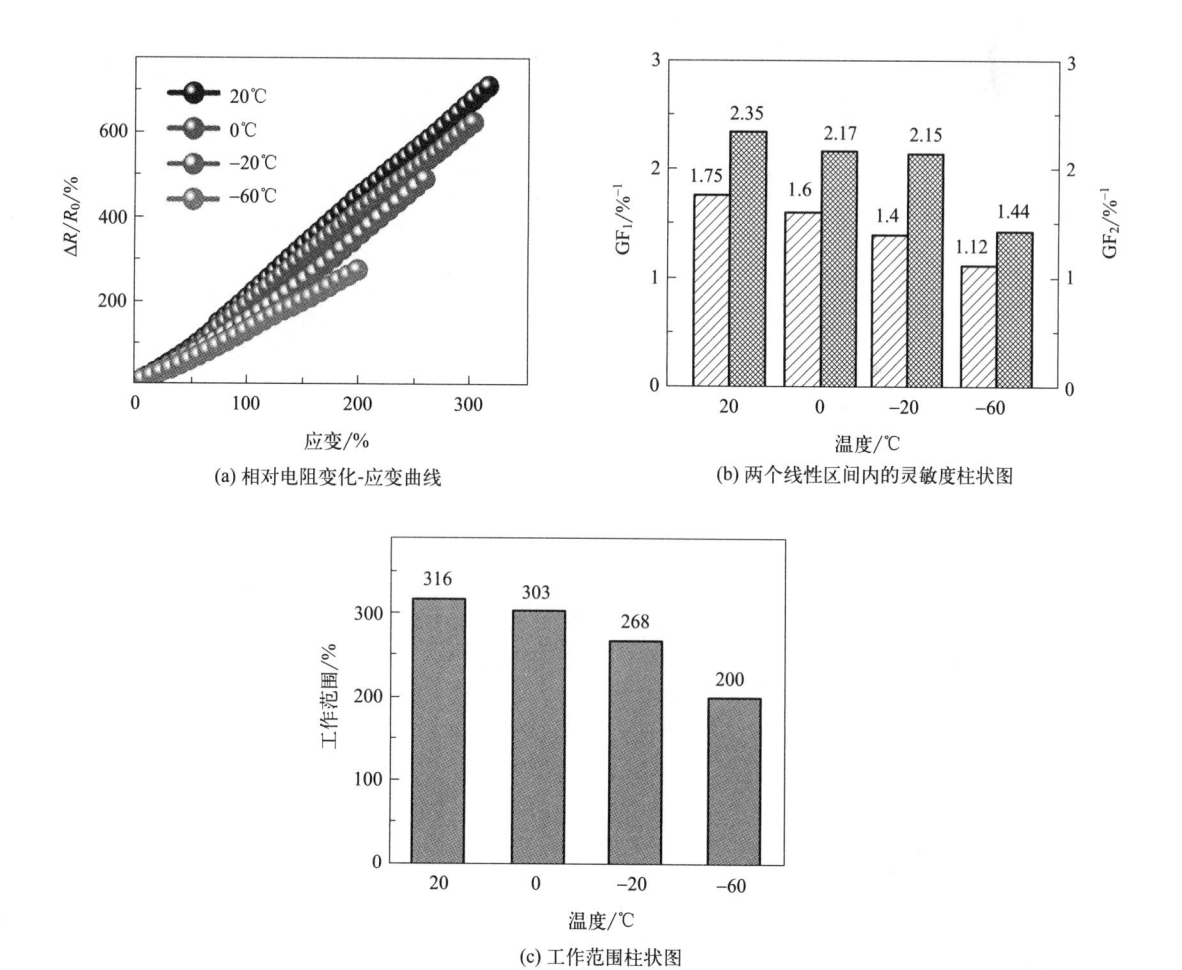

(a) 相对电阻变化-应变曲线

(b) 两个线性区间内的灵敏度柱状图

(c) 工作范围柱状图

图 5-66 PCGFPM 水凝胶在不同温度下的传感性能对比

如图 5-67 所示，在三种不同低温下对 PCGPFM 水凝胶分别实施连续 1000 次的加载卸载，得到的曲线整体呈现出平滑状态且没有明显波动，证明了其在低温环境下的传感稳定性。

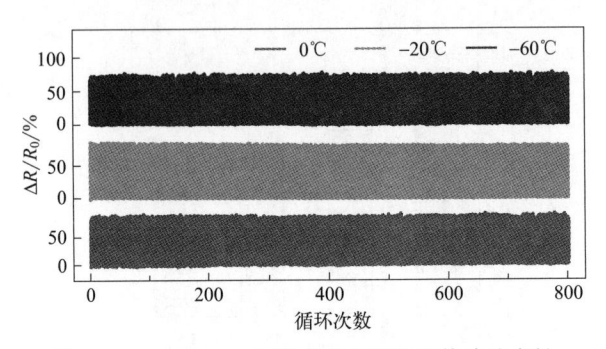

图 5-67　PCGFPM 水凝胶在低温下的传感稳定性

如图 5-68 所示，随着工作时间的延长，PCGFPM 水凝胶内部交联更加紧密，弹性模量随之增大而断裂伸长率与电导率呈现减小的趋势。

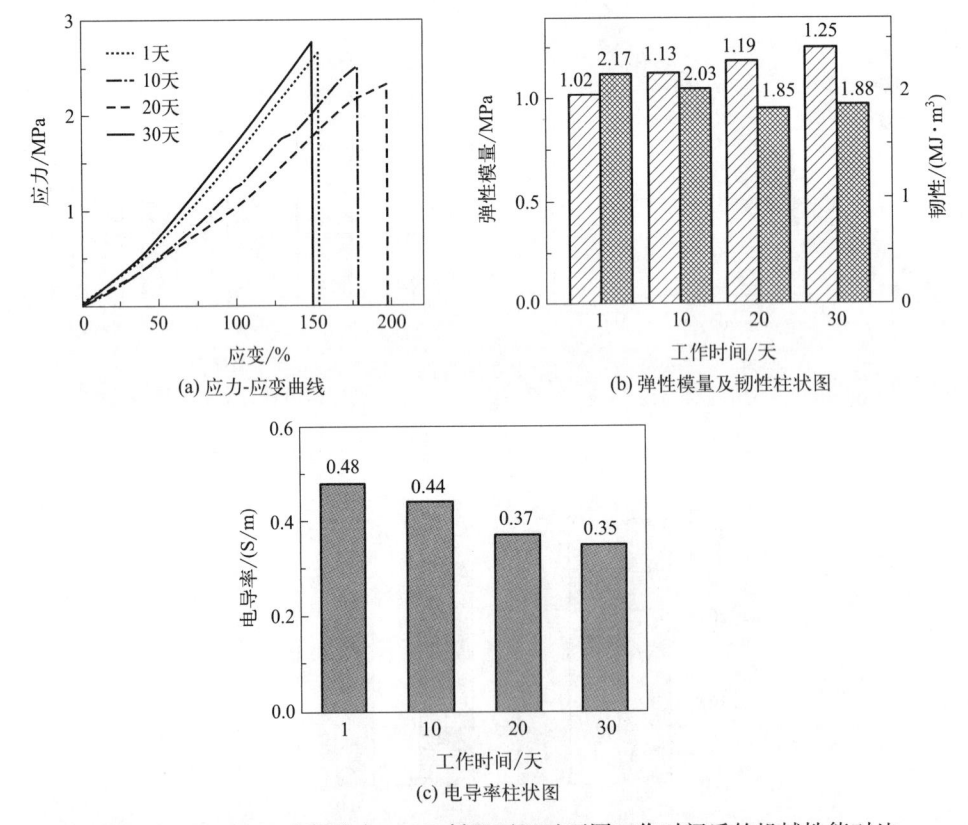

(a) 应力-应变曲线

(b) 弹性模量及韧性柱状图

(c) 电导率柱状图

图 5-68　PCGFPM 水凝胶在 -60℃ 低温下经过不同工作时间后的机械性能对比

如图 5-69 所示，水凝胶的传感性能随着工作时间的增加同样呈现出衰减的趋势，但即使连续工作 30 天，水凝胶的力学性能与传感性能相比于原始状态均未发生较大改变和波动，证明了其长期使用的稳定性与实用性。

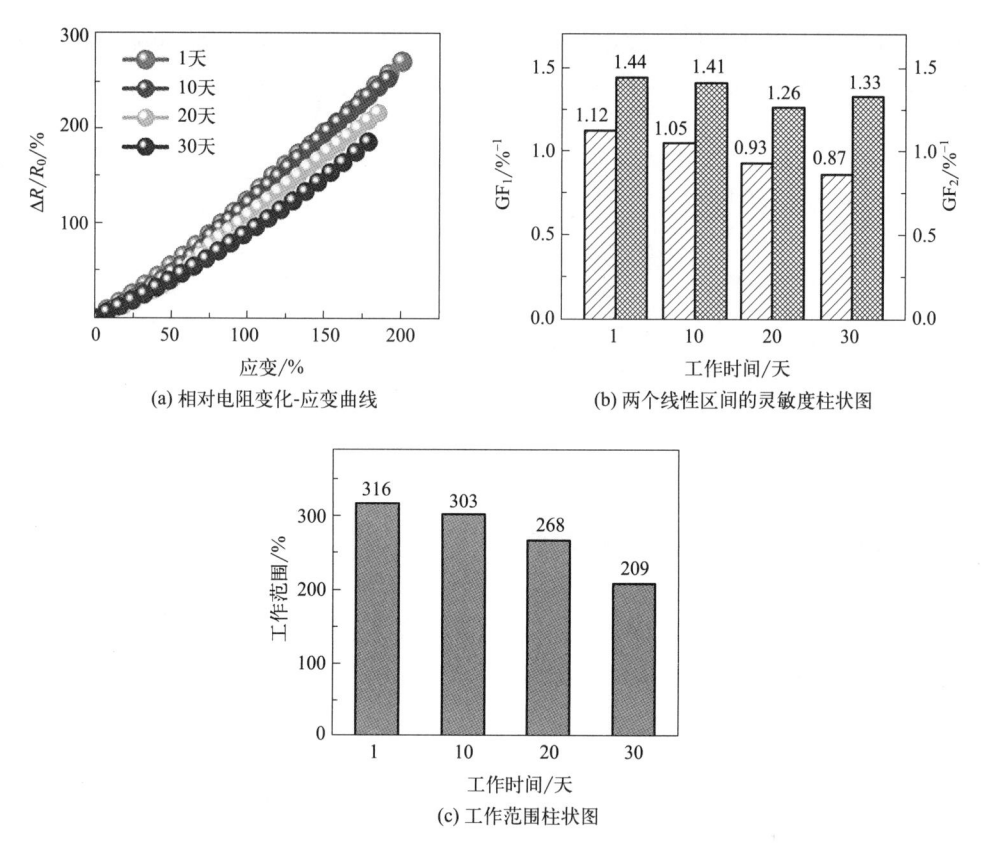

图 5-69 PCGFPM 水凝胶在 -60℃低温下经过不同工作时间后的传感性能对比

如图 5-70 所示,将水凝胶与小灯泡连接,应变增大时水凝胶电阻随之增大,灯泡亮度减弱,将水凝胶剪短,灯泡熄灭,再次将两部分连接后灯泡重新点亮,证明了 PCGFPM 水凝胶的电学自愈合性能。

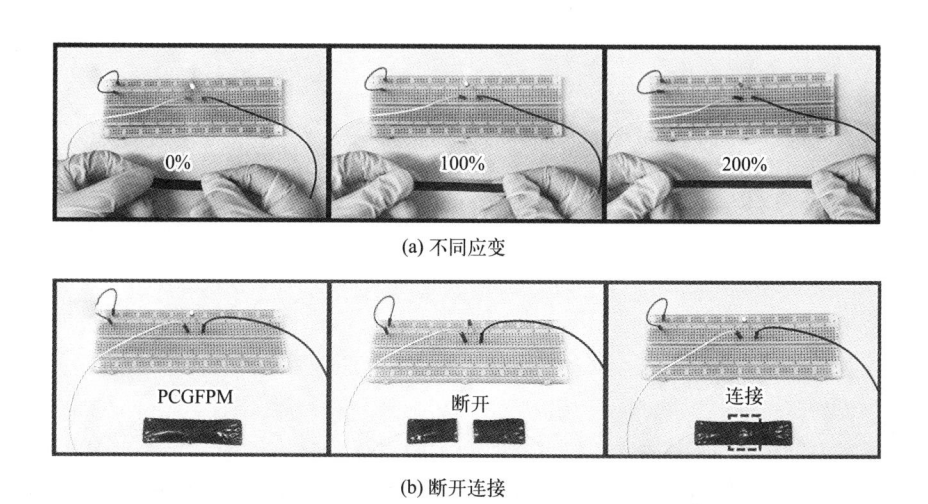

图 5-70 PCGFPM 水凝胶在不同应变下和断开连接下的电学性能

如图 5-71 所示，将 PCGFPM 水凝胶固定在金属笔尖形成电容笔，能够顺利控制手机屏幕拨打和接听电话、画画、写字等多种行为，展现了其作为可穿戴器件以及电子皮肤的潜力。

图 5-71　PCGFPM 水凝胶电容笔

5.5.2　超疏水凝胶应变传感器性能测试

如图 5-72 所示，超疏水 PCGFPM 水凝胶应变传感器主要由 PCGFPM 水凝胶以及超疏水封装层组成。超疏水封装层的基底材料为 Ecoflex，对其分别进行激光雕刻与材料喷涂即可实现超疏水表面。

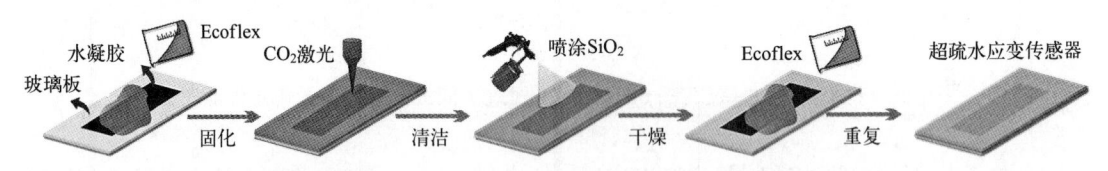

图 5-72　超疏水 PCGFPM 水凝胶应变传感器的制备流程

图 5-73 进一步解释了超疏水表面的形成机制，其中水滴接触角（WCA）可由以下公式计算：

$$\cos\theta = f\frac{\gamma_{SG} - \gamma_{SL} + \gamma_{LG}}{\gamma_{LG}} - 1 \tag{5-1}$$

式中　γ_{SG}，γ_{SL}，γ_{LG}——分别表示固-气、固-液、气-液间的界面张力；
　　　　f——水滴与材料表面接触的面积积分，可由下式得出：

$$f = \pi^{\frac{1}{2}}\left(\frac{\sigma_m}{R_m}\right)^{-\frac{1}{2}}\left(\frac{1-v^2}{E}\right)F_n \tag{5-2}$$

式中　σ_m，R_m，v，E——分别表示材料的尖峰高度分布标准差、平均凹凸半径、泊松比和弹性模量；
　　　　F_n——液滴与材料接触界面的法向力。

从结构方面看，由激光和喷涂共同构成的分级结构增加了材料的粗糙度，导致 σ_m 增大以及 R_m 的减小；从材料方面看，喷涂材料 SiO_2 属于低表面能材料，其附着会导致 γ_{SG} 减小且

γ_{SL} 增大,根据以上两个公式,这些变化均会导致 WCA 的进一步增加,最终构成超疏水表面。

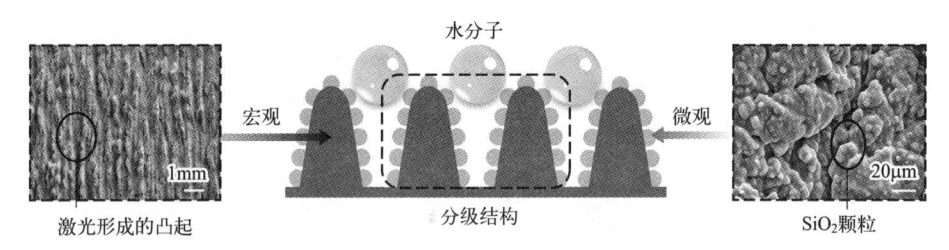

图 5-73 超疏水表面的分级结构示意图

激光功率与扫描速率是激光雕刻时的两个重要参数,如图 5-74 所示,对每个参数进行五组对比实验,当激光功率为 8.7% 且扫描速率为 400mm/s 时,材料表面的 WCA 达到最大,为 159.1°。

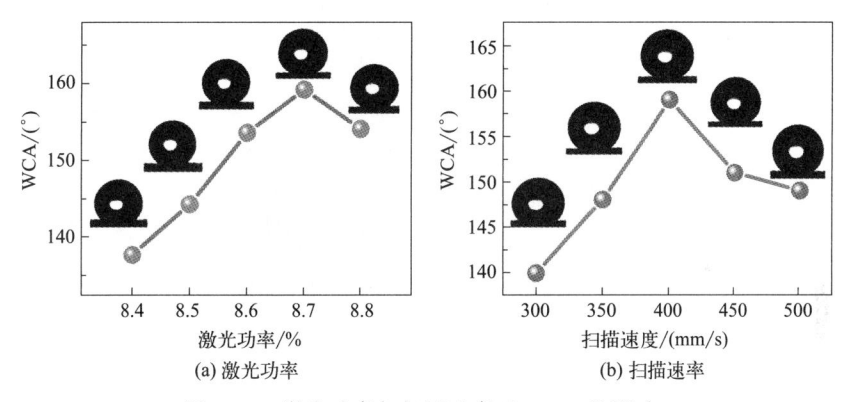

图 5-74 激光功率与扫描速率对 WCA 的影响

如图 5-75 所示,经过超疏水改性的材料表面 WCA 达到 159.1°且 Ecoflex 颜色变为半透明状。

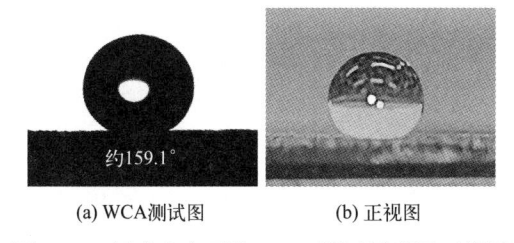

图 5-75 超疏水表面的 WCA 测试图以及正视图

如图 5-76 所示,水滴在接触材料表面后能够完全从表面分离,充分证明了其优异的不湿性能。

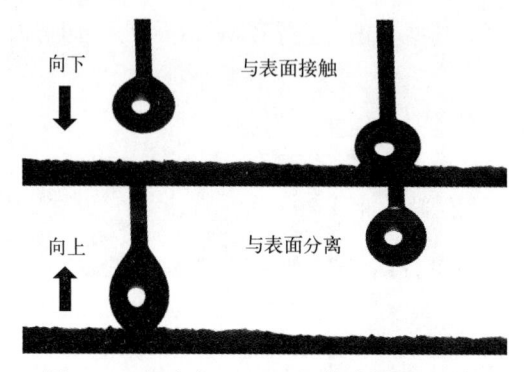

图 5-76 超疏水 PCGFPM 传感器的不湿性

如图 5-77 所示,将 PCGFPM 传感器完全浸入水中,材料表面出现"银镜效应",表面的气泡层可以有效阻隔水分子浸入传感器内部。

图 5-77 超疏水 PCGFPM 水凝胶应变传感器浸入水中

如图 5-78 所示,在拉伸状态下,材料表面的水滴依旧保持球形,证明了其在拉伸情况下的疏水稳定性。

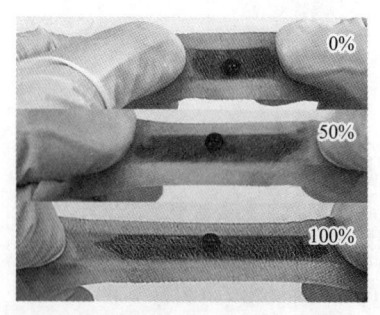

图 5-78 超疏水 PCGFPM 水凝胶应变传感器在拉伸下的疏水性能

如图 5-79 所示,对于不同 pH 值、不同种类的液体,液滴在传感器表面均维持球形,证明了其对多种液体均具备良好的排斥性能。

图 5-79 超疏水 PCGFPM 水凝胶应变传感器对于其他液体的疏水性能

如图 5-80 所示，PCGFPM 应变传感器的相对电阻变化随应变的增加呈现增长趋势，且传感器在两个线性响应区间内的灵敏度分别为 1.75 与 2.35，两段的线性度均大于 0.997，展现出极强的传感可靠性。

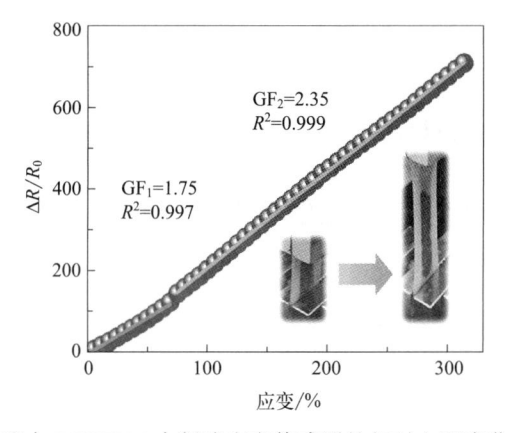

图 5-80 超疏水 PCGFPM 水凝胶应变传感器的相对电阻变化 - 应变曲线

对 PCGFPM 应变传感器分别施加五个较小拉力与五个较大拉力，得到的电阻响应曲线如图 5-81 所示。随着施加拉力的增加，电阻的变化明显增大，且拉力释放后电阻立刻回到初始值，展现出极好的循环响应特性。

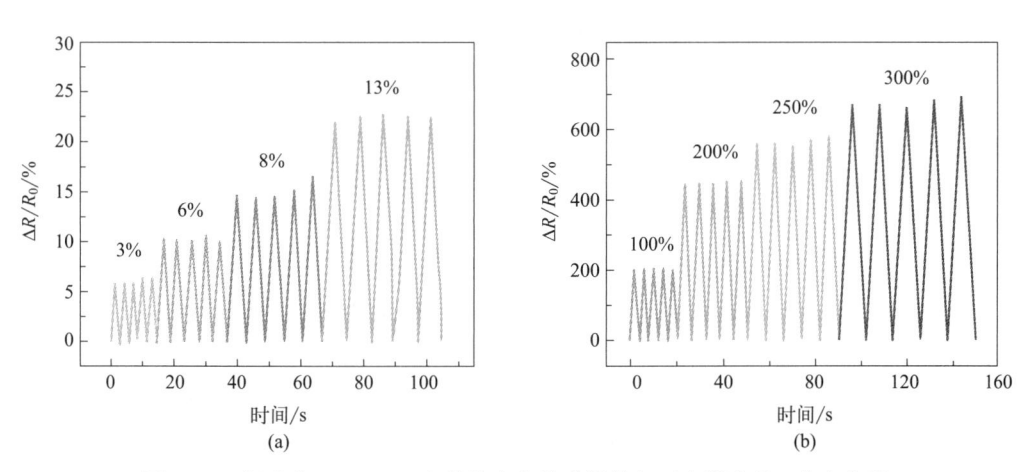

图 5-81 超疏水 PCGFPM 水凝胶应变传感器的相对电阻变化 - 应变曲线

如图 5-82 所示，当采用不同频率施加相同应变时，PCGFPM 传感器电阻响应曲线的幅值保持不变，且相同时间内信号的数量与施加频率呈对应关系。

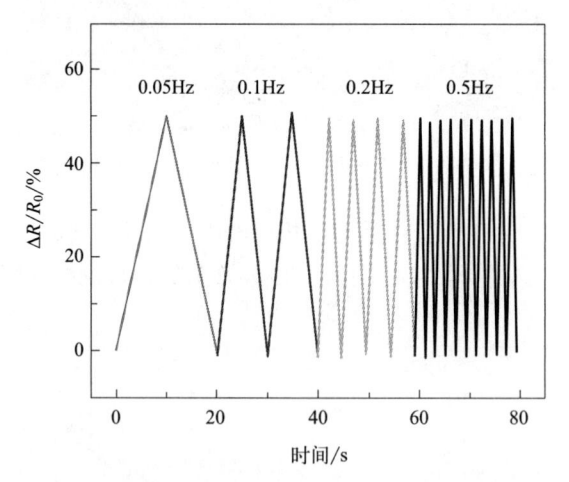

图 5-82　超疏水 PCGFPM 水凝胶应变传感器在不同频率下的响应曲线

如图 5-83 所示，在不同应变下，电流与电压均呈现正比关系，证明了其电阻的稳定性，体现了传感器优异的欧姆特性。

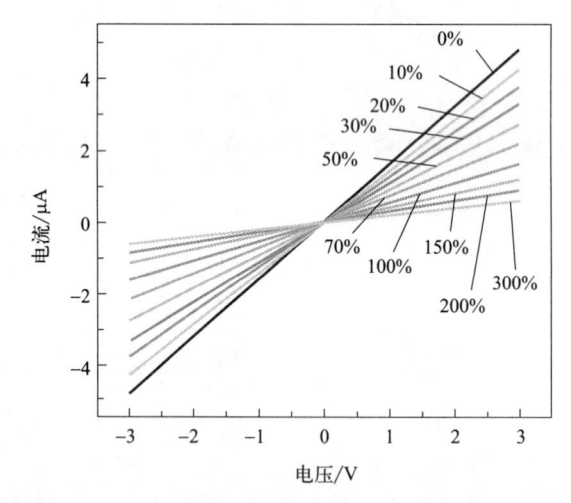

图 5-83　超疏水 PCGFPM 水凝胶应变传感器在不同应变下的电流 - 电压曲线

如图 5-84 所示，以相同速度对 PCGFPM 传感器进行加载和卸载，两条曲线几乎重叠，计算得出迟滞值约为 3.36%，说明传感器在加载卸载过程中损失的能量极小，展现了该传感器结构的稳定性。

将响应恢复时间定义为达到稳定值 90% 所需要的时间间隔，如图 5-85 所示，PCGFPM 传感器的响应时间与恢复时间分别为 84ms 和 63ms，快速的响应恢复保证了传感器在动态信号下采集信号的能力。

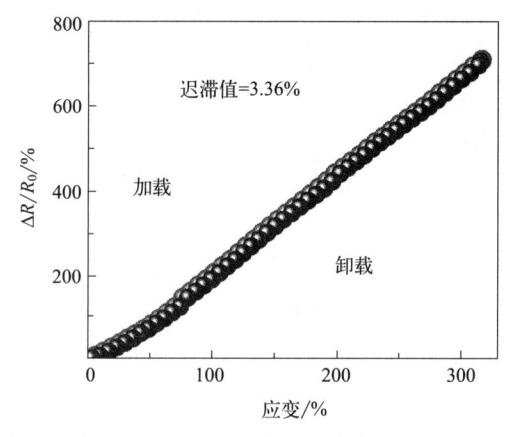

图 5-84 超疏水 PCGFPM 水凝胶应变传感器的加载和卸载曲线

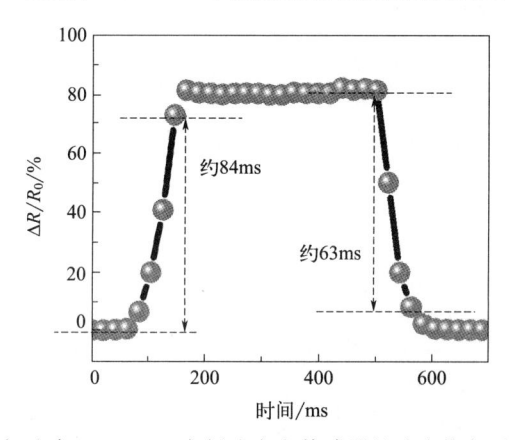

图 5-85 超疏水 PCGFPM 水凝胶应变传感器的响应恢复时间测试图

如图 5-86 所示,将 PCGFPM 传感器与人体不同部位结合,随着手肘、手腕、膝盖、脖子的弯曲程度增大,传感器的电阻响应随之增加,在人体运动监测、可穿戴器件与健康监测方面展现出极强的应用潜力。

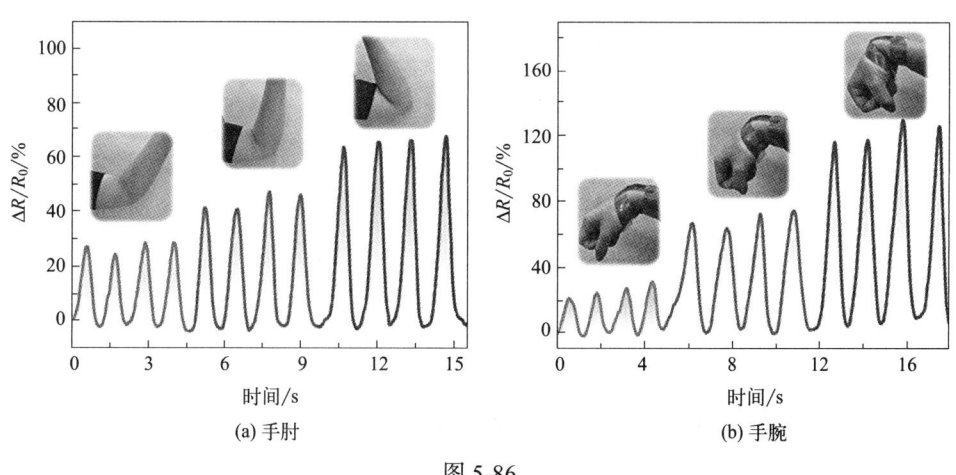

(a) 手肘

(b) 手腕

图 5-86

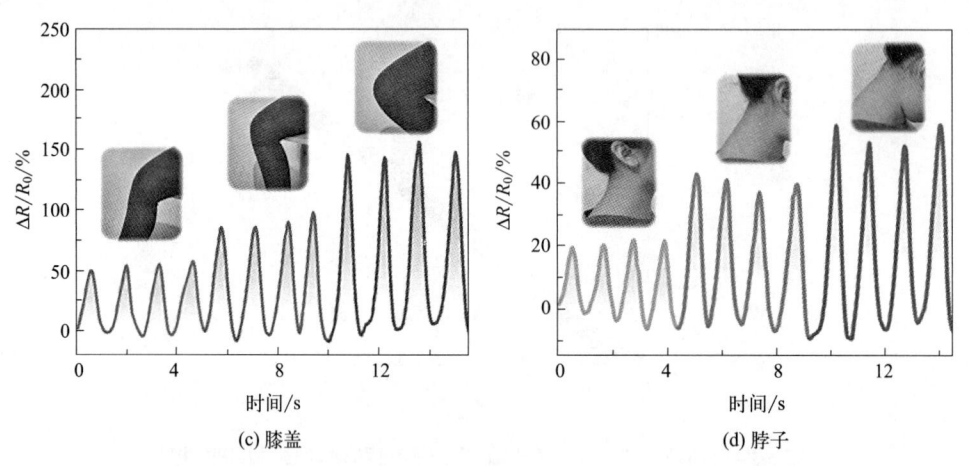

图 5-86　超疏水 PCGFPM 水凝胶应变传感器对手肘、手腕、膝盖、脖子弯曲的采集

如图 5-87 所示，PCGFPM 水凝胶传感器在超疏水性能、韧性、抗冻性、灵敏度、工作范围、响应时间、稳定性等多个方面内均表现出优异性能，相比于已提出的水凝胶展现出良好的综合性能。

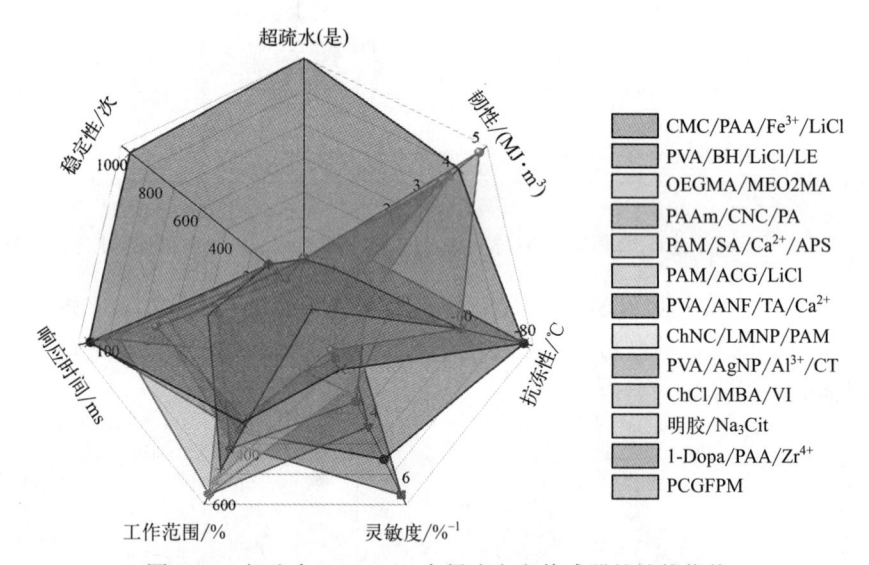

图 5-87　超疏水 PCGFPM 水凝胶应变传感器的性能优势

将 PCGFPM 水凝胶传感器以相同应变加载卸载 1000 次得到如图 5-88 所示的循环稳定性测试图，循环多次后的电阻响应曲线相比于开始测试时曲线的波形与幅度几乎保持一致，证明了其在长期使用过程中的稳定性。

如图 5-89 所示，在原始状态下，由 PVA 和 CCS 共同构成的双重网络呈现出卷曲的聚合链结构，当产生较小应变时，聚合链的卷曲程度减小，CCS 及周围所包覆的 PPy 与 cMWCNT 导电单元之间的距离进一步拉大，在应变逐渐增大时，更多的交联结构被破坏，导致传感器电阻在两个应变阶段中均呈现出增加趋势。

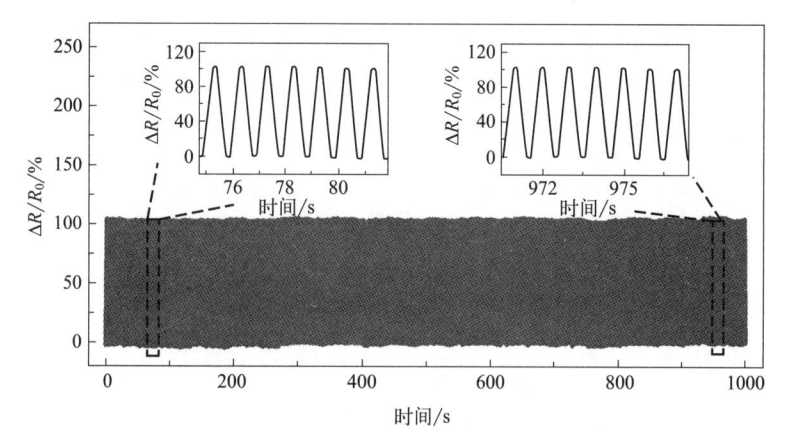

图 5-88 超疏水 PCGFPM 水凝胶应变传感器的循环稳定性

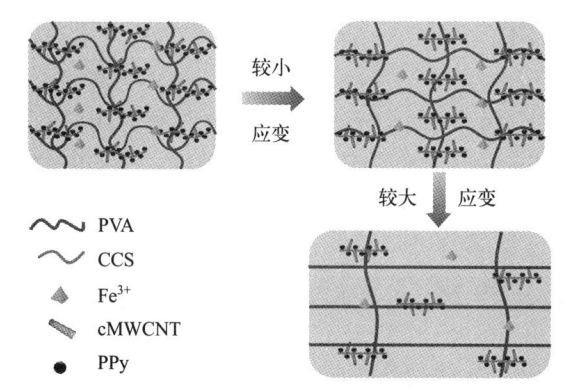

图 5-89 超疏水 PCGFPM 水凝胶应变传感器的传感机理

如图 5-90 所示,当不加超疏水层保护时,PCFFPM 水凝胶对于水下信号的采集曲线呈现出杂乱的状态,而左侧引入超疏水层保护的水凝胶传感器采集的手指弯曲信号波形光滑且变化规律,展现了超疏水 PCGFPM 应变传感器强大的水下信号采集能力。

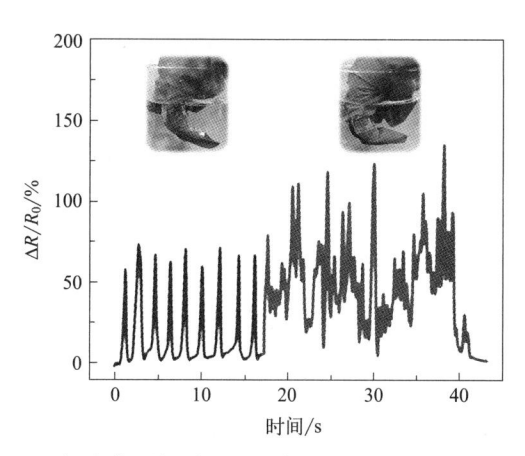

图 5-90 超疏水层的引入对于水凝胶水下信号采集的影响

如图 5-91 所示，超疏水 PCGFPM 水凝胶传感器对水下手指弯曲信号的采集相比于空气中的曲线波形与幅度并无明显变化，且电阻响应随着手指弯曲角度的增加逐渐加大，验证了 PCGFPM 智能手套在水下应用的可能性。

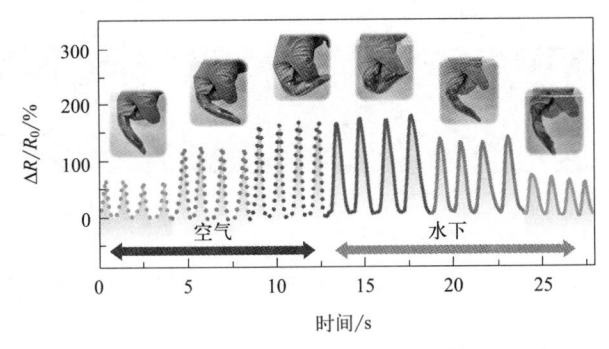

图 5-91　超疏水 PCGFPM 水凝胶应变传感器的传感机理

以实验室常用橡胶手套为基底，将五个 PCGFPM 传感器用胶带固定在每个手指的位置，采用杜邦线将传感器端口与 Esp 32 微处理器相连最终形成 PCGFPM 智能手套。如图 5-92 所示，将国际上通用的 12 种潜水手势标记为 Label 0 ~ 11。

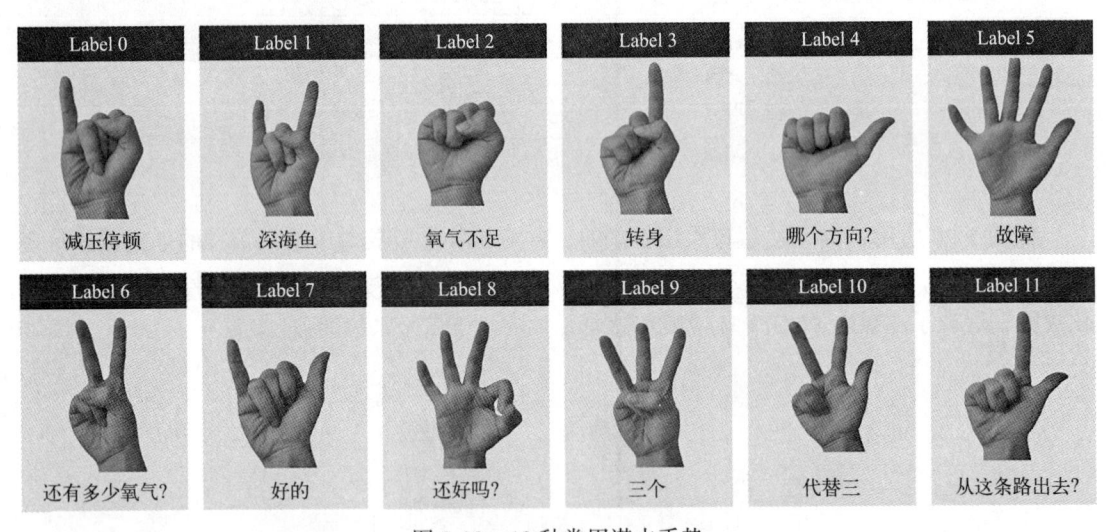

图 5-92　12 种常用潜水手势

如图 5-93 所示，此处采用的 MLP 模型中包含两个输入层与两个 ReLU 层，而输入层与输出层分别包含 5 个和 12 个神经元，分别对应 5 个 PCGFPM 传感器和 12 个手势标签。

采集 12000 个数据（每个标签各 1000 个）进行训练，如图 5-94 所示，得到的混淆矩阵显示最后的分类准确率可达到 99.4%，而 t-SNE 可视化图中每个标签的数据点聚集在一起，充分说明了 MLP 可以有效提取数据特征从而提升分类效率与精度。

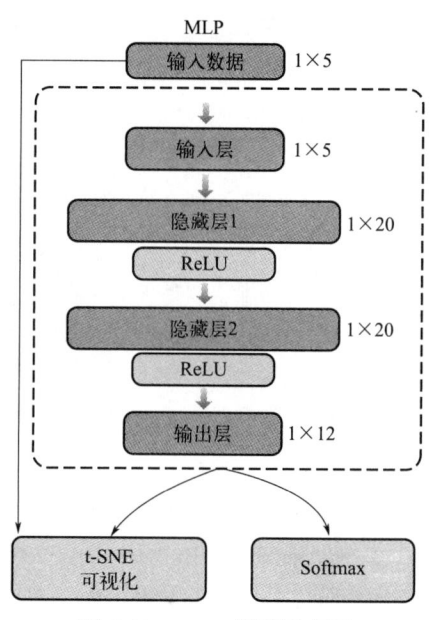

图 5-93　MLP 模型示意图

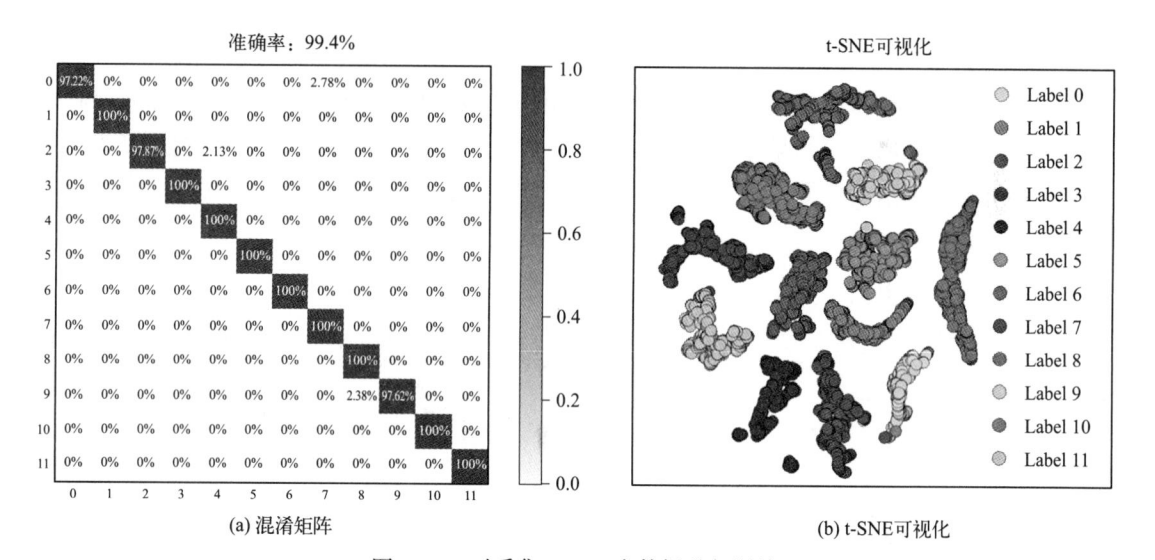

图 5-94　对采集 12000 个数据进行训练

如图 5-95 所示，两条训练曲线与两条有效曲线同时趋于重合，且 20 次训练之后，两条精度曲线趋于平缓而两条损失曲线仍呈现下降趋势，证明了该 MLP 模型强大的归一化能力而不产生过拟合现象。

如图 5-96 所示，随着水下手势的改变，手机界面能够实时显示出正确的识别结果与 5 个手指上的应变曲线。

217

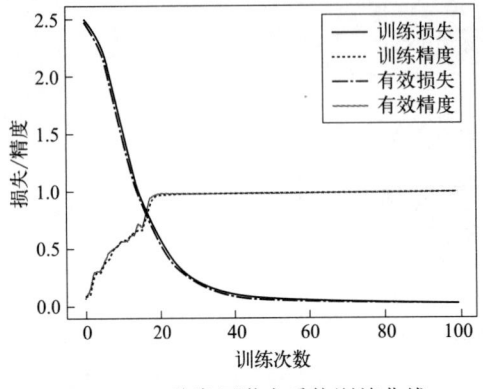

图 5-95　12 种常用潜水手势训练曲线

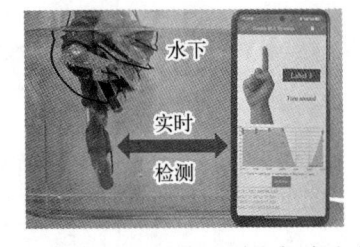

图 5-96　水下手势识别的实时展示

如图 5-97 所示，该水下手势识别系统由传感网络、神经网络与手机界面三部分构成。原始的传感信号由 5 个 PCGFPM 传感器采集，电阻值由 Esp 32 微处理器基于红框内的等效电路计算得出，每个传感器（R_{sensor}）都与一个分压电阻（R_0）串联，采集两个电压点位（A_0 和 A_1）并通过模/数转换器（ADC）量化，电阻计算公式如下：

$$R_{sensor} = \frac{A_0 - A_1}{A_1} R_0 \tag{5-3}$$

通过蓝牙接收到传感数据后，信号在神经网络中被标准化、识别并分类，而标准化后的传感数据曲线与实时识别结果最后在手机界面上显示。此处提出的水下手势识别系统实现了水下与岸上信息的实时交互，在水下通信、人机交互、电子皮肤等领域中展现出极大的应用潜力。

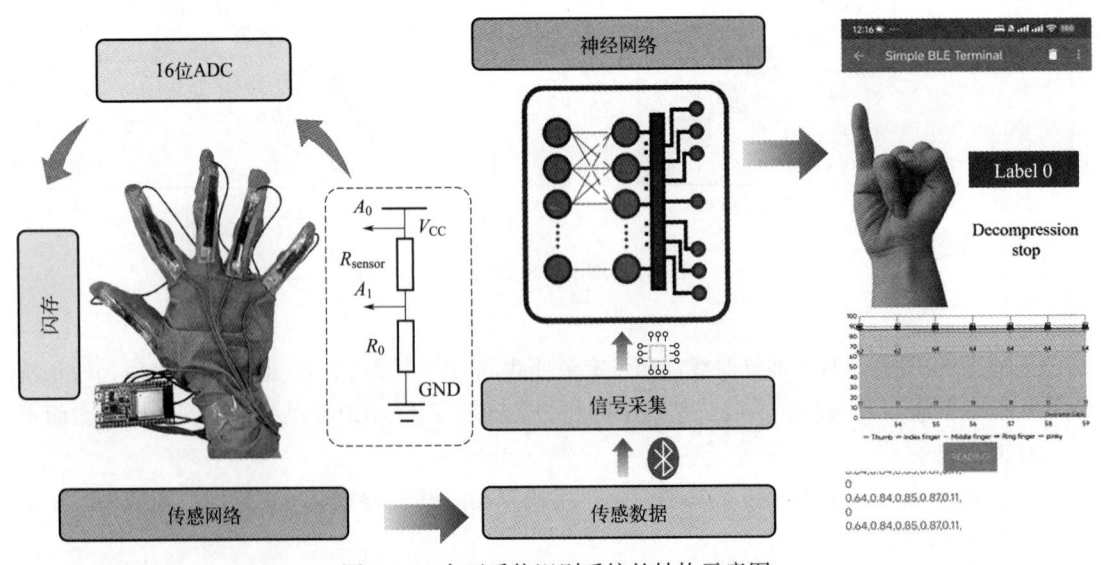

图 5-97　水下手势识别系统的结构示意图

5.6 手部动作识别传感应用

5.6.1 复合石墨烯应变传感器制备与表征

本小节提出了一种基于 LIG/MWCNT 的超疏水应变传感器，该传感器具有卓越的性能指标：高 GF（5349.2），快速响应时间（62ms）和恢复时间（83ms），以及用于运动检测的长期稳定性。为适应水生环境，本研究实现了具有大接触角（CA > 150°）和小滑动角（SA < 10°）的超疏水表面。此外还开发了一种集成数据手套和机器学习算法用于手势识别的柔性传感系统。通过训练神经网络模型，该系统能以 99.34% 的高准确率识别阿拉伯手语中的 10 种手势。该超疏水应变传感器在实时运动监测方面具有重要应用前景，并在水下可穿戴电子设备和软体机器人领域展现了巨大潜力。

主要使用的材料和试剂如下：商用聚酰亚胺（PI）胶带（厚度 0.055mm，深圳市宏兴旺胶带有限公司）；多壁碳纳米管（MWCNT，内径 2～5nm，外径 5～15nm，南京先锋纳米科技有限公司）；Ecoflex 0030（美国 Smooth-On 公司）；无水乙醇（分析纯，上海阿拉丁化学试剂公司）。实验用水为实验室自制去离子水。所有化学品均为分析纯（AR）级，使用前未经进一步纯化。在喷涂工艺之前，先依次用乙醇和去离子水清洗聚酰亚胺胶带。吹干后，将胶带固定在玻璃载片上。浓度为 0.1%（质量分数）的多壁碳纳米管（MWCNT）分散在 1.25mL 乙醇中，并超声处理 30min，然后加入喷枪中。喷枪（ShiBangDe 气刷套件，喷针直径 0.3mm）与基材的距离保持在 8cm，喷涂压力为 20psi（1psi=6895Pa）。使用波长为 10.6μm 的 CO_2 激光雕刻机，在环境条件下通过矢量图形编辑软件（CorelDRAW）控制 X-Y 方向的两个步进电机进行精确图案化，在 PI 胶带上快速辐照出 LIG 图案。输出激光功率设定为 7W，扫描速度为 400mm/s，脉冲密度为 500DPI。未喷涂 MWCNT 的传感器即为纯 LIG 传感器，而纯 MWCNT 传感器则是通过简单地在 Ecoflex 上喷涂 MWCNT 实现的。Ecoflex-0030 的 A 组分和 B 组分按 1∶1%（质量分数）比例混合，并在真空室中脱气 5min。当 Ecoflex-0030 混合物中的气泡被消除后，将其倒在 PI 胶带上，直到完全覆盖雕刻的图案。然后在室温下静置 30min，使半固化的 LIG/MWCNT/Ecoflex 薄膜用喷枪喷涂含有乙醇的 SiO_2 溶液（12mg/mL）。随后，薄膜在 60℃下干燥 2h，将导电的 LIG/MWCNT 复合材料从 PI 胶带上剥离并转移到装饰有 SiO_2 的 Ecoflex 表面。最后，通过相同的 SiO_2 喷涂工艺，用另一层 Ecoflex 薄膜封装转移后的图案，形成超疏水柔性应变传感器。

经过金喷涂处理后，使用日立 SU8010 场发射扫描电子显微镜（SEM）以 20kV 的加速电压对 LIG/MWCNT 复合材料的形貌进行了表征。LIG/MWCNT 压阻水凝胶被贴附在志愿者的手、手腕和喉部，通过数字万用表（Tektronix, DMM6500, 美国）以 1Hz 的采样率记录手指运动和手势监测情况。为了测试应变传感器的耐久性和可重复性，应变传感性能的测量采用了通用电子拉伸机（ZhiQu ZQ-990L，中国），并通过计算机辅助软件进行控制。所有参与实验的志愿者均签署了知情同意书，实验遵守了所有相关的伦理规定。

5.6.2　机器学习辅助的手部运动识别应用

本研究提出了一种基于 LIG/MWCNT 复合材料的超疏水应变传感器，其详细制备步骤已在实验部分概述，制备过程如图 5-98 所示。该传感器以 Ecoflex 为基底，展现出优异的柔韧性，可轻易弯曲而不断裂，展现了其在人体运动检测的可穿戴设备中具有潜在应用价值。如图 5-99 所示的拉曼光谱，第一个 D 峰在 1349cm^{-1} 处由 sp^2 碳键产生，而 1573cm^{-1} 处的第二个峰被标记为 G 峰。第三个 2D 2620cm^{-1} 是 D 带的二次谐波，表明 LIG 的形成。光谱中多个 2D 峰的存在表明制备的 LIG 具有多层结构。此外，与纯 LIG 相比，LIG/MWCNT 复合材料中 D 峰相对 G 峰强度的增强证明了 MWCNT 和 LIG 材料之间成功的交联。

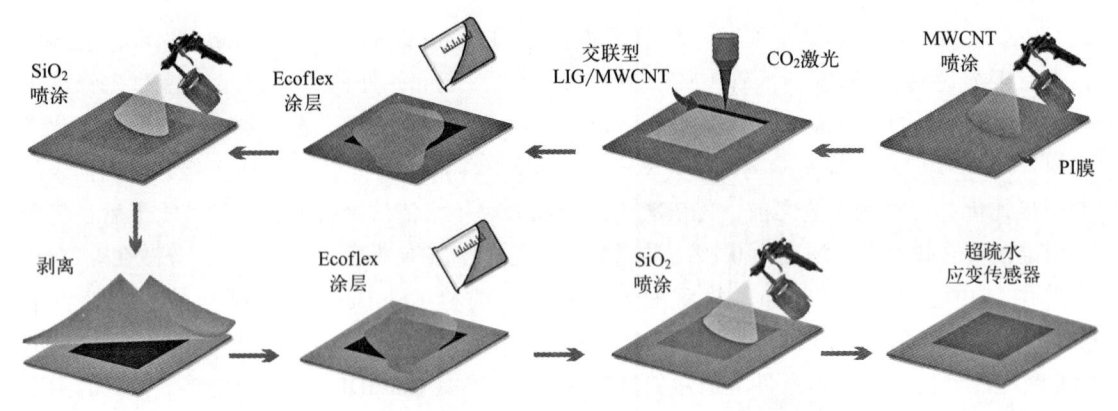

图 5-98　LIG/MWCNT 复合超疏水应变传感器的制备过程示意图

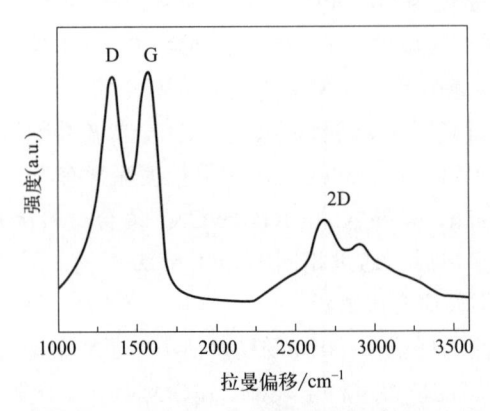

图 5-99　LIG/MWCNT 复合材料的拉曼光谱

图 5-100 所示的 SEM 图像进一步揭示了 LIG/MWCNT 复合材料的交联结构，大量絮状 MWCNT 附着在 LIG 纳米片的表面，还展示了纯 LIG 的多孔结构，这与交联复合材料的形态相对应。

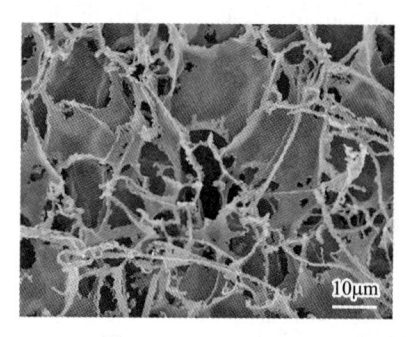

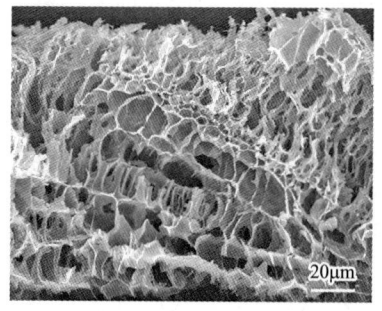

图 5-100　LIG/MWCNT 复合材料及多孔 LIG 的 SEM 图像

在此将讨论 LIG/MWCNT 应变传感器的一系列传感性能。图 5-101（a）和图 5-101（b）展示了传感器在不同应变水平下的电阻变化，最大应变范围高达 50%。在卸载状态下，电阻迅速恢复至初始值，表现出优异的循环响应能力。图 5-101（c）同样展示了在不同频率下测试，相同应变水平的电阻响应幅度保持稳定，凸显了传感器的可靠性和实际应用潜力。

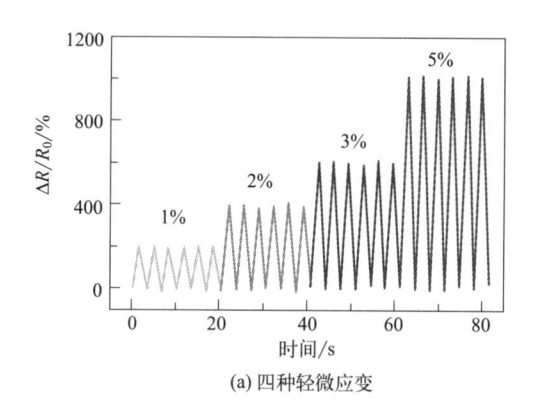

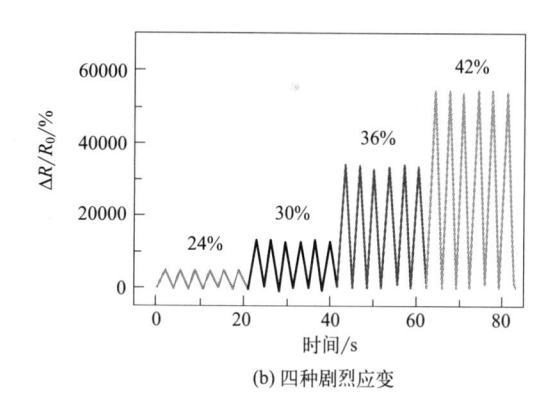

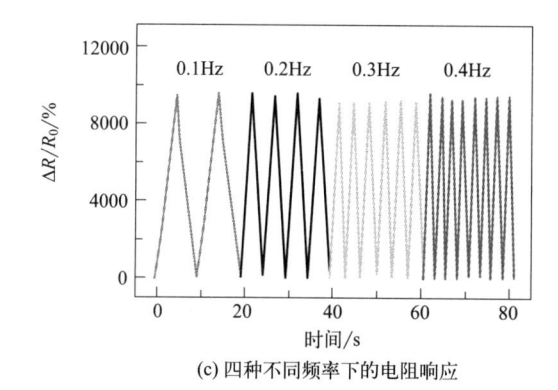

(a) 四种轻微应变

(b) 四种剧烈应变

(c) 四种不同频率下的电阻响应

图 5-101　LIG/MWCNT 应变传感器传感性能（1）

图 5-102（a）定义了响应时间（约 62ms）和恢复时间（约 83ms）为达到稳定值 90% 所需的时间间隔，这种快速响应特性使其能在动态刺激下及时捕捉信号。在不同应变水平下，电流曲线呈现高度线性和优异的欧姆特性 [图 5-102（b）]。图 5-102（c）中加载和卸载曲线几乎重叠，表明能量损失可忽略，滞后值低，凸显了测量应变的高效性和准确性。

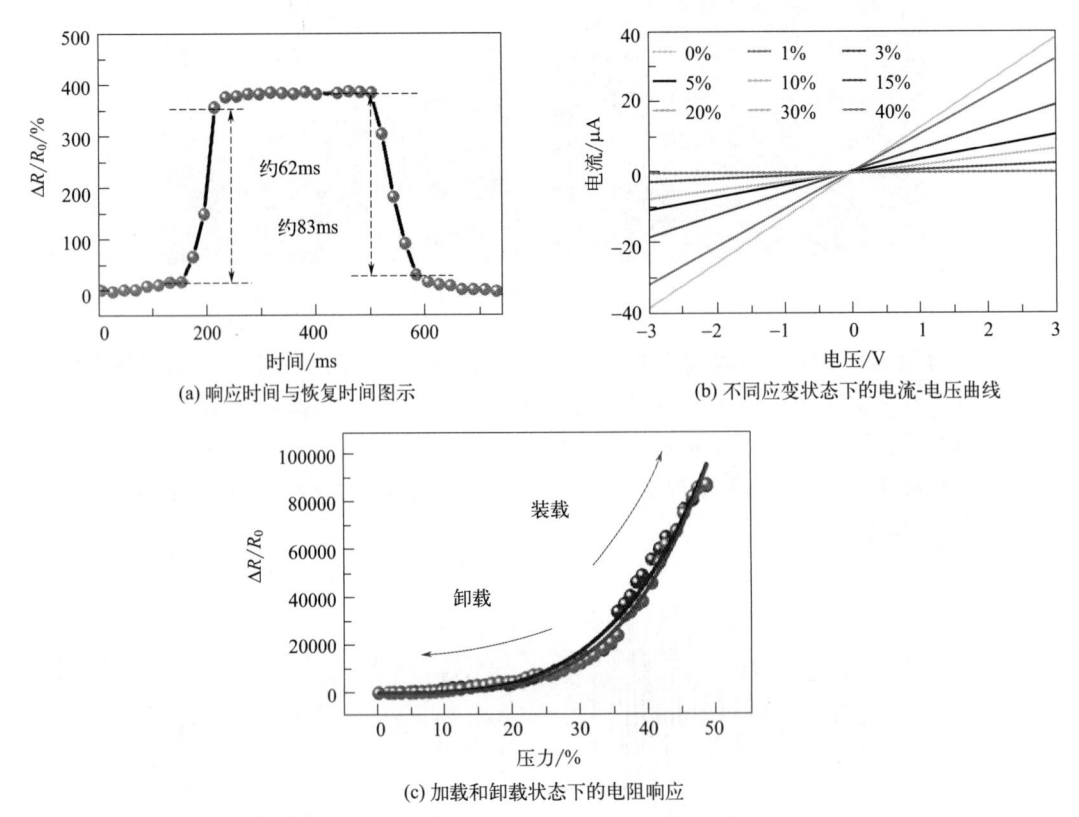

(a) 响应时间与恢复时间图示

(b) 不同应变状态下的电流-电压曲线

(c) 加载和卸载状态下的电阻响应

图 5-102　LIG/MWCNT 应变传感器传感性能（2）

图 5-103 展示了三次可重复的拉伸测试结果，值得注意的是，20% 应变下电阻曲线呈现相对不光滑的特征和较大变化，这可归因于高应变下 GF 值和电阻响应的放大使系统误差更加明显。尽管如此，系统误差对整体电阻响应的影响可以忽略。经 1000 次拉伸-释放循环后，三条电阻曲线保持稳定，波形和幅度无显著变化，证明了传感器强大的抗疲劳性能，这对确

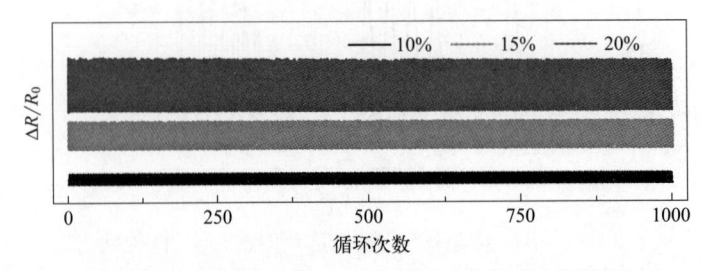

图 5-103　不同应变下 1000 次循环的长期稳定性测试

保实际应用中的长期可靠性至关重要。对于应变传感器,规格因子(Gauge Factor,GF)是评估传感性能的关键指标,定义为 GF=($\Delta R/R_0$)/ε,其中 $\Delta R=R-R_0$,R_0 和 R 分别表示未拉伸和拉伸时的电阻,ε 表示施加的应变变化量。

为突出 LIG/MWCNT 复合材料的优势,本研究同时制备了纯 LIG 和纯 MWCNT 两种应变传感器进行性能对比。图 5-104 展示了三种传感器随拉伸应变增加的电阻变化趋势,每种传感器的响应被划分为三个线性传感范围,对应三个 GF 值。本研究对每种传感器评估了五个样品,并在结果中添加误差条以反映变异性。结果表明,LIG/MWCNT 复合材料传感器在所有传感范围内均表现出最高灵敏度,并具有最少的响应和恢复时间(图 5-105)。

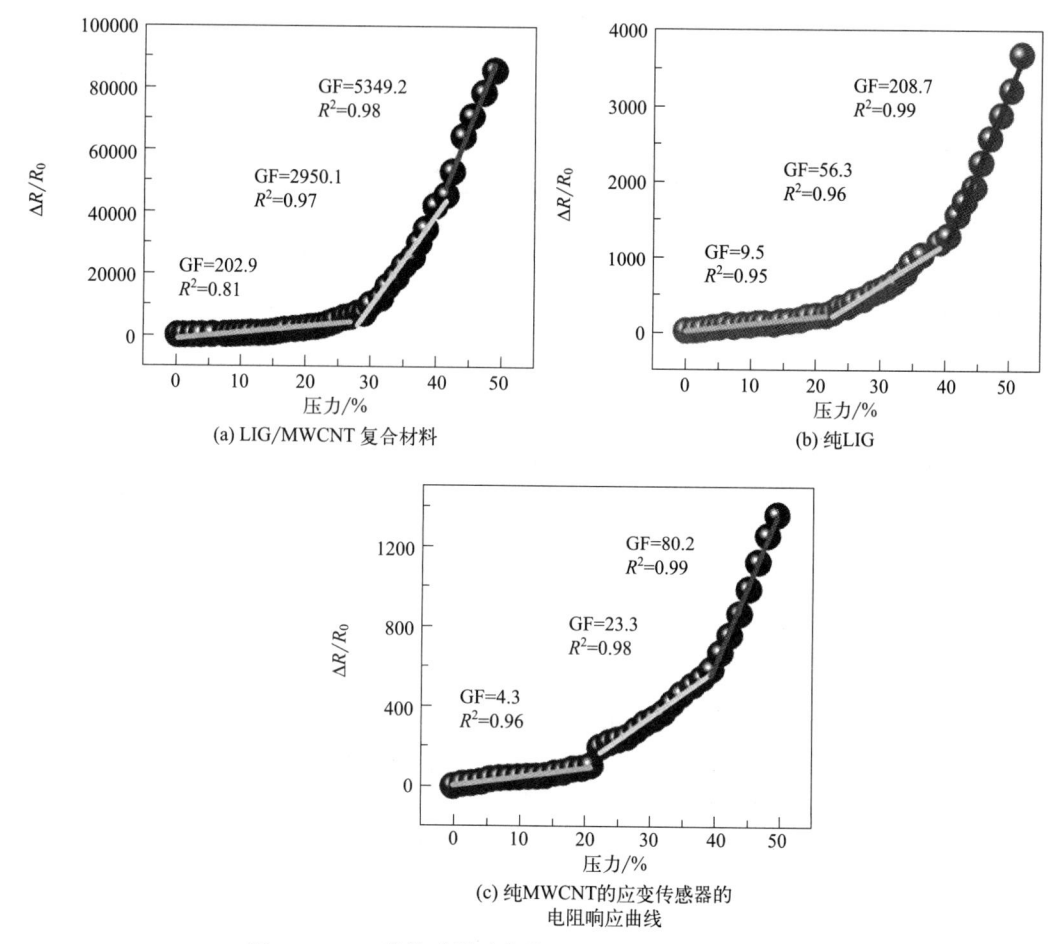

(a) LIG/MWCNT 复合材料

(b) 纯LIG

(c) 纯MWCNT的应变传感器的电阻响应曲线

图 5-104 三种传感器随拉伸应变增加的电阻变化趋势

误差条显示每次测试的误差控制在 4.8% 以内,凸显了传感器的可靠性和稳定性。LIG 的二维纳米片结构与 MWCNT 的一维线状特征相结合,在相同变形下提供了更显著的电阻变化,确保了对微小信号的准确检测。这种协同效应是传感器卓越性能的关键。与表 5-2 中现有报告相比,该研究提出的应变传感器在高灵敏度、优异线性、宽工作范围和强大稳定性方面表现出色,展现了其在可穿戴设备,特别是运动检测系统中的巨大应用潜力。

(a) 灵敏度

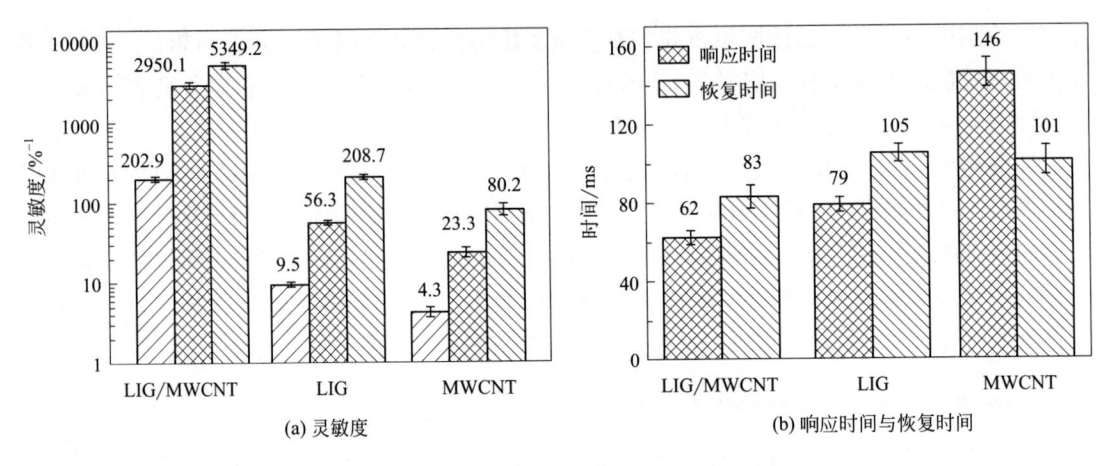

(b) 响应时间与恢复时间

图 5-105　三种不同导电材料的灵敏度、响应时间和恢复时间比较直方图

表 5-2　不同传感器性能的比较

敏感材料	GF 因子	响应时间 /ms	工作范围 /%	稳定性 / 次	参考文献
$FeCl_3$/PPy	123.1	11000	25	800	[9]
MCG	73	126	0.25	1000	[10]
PCL	12.7	—	30	100	[11]
PDMS/CNC	691	86.4	40	1000	[12]
PDMS/H_3BO_3	74	50	7	1000	[13]
PDMS/CNT	461	100	40	1000	[14]
LIG/MWCNT	5349	63	50	1000	该研究

为评估传感器在不同环境下的稳定性，进行了一系列传感性能测试。图 5-106 展示了 LIG/MWCNT 应变传感器在不同温度和不同湿度条件下的电阻响应曲线。在温度变化方面，尽管在极端高温和低温环境下传感性能略有下降，但在 -40～60℃的范围内，传感器的 GF 仍保持在 3829 以上，表明其出色的传感能力。同时，得益于超疏水层的保护，传感器在不同湿度条件下的电阻响应曲线几乎完全重叠，说明其在潮湿和水下环境中的适应性和稳定性极佳。

图 5-107 对比了传感器在不同温度和湿度条件下的灵敏度表现。尽管在高温和低温下灵敏度略有变化，但整体变化幅度较小，且在湿度条件下灵敏度变化可以忽略不计，这进一步验证了传感器在严苛环境中的可靠性和耐用性。

图 5-108 展示了传感器在压力和弯曲角度增加时的电阻响应曲线。随着压力增加，电阻呈现出两个线性传感范围，分别对应不同的灵敏度 S_1 和 S_2。压力灵敏度定义为 $S=(\Delta R/R_0)/\Delta p$，其中 R_0 为无压力时的电阻，R 为加压后的电阻，Δp 为施加的压力。最大压力灵敏度为 5.36，

仅为应变灵敏度的 0.1%，表明压力对传感器的应变传感几乎没有影响。此外，传感器对弯曲角度变化的响应同样不敏感，这些结果共同证实了传感器在多种条件下的稳定性和可靠性。

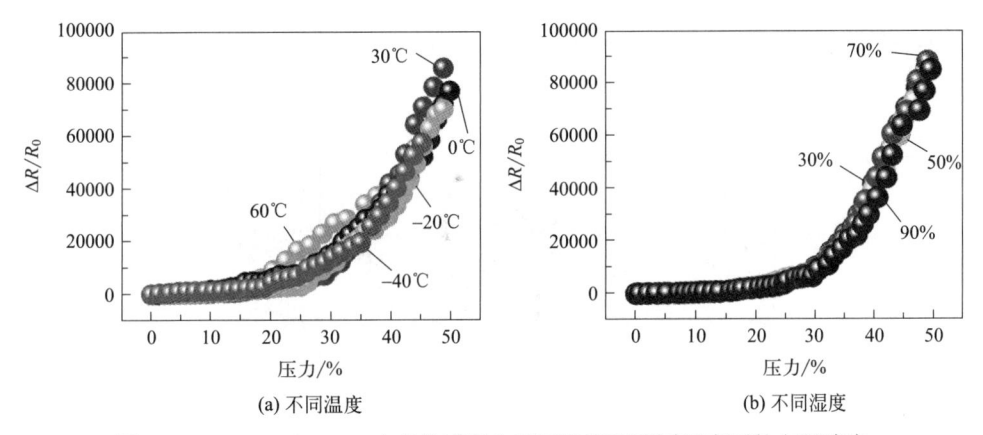

图 5-106　LIG/MWCNT 应变传感器在不同温度和不同湿度下的电阻响应

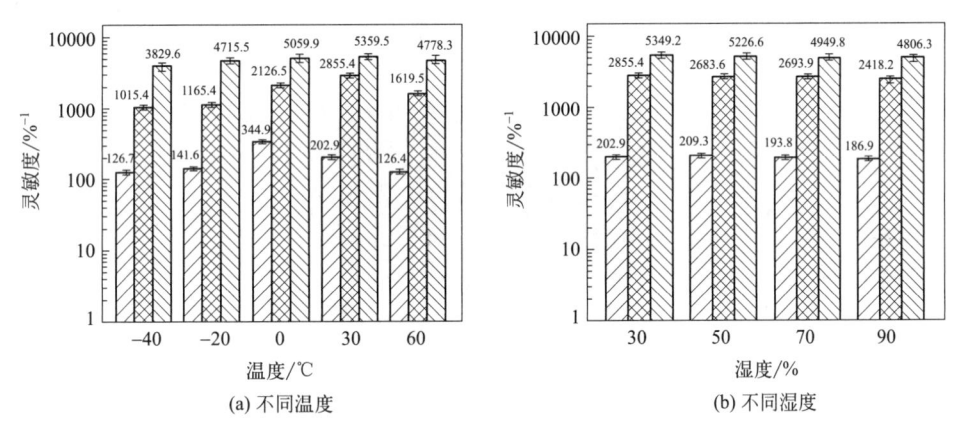

图 5-107　LIG/MWCNT 应变传感器在不同温度和不同湿度下的灵敏度比较

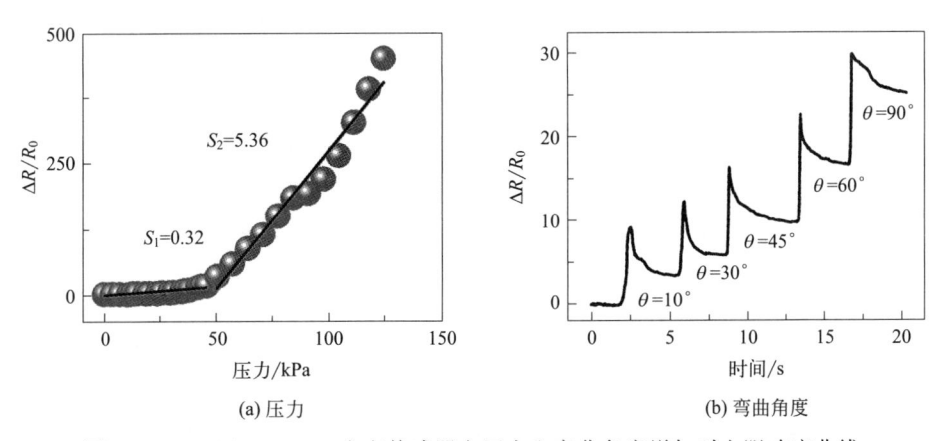

图 5-108　LIG/MWCNT 应变传感器在压力和弯曲角度增加时电阻响应曲线

图 5-109 中展示了水滴在传感器表面的表现,证明了其优异的超疏水性。首先,水滴在传感器表面保持静止,未浸润 Ecoflex 薄膜,表明表面具有强大的防水性。通过捕捉水滴接触传感器表面的瞬间,计算得出水接触角(WCA)约为 153.4°,这是传感器具备超疏水性能的定量依据。此外,当传感器浸入水中时,观察到明显的银镜效应,表明表面存在一层空气层,这一现象验证了传感器在水下环境中的保护能力。

图 5-109　LIG/MWCNT 传感器的超疏水特性

经 SiO_2 改性的 Ecoflex 层呈现相对粗糙和不透明的外观,有助于形成层级结构,这种结构显著增强了传感器的超疏水性。扫描电镜(SEM)图像清晰地展示了 SiO_2 纳米颗粒嵌入 Ecoflex 表面的形态,进一步提升了表面的超疏水性能(图 5-110)。

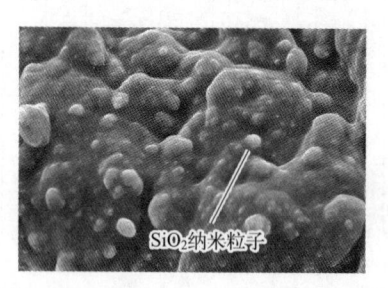

图 5-110　超疏水表面的扫描电镜图像

图 5-111 则展示了不同 pH 值(2~12)的液滴在超疏水表面上的行为。所有液滴均保持球形,证明了传感器对各种液体的强大排斥能力。这一特性表明传感器在复杂和恶劣环境下,特别是在水下应用中,具有广泛的适应性和重要意义。

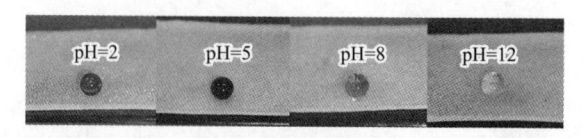

图 5-111　不同 pH 值的液体滴在超疏水表面上的图像

在本研究中,将应变传感器固定在人体不同部位,进行实时运动检测实验,以验证其在运动分析中的应用潜力。图 5-112 展示了传感器在手腕、肘部、膝关节和颈部的运动检测表现。具体来说,手腕弯曲角度从 15°增加到 60°时,传感器电阻随之变化,表明其能够区分不同角度的变化。此外,传感器还有效捕捉了肘部和膝盖的弯曲信号,并表现出随着四个弯曲级别的增加而电阻逐步上升的趋势，在恢复至未拉伸状态时电阻也恢复到初始值。除了关节弯曲的精确检测外，传感器还被贴附在志愿者的颈部以检测颈椎的弯曲情况。这对于预防长期过度弯曲颈部所引发的健康问题，尤其是颈椎病等骨骼疾病，具有重要的应用价值。这些实验结果共同验证了应变传感器在人体运动实时检测中的卓越性能，并展现了其在健康监测和运动分析领域的广泛应用前景。

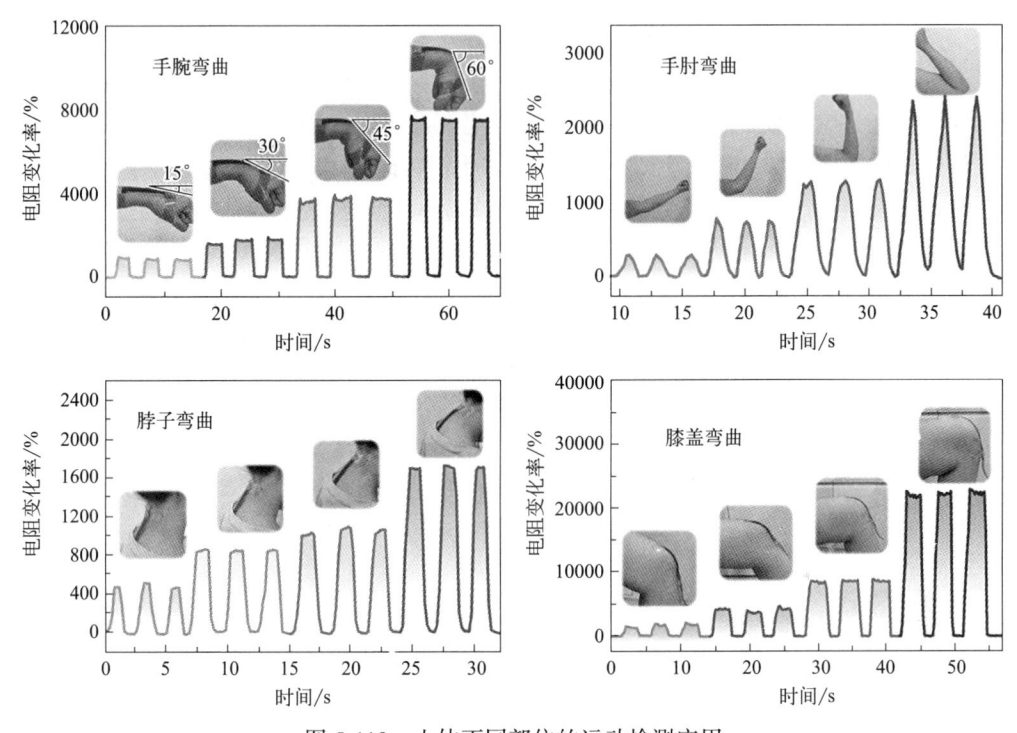

图 5-112　人体不同部位的运动检测应用

基于 LIG/MWCNT 的传感器展现出优异的灵敏度和快速响应特性，使其成为实时检测人体手指状态的理想候选材料。本研究将上述传感器集成到一种专用于手势识别的数据手套中。如图 5-113 所示，该传感网络能够有效捕捉代表数字 0～9 的多种手势。

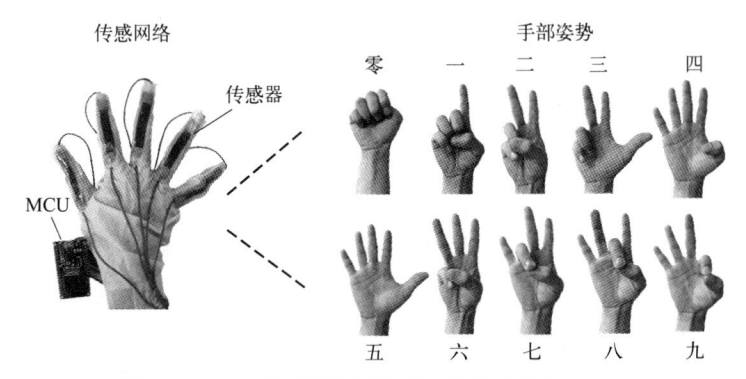

图 5-113　10 种不同的手势代表阿拉伯数字 0～9

然而，电路中固有的噪声会影响传感器数据的完整性，从而干扰后续应用。针对这一问题，参考文献［15］提出了一种模糊化和锐化技术，用于处理传感器阵列中的噪声和串扰数据，在识别 10 种物体时取得了较高的准确率。机器学习方法已成为解决此类挑战的有效策略，能够从含噪和扰动数据中提取清晰特征，用于学习和处理目的。本研究中，基于 PyTorch 框架开发了一种针对传感网络的多层感知器（MLP）网络。模型采用 Adam 优化器进行训练，学习率设定为 0.0001。为构建训练集，四名受试者（三男一女）穿戴数据手套执行代表数字 0～9 的手势，每个手势重复 25 次。从数据手套获取的实时信号经过归一化处理后，按 4∶1 的比例划分为训练集和验证集。值得注意的是，归一化过程在深度学习模型的数据预处理中起着至关重要的作用，它不仅确保了数据的一致性，还有助于提高模型的学习效率。在确定基本训练参数后需要优化模型结构。为此，本研究对多层感知器（MLP）模型进行了系统性评估，探索了 1～5 个隐藏层的不同配置，并通过调整各层神经元数量来评估模型性能。同时采用箱线图直观呈现各种配置的表现，其中隐藏层数量作为横轴标识。通过分析图 5-114 所示数据，具有三个隐藏层的模型结构表现最为稳定，其特征为异常值（以黑色菱形标记）最少，且准确率分布最稳定。此外，三层隐藏层结构在准确率的上限、上四分位数、中位数和下四分位数等指标上均优于其他配置。

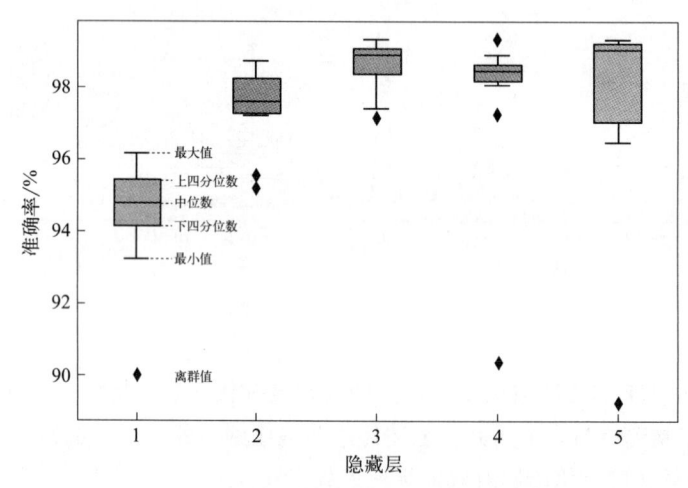

图 5-114　不同配置模型的性能箱线图

在确定隐藏层数量后，当每个隐藏层包含 20 个神经元时，神经网络达到最高的识别准确率。因此，最终构建了一个用于处理传感器信号的 MLP 模型（如图 5-115 所示），该模型由一个输入层、三个隐藏层和一个输出层组成。具体而言，输入层包含 5 个神经元，对应于五指的传感元件信号；输出层由 10 个神经元构成，分别代表 10 种手势类别。

在训练过程中对 MLP 模型在每个训练周期的表现进行全面评估，同时监测其在训练集和验证集上的性能。如图 5-116 所示，模型在两个数据集上的表现呈现出高度一致性。值得注意的是，尽管损失函数在 23 个周期后仍呈下降趋势，但模型的准确率保持稳定。这一现象表明模型具有良好的泛化能力，有效避免了过拟合问题。

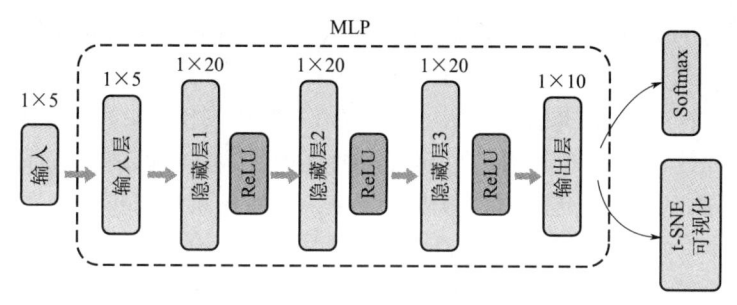

图 5-115 用于分类和特征可视化的 MLP 模型示意图

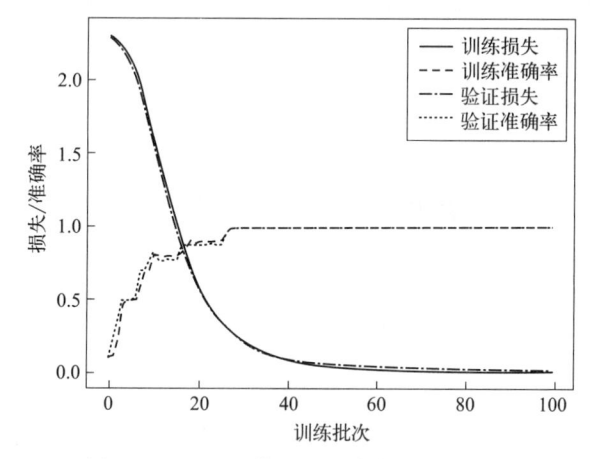

图 5-116 MLP 模型的准确率和损失曲线

为了深入分析模型的特征提取能力，采用了 t-分布随机邻域嵌入（t-SNE）技术。作为一种高效的降维方法，t-SNE 能够在降低数据维度的同时保留高维数据的局部结构特征。如图 5-117 所示，通过 t-SNE 可视化后的特征分布图清晰地展示了各类别数据的聚类效果，每个类别都形成了相对独立的簇。这一结果有力地证明了 MLP 模型在原始信号特征提取方面的卓越性能，为后续分类任务的高准确率奠定了基础。

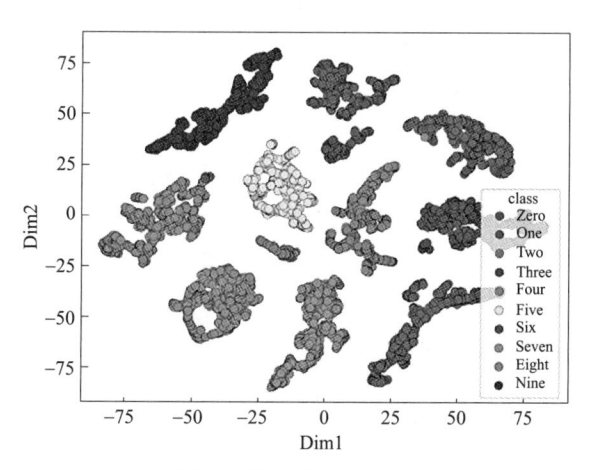

图 5-117 t-SNE 结果表明不同的手势被划分在不同的区域

229

本研究进一步通过混淆矩阵（如图 5-118 所示）对训练后模型在验证集上的分类性能进行了定量评估。结果表明，模型在整体上达到了 99.34% 的分类准确率，其中 7 种手势实现了 100% 的识别准确率。这一结果充分证明了该模型在手势识别任务中的高效性。然而，模型在识别数字 2 与 3 以及 4 与 5 之间存在一定程度的混淆。这种误识别现象可能源于拇指相对于其他手指在弯曲时产生的传感器信号变化较小，从而导致在这些特定手势上的识别难度增加。

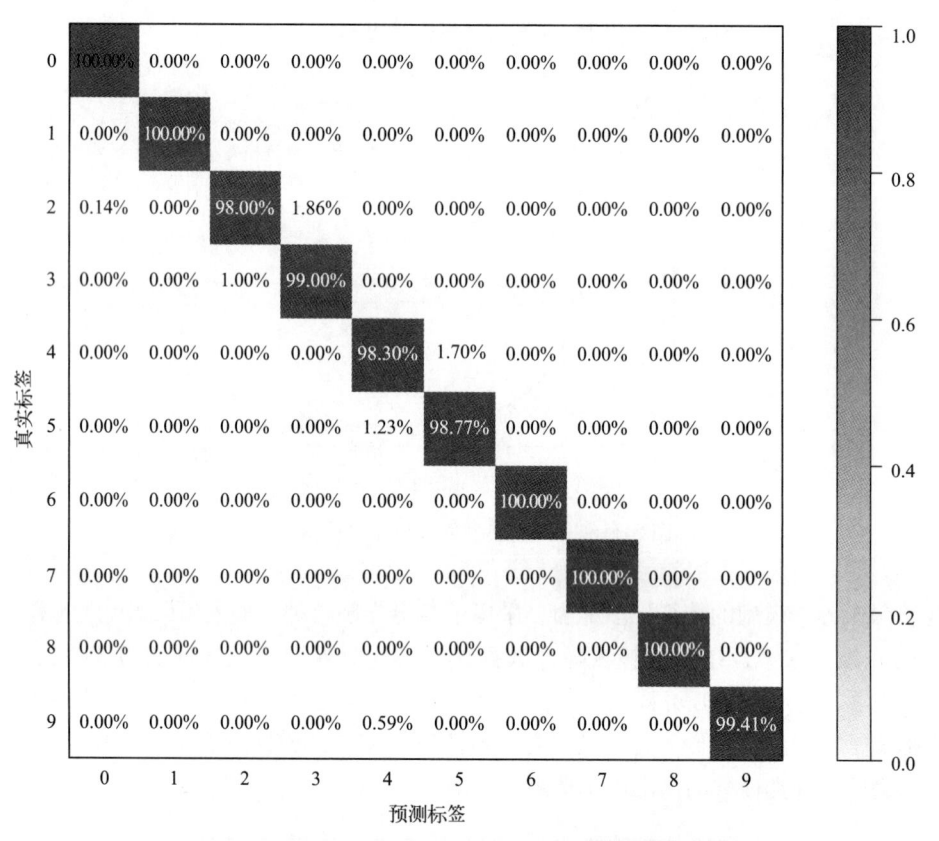

图 5-118　MLP 模型识别 10 种手势的混淆矩阵（对角线数值代表正确结果）

基于训练模型的鲁棒性，本研究构建了一个基于深度学习的实时手势识别系统，系统架构如图 5-119 所示，系统集成了无线微处理器 ESP32 与数据手套，用于捕获电阻变化，并通过蓝牙低能耗（BLE）协议将数据传输至智能手机。

数据手套中每个传感器单元与一个电压分压电阻 R_{ref} 串联。当手指弯曲时，传感器的电阻发生变化，从而引起电压变化。通过 V_{CC} 和 R_{ref} 的电压值计算传感器 R_{sensor} 的电阻值。量化的电阻值存储在 Flash 模块中，然后通过 BLE 模块无线传输到智能手机进行数据分析。在智能手机上，传感器信号首先进行归一化，随后输入训练好的手势识别模型以产生分类结果。这些实时分类结果和归一化的传感器信号随后在应用程序界面上显示，用户只需单击"开始"按钮，系统就会开始信号采集、传输和处理。

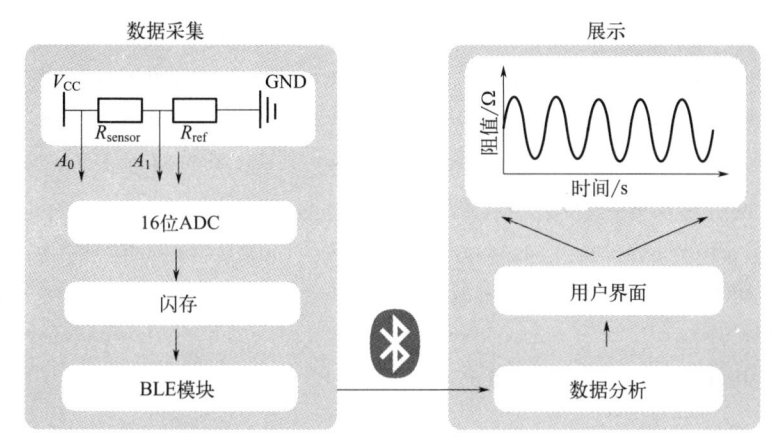

图 5-119　实时手势识别系统架构

参 考 文 献

[1] Chen C, Xu J, Yao Y. Fabrication of Miniaturized CSRR-loaded HMSIW Humidity Sensors With High Sensitivity and Ultra-low Humidity Hysteresis. Sensors and Actuators B: Chemical, 2018, 256: 1100-1106.

[2] El Matbouly H, Boubekeur N, Domingue F. Passive Microwave Substrate Integrated Cavity Resonator for Humidity Sensing. IEEE Transactions on Microwave Theory and Techniques, 2015, 63 (12): 4150-4156.

[3] Wei Z, Huang J, Li J, et al. A Compact Double-Folded Substrate Integrated Waveguide Re-Entrant Cavity for Highly Sensitive Humidity Sensing. Sensors, 2019, 19 (15): 3308.

[4] Ndoye M, Kerroum I, Deslandes D, et al. Air-filled substrate integrated cavity resonator for humidity sensing. Sensors and Actuators B: Chemical, 2017, 252: 951-955.

[5] Park J, Kang T, Kim B, et al. Real-time Humidity Sensor Based on Microwave Resonator Coupled with PEDOT: PSS Conducting Polymer Film. Scientific Reports, 2018, 8 (1): 439.

[6] Kang T, Park J, Yun G, et al. A real-time humidity sensor based on a microwave oscillator with conducting polymer PEDOT: PSS film. Sensors and Actuators B: Chemical, 2019, 282: 145-151.

[7] Liu Y, Huang H, Wang L, et al. Electrospun CeO_2 nanoparticles/PVP nanofibers based high-frequency surface acoustic wave humidity sensor. Sensors and Actuators B: Chemical, 2016, 223: 730-737.

[8] Yu H, Wang C, Meng F, et al. Design and analysis of ultrafast and high-sensitivity microwave transduction humidity sensor based on belt-shaped MoO_3 nanomaterial. Sensors and Actuators B: Chemical, 2020, 304: 127138.

[9] Wu C, et al. Sensitivity improvement of stretchable strain sensors by the internal and external structural designs for strain redistribution. ACS Appl.Mater.Interface, 2020, 12 (45): 50803-50811.

[10] Long Y, et al. Molybdenum-carbide-graphene composites for paper-based strain and acoustic pressure sensors. Carbon, 2020, 157: 594-601.

[11] Von Szczepanski J, et al. Printable polar silicone elastomers for healable supercapacitive strain sensors. Adv.

Mater：Technol.,2023,8（24）：2301310.

[12] Wang W，et al. From network to channel：Crack-based strain sensors with high sensitivity, stretchability, and linearity via strain engineering. Nano Energy, 2023，116：108832.

[13] Wang K，et al. Direct fabrication of flexible strain sensor with adjustable gauge factor on medical catheters. J.Sci., Adv.Mater. Devices, 2023，8（3）：100558.

[14] Han F，et al. Brittle-layer-tuned microcrack propagation for high-performance stretchable strain sensors. J.Mater：Chem.C, 2021，9（23）：7319-7327.

[15] Fan B，Chen S，Gao J，et al. Accurate recognition of lightweight objects with low resolution pressure sensor array. IEEE Sensors J., 2020, 20（6）：3280-3284.